中文社会科学引文索引（CSSCI）收录集刊
中国人文社会科学（AMI）综合评价核心集刊

外国美学

International Aesthetics

第40辑

主编　高建平

中华美学学会外国美学学术委员会
中国社会科学院文学研究所文学理论研究室　编
扬州大学文学院

江苏凤凰教育出版社

图书在版编目(CIP)数据

外国美学.第40辑/高建平主编.—南京:江苏凤凰教育出版社,2024.3
ISBN 978-7-5743-0960-9

Ⅰ.①外… Ⅱ.①高… Ⅲ.①美学—国外—丛刊
Ⅳ.①B83-55

中国国家版本馆CIP数据核字(2024)第031314号

书　　名	外国美学(第40辑)
主　　编	高建平
责任编辑	牟盛洁
装帧设计	张金风
出版发行	江苏凤凰教育出版社(南京市湖南路1号A楼　邮编210009)
苏教网址	http://www.1088.com.cn
照　　排	南京前锦排版服务有限公司
印　　刷	江苏中山印务有限公司(电话:0511-86917816　86917818)
厂　　址	丹阳市朝阳路1—3号
开　　本	787毫米×1092毫米　1/16
印　　张	18.5
版　　次	2024年3月第1版 2024年3月第1次印刷
书　　号	ISBN 978-7-5743-0960-9
定　　价	60.00元
网店地址	http://jsfhjycbs.tmall.com
公 众 号	江苏凤凰教育出版社(微信号:jsfhjy)
邮购电话	025-85406265,025-85400774
盗版举报	025-83658579

目　录

Contents

经典选译

被勒索的和解

——评卢卡奇《反对被误解的现实主义》

[德]特奥多尔·W.阿多诺 著
赵 勇 赵天舒 译

导读

1956年10月"匈牙利事件"爆发之后,"西方马克思主义"鼻祖卢卡奇的左翼立场虽有所调整,但是他对马克思主义认识论和反映论的看法并无太大变化。1958年6月,他在联邦德国出版《反对被误解的现实主义》(*Wider den Mißverstandenden Realismus*, English: *Realism in Our Time*),为现实主义的创作方法辩护,对先锋文学则全盘否定,同时他也首次提出了艺术形式和技巧的客观性问题。是年年底,阿多诺在《月刊》(*Der Monat*, Vol. 11, November 1958, pp. 37ff.)发表《被勒索的和解——论格奥尔格·卢卡奇〈反对被误解的现实主义〉》("Erpreßte Versöhnung: Zu Georg Lukács: *Wider den Mißverstandenden Realismus*")予以辨析和批驳,为现代主义辩护。这便是阿多诺撰写此文的由来。

1934年8月,在苏联作家高尔基和党内重要官员日丹诺夫的提议下,"社会主义现实主义"这一理论命题和创作原则横空出世。该原则包含了经典马克思主义文学理论的一些成分,但重心已经转移。恩格斯认为,作者的见解在现实主义文学中越隐蔽越好,但社会主义现实主义则更强调说教方法。斯大林说,作家应当是"灵魂工程师";日丹诺夫说,这意味着作家有责任在社会改造中起作用,他应当忠实描绘处在革命进程中的生活,包括用社会主义精神从思想上改造和教育劳动者。于是,社会主义现实主义中补充了"革命浪漫主义"的概念,日丹诺夫甚至认为,把"革命浪漫主义"和"最崇高的英雄主义与博大的视野"结合起来,是社会主义现实主义的组成部分。[①]

卢卡奇是马克思主义反映论和现实主义文学的维护者，在他看来，现实主义作品才是唯一真正的文学作品，而拓展社会主义现实主义则成了他的题中应有之义。与此相对应，现代主义的先锋派文学艺术则被卢卡奇视为病态之作和"颓废派"。而由于这种艺术样式借助主观的经验"幻觉"形成与现实世界的关系，卢卡奇便认为它们无法正确地"反映"这个现实。为了给现代文学安上法西斯主义罪名，他甚至找到里尔克的一首歪诗，"并像一头闯进瓷器店的公牛一样在诗中横冲直撞"，想以此证明现代主义文学问题多多。

作为现代主义文学艺术的捍卫者，阿多诺对卢卡奇的"歪理邪说"自然不能坐视不管，于是在此文中见招拆招，迎头痛击，就成了阿多诺的基本战术。概而言之，阿多诺批判卢卡奇的观点主要体现在：一、青年卢卡奇是值得敬佩的，但后来随着他进入苏联阵营，其奉行的马克思主义便越来越成为"钦定"的马克思主义，其言谈话语也越来越具有了文化官员的口吻。二、黑格尔的思想是卢卡奇的理论武库，但许多时候他都在误用或滥用黑格尔。博克瑙曾经说过，"他再也受不了人们用市议会精神谈论黑格尔逻辑和在黑格尔逻辑范畴内谈论市政法规了"。卢卡奇拿黑格尔说事亦可作如是观。三、卢卡奇指责为现代文学辩护的人严重高估了形式和风格，但他忘了艺术作为认识正是通过形式、风格和技术，才能有效区别于科学认识。普鲁斯特在其作品中把最精确的"现实主义"的观察与非意愿记忆的形式美学法则紧密结合在一起，便很能说明问题。四、艺术存在于现实之中，并在现实中发挥着作用，但它之所以有价值，是因为它始终站在现实的对立面。因此，艺术作品内容的真实与社会现实的真实并不相同，假如取消了这一区分，所有的作品在美学上都将失去基础。五、艺术对现实的认识不是通过照相式或"透视式"地描绘，而是通过其自主性构成来表达被现实所采取的经验形式所掩盖的东西。卢卡奇简化了艺术与科学的辩证统一，使之完全合而为一，仿佛艺术作品只是从透视角度预测了一些社会科学随后努力证实的东西。六、卢卡奇一直在对批判现实主义和社会主义现实主义进行区分并加以论证，但他并没有意识到后

---

① 参见 G. H. R. 帕金森：《格奥尔格 · 卢卡奇》，翁绍军译，上海人民出版社 1999 年版，第 124 页。

者是对每一种不守规矩之冲动的扼杀。同时,他对社会主义现实主义的加持也削弱了他对他所赞扬的批判现实主义的敏感。[①]

即便是在苏联集团之外,格奥尔格·卢卡奇的名字也依然笼罩在灵光(nimbus)之中,这要归功于他年轻时的作品——论文集《心灵与形式》(*Die Seele und die Formen*)、《小说理论》(*Theorie des Romans*),还有论著《历史与阶级意识》(*Geschichte und Klassenbewußtsein*)。在后一本书中,他以辩证唯物主义者的样子行文运笔,首次系统地将"物化"(verdinglichung)范畴应用于哲学的问题域中。起初他受西美尔(Georg Simmel)和卡斯纳(Rudolf Kassner)等人启发,然后接受西南德意志学派[②]训练,很快他就用具有重大影响的客观主义历史哲学来反对心理主观主义。尤其是《小说理论》,通过其概念的深刻与锐气,以及当时在呈现方式上非同寻常的密度和强度,确立了一种至今仍然适用的哲学美学标准。20 世纪 20 年代之初,当卢卡奇的客观主义屈服(这种屈服最初并非没有冲突)于官方的共产主义教义时,他遵循东方的惯例并与他那些著作断绝了关系。他接受了党的领导层(parteihierarchie)对他的无端指责,几十年来,他通过滥用黑格尔的主题,在其著作文章中试图把自已明显坚不可摧的思想力量与苏联伪思想生产的糟糕水准相适应,而这种生产则同时把它口中的哲学贬低成纯粹为统治目的服务的手段。然而,也正是因为卢卡奇那些遭到其政党否定和谴责的早期作品,任何东方集团以外的人才会注意到他在过去三十年里出版的东西,其中包括一本关于青年黑格尔的厚书[③],尽管

---

① 本文译自"Extorted Reconciliation: On Georg Lukács' *Realism in Our Time*", in: *Notes to Literature*, Vol. One, trans. by Shierry Weber Nicholsen, New York: Columbia University Press, 1991, pp. 216 - 240. 关键用词及术语核对了《阿多诺文集》中的德语原文: *Gesammelte Schriften*, Band 11, Frankfurt am Main: Suhrkamp Verlag, 1974, S. 251 - 280。需要说明的是,所有注释,如果是原注或英译注,会特别说明,否则均为汉译注。

② 西南德学派(südwestdeutschen Schule/the southwest-German school,一译"西南德意志学派",因学派的主要活动地在海德堡,亦称"海德堡学派"),是 19 世纪下半叶至 20 世纪初在德国兴起的新康德主义哲学学派。该学派通常被标记为"价值批判的体系",即认为哲学的意义在于它能揭示具有普遍意义的价值。其代表人物有威廉·文德尔班(Wilhelm Windelband)、海因利希·李凯尔特(Heinrich John Rickert)等。

③ 此书应该是指《青年黑格尔与资本主义社会问题》(*Der Junge Hegel und die Probleme der Kapitalistisohen Gesellschaft*)。该书写于 1938 年,1948 年由苏黎世欧洲出版社第一次出版。全书约 50 万字,我国当年曾以"内部读物"的形式出版过选译本。(转下页)

人们依然能从他的一些关于 19 世纪德国现实主义的个人作品中感受到他的老秀才(das alte talent)魅力,比如他论凯勒和拉贝[①]的作品。卢卡奇自身理性的毁灭很可能在他的《理性的毁灭》(*Die Zerstörung der Vernunft*)中表现得最为明显。在那部著作中,这位已被认证的辩证学家极不辩证地把近代哲学中所有的非理性主义倾向统统归结到反动的和法西斯主义的范畴之下,却没有驻足思考这样一种情况:在这些(与学院唯心主义相反的)倾向中,思想正在与卢卡奇所批评的存在和思维层面的那种物化做斗争。于他而言,尼采和弗洛伊德变成了纯粹的法西斯主义者,他甚至设法以一名威廉二世时代地方督学(Wilhelminischer provinzialschulrat)的口吻谈论尼采那种"超乎寻常的能力"。在表面激进的社会批判的幌子之下,他偷运回来的是最可怜的陈词滥调——曾经被他的社会批判对准的审时度势和因循守旧。

但是 1958 年在西德克拉森出版社(Claassen Verlag)出版的这本《反对被误解的现实主义》[②],却显示出 75 岁的卢卡奇态度变化的迹象。这一变化可能与他因参加纳吉政府(Nagy-Regierung)[③]而卷入的冲突有关。书中不仅提到了斯大林时代的政策,而且积极谈论"对写作自由的普遍倡导",这种阐述方式在以前是不可想象的。在他的老对手布莱希特那里,卢卡奇也在他死后发现了其优点,并赞扬其《死兵的歌谣》("Ballade vom toten Soldaten")为天才之作,而该诗在东德当

(接上页)参见卢卡奇:《青年黑格尔》(选译),王玖兴译,商务印书馆 1963 年版。

① 戈特弗里德·凯勒(Gottfried Keller),瑞士杰出的德语作家,现实主义诗人,著有长篇小说《绿衣亨利》、短篇小说《乡村里的罗密欧和朱丽叶》等。威廉·拉贝(Wilhelm Raabe),德国现实主义小说家,著有长篇小说《雀巷纪事》《魂系月山》等。

② *Winder den missverstandenen Realismus* [literally, *Against Misunderstood Realism*] published in the United States as *Realism in Our Time: Literature and the Class Struggle*, translated by John and Necke Mander (New York: Harper and Row, 1964; first published in English as *The Meaning of Contemporary Realism*, by Merling Press in 1962). Page numbers here refer to this edition, although translations have often been altered.——英译注

③ 这里指伊姆雷·纳吉(Imre Nagy)领导下的政府。纳吉曾在 1953—1955 年出任匈牙利总理,主持改革,但因持独立自主态度,被迫下台。在 1956 年匈牙利十月事件期间,他再次出任总理,组织多党联合政府,试图摆脱苏联控制。苏联出兵后,他以组织推翻匈牙利人民民主国家制度罪和叛国罪被判处死刑并被处决。1989 年 5 月,匈牙利社会主义工人党中央全会重新评价纳吉,称他是"社会主义改革政策的象征"。同年 6 月,匈牙利政府发表声明,称他为"杰出的国家领导人"。

权者眼中一定是文化布尔什维主义所憎恶的作品。像布莱希特一样，卢卡奇想要拓展社会主义现实主义(der sozialistische realismus)这一概念，几十年来，社会主义现实主义一直被用来扼杀每一种不守规矩的冲动，扼杀官僚们(apparatschiks)认为不可理解和可疑的一切，这样它就可以有更多的空间，而不仅仅被那些最可悲的垃圾所充斥。他敢于提出一个怯懦的反对意见，而这种反对从一开始就因意识到他自己的无能而严重瘫痪。他的怯懦不仅仅是一种策略。卢卡奇的为人是不容置疑的，但是，他为之牺牲才智的概念框架是如此逼仄，以至于任何想在其中自由呼吸的东西都感到窒息；牺牲才智(sacrifizio dell' intelletto)并未让其才智完好无损。这使卢卡奇对其早期作品的明显怀旧中呈现出一种忧郁的视角。《小说理论》中"意义的生活内在性"(Lebensimmanenz des Sinnes)业已回归，但是却被简化为这样的格言：只有社会主义建设之下的生活才是有意义的——这一教条足以从听起来很哲学的角度证明人民共和国的艺术所需要的粉红色正能量(rosige positivität)是合理的。这本书提供的是冰冻果子露——一种介于所谓解冻和再次封冻之间的东西。

尽管卢卡奇有明显相反的主张，但他自上而下地操练贴有批判现实主义和社会主义现实主义标签的归堆式做法始终与那些文化官员大同小异。黑格尔对康德美学中形式主义的批判被简化为一种过分简单化的断言，即在现代艺术中，风格、形式和技术被大大高估(特别见该书第19/15页[①])——仿佛卢卡奇不知道正是通过这些要素，艺术作为认识才区别于科学认识，不关心其呈现方式的艺术作品才会否定它们自己的概念。卢卡奇眼中的形式主义，实际上是通过依照作品自身的形式法则对种种元素结构化，旨在达到他所追求的同样的"意义内在性"，而不是通过命令，通过他本人认为不大可能但又客观上维护的东西，从外部将意义强加到作品中。他故意将现代艺术的形式构成要素曲解为非本质因素(accidentia)，即对膨胀主体的偶然补充，而不是承认它们在审美实体中的客观功能。他在现代艺术中所忽略的客观性，以及他期望从材料及其"透视性"(perspektivisch)处理中获得的客观性，全部移交到了他想要消除的方法和技术上，这些方法和技术

① 此处的两个页码分别指德语原书的页码和英译本的页码，只标一个页码的是德语原书的页码(个别地方英译者未标页码)，下同。

溶解了纯粹的材料面向，从而将其置于透视之中。对于艺术作品的具体内容是否与纯粹的“客观现实的反映”（第 108/101 页）相一致的哲学问题，他持中立立场，而反映论则是他借助顽固的庸俗唯物论所依附的偶像。他自己的文本当然没有对早期著作所帮助确立的负责的表达规范表现出尊重。没有哪个蓄着大胡子的枢密大臣（geheimrat）可以用与艺术如此格格不入的方式对艺术高谈阔论。他的写作所形成的语气就像一个人习惯于站在讲台滔滔不绝而不允许别人插话，又像一个人从不忌讳长篇大论、离题千里，此人显然已放弃了他批评唯美主义、颓废派和形式主义的那种敏感，而正是那种敏感最初保证了他与艺术之间的关系。虽然卢卡奇对黑格尔的具体概念推崇备至（它一直以来都是这样被推崇的），尤其是涉及文学对经验现实的描述的问题时就更是如此，但是他的论证本身在很大程度上是抽象的。他的文本几乎从未受到特定艺术作品及其内在问题的约束。相反，他发号施令，其举止的迂腐与细节的马虎相得益彰。在“说话和写作不是一回事”之类的陈词滥调面前，卢卡奇并没有退缩。他反复使用“巅峰表现”（spitzenleistung）（第 7 页）这一表达，该语词实际上源自商业领域和体育纪录，他把消除抽象和具体的可能性之间的区别称为“灾难性的”（verheerend），并且指出，“从乔托[①]开始，一种新的世俗性……越来越战胜了早期的寓言性”（第 41/40 页）。正如卢卡奇所言，我们这些颓废派可能严重高估了形式和风格，但迄今为止，这也让我们避免使用“乔托以降”这样的表述，就像它使我们避免赞美卡夫卡是一位“出色的观察者”（第 47/45 页）一样。先锋派成员也不会经常谈论“一系列异常多的情感结合在一起，构成了人们的内心生活”（第 90 页）。面对这些像在奥运会上一样接二连三出现的巅峰表现，人们很可能会问，一个这样写的人，对他如此傲慢对待的文学手艺（metier der literatur）一无所知，他是否还有权利参与文学问题的严肃讨论。但就卢卡奇而言，他曾一度写得很好，而在他卖弄学问和不负责任的混合风格中，人们会觉得一种“偏要这样”（justament）——恶意预谋——的方法在起作用，即那种愤恨地想要写得差的意愿，他认为这种意愿将

① 乔托（Giotto），意大利早期文艺复兴时期画家。中世纪的绘画都是平面的，没有透视效果。乔托将透视的进深感引入宗教绘画，使绘画加入了建筑造型。其代表作有《两圣徒》等。

具有一种神奇的牺牲力量，它可以雄辩地证明，任何不这么做并尽心尽力写作的人都是废物。无论如何，文风上的冷漠几乎总是内容上教条僵化的症状。一个自认为客观的呈现方式在它实际上没有进行自我反思时就会显得故作谦虚，并且很是夸张，这只会掩盖这样一个事实：客观性已随主体一起从辩证过程中被移除出去。结果，辩证法成了挂在嘴上的东西，但对这种思维而言它又是事先被确定的。这样，思维就失去了辩证性。

这种理论的核心仍然是教条的。整个现代文学，除了符合批判现实主义或社会主义现实主义公式的，都被拒之门外，并被立即污名化为颓废派——这是一个侮辱性的语词，它涵盖了所有迫害和灭绝的暴行，而且不只是在俄罗斯。这个保守术语的使用与卢氏理论是不兼容的，而卢卡奇则像他的上级一样，希望借助这一理论来将它的权威赋予他的民族共同体(volksgemeinschaft)。谈论颓废，离不开其积极的反面形象，即一个气势磅礴的自然；这是自然范畴被投射到经过社会中介的事物上的结果。然而，马克思和恩格斯批判意识形态，其主旨恰恰是针对这一点的。即便是与费尔巴哈关于健康的感官享受的概念联系在一起，也很难让这个社会达尔文主义的术语进入他们的文本中。即便在1857—1858年的《政治经济学批判大纲》草稿中，也就是在《资本论》的写作阶段，我们也发现了如下内容：

> 这一运动的整体虽然表现为社会过程，这一运动的各个因素虽然产生于个人的自觉意志和特殊目的，然而过程的总体表现为一种自发的客观联系；这种联系尽管来自自觉个人的相互作用，但既不存在于他们的意识之中，作为总体也不受他们支配。他们本身的相互冲突为他们创造了一种凌驾于他们之上的他人的社会权力；他们的相互作用表现为不以他们为转移的过程和强制。……个人相互间的社会联系作为凌驾于个人之上的独立权力，不论被想象为自然的权力、偶然现象，还是其他任何形式的东西，都是下述状况的必然结果，这就是：这里的出发点不是自由的社会的个人。①

---

① Karl Marx, *Grundrisse der Kritik der politischen Ökonomie (Rohentwurf) 1857 - 1858*, Berlin 1953, S.111. ——原注。Karl Marx, *Grundrisse*, trans. by Martin (转下页)

这种批判并不仅仅停留在社会层面占据情感并牢牢维系自身的自然性幻觉领域，也不仅仅停留在所有对堕落的愤慨都能落到实处的领域，亦即两性关系领域。稍早一些时候，马克思就曾评论过道梅尔(G. F. Daumer)的《新时代的宗教》，并讽刺了以下段落："自然和女人不同于人类和男人，前者是真正神圣的……人类为了自然而自我牺牲，男人为了女人而自我牺牲乃是真正的、唯一真实的温顺和克己，是最高的甚至是唯一的美德和笃敬。"马克思对此补充了以下评论："在这里我们看到，我们的诡辩的宗教创始人的浅薄无知怎样转变为显然的畏怯。道梅尔先生在逃避他的历史悲剧，求救于所谓的自然，即笨拙的农村田园诗歌，宣扬女性崇拜以掩饰他自己对女性的屈从。"①无论在哪里，只要还有关于颓废的咆哮，这种逃避就会被重复。卢卡奇是被迫陷入这种境地的，因为社会的不公在被官方宣布消除之后仍在继续。这种责任从人类要负责的情形转移到了自然或一种堕落之上，后者被视为是同一模式中自然的反面。诚然，卢卡奇试图通过强行将健康和病态的艺术概念重新转化为社会概念，来回避马克思主义理论与"钦定"的马克思主义(approbierter Marxismus)之间的矛盾：

> 人的关系会受到历史变化的影响，对这些关系的思想和情感评价也会随之变化。然而，承认这一事实并不意味着接受相对主义。在特定的时代，某种人际关系是进步的，而另一种则是反动的。因此，我们发现社会健康之物的概念同样并且同时也是所有真正伟大的艺术的基础，因为社会健康之物成了人类历史的自我意识的一个组成部分。②

(接上页)Nicolaus, New York: Vintage, 1973, pp.196－197.——英译注。此处采用了《马克思恩格斯全集》中的译文。马克思:《政治经济学批判(1857—1858 年草稿)》,《马克思恩格斯全集》第 46 卷(上册),人民出版社 1979 年版,第 145 页。

① Karl Marx, „Rezension der Schrift von G. F. Daumer, Die Religion des neuen Weltalters“, Hamburg 1850; in: *Neue Rheinische Zeitung*, Nachdruck Berlin 1955, S.107. 此处采用了《马克思恩格斯全集》中的译文。马克思:《评格·弗·道梅尔"新时代的宗教·创立综合格言的尝试"》,《马克思恩格斯全集》第 7 卷,人民出版社 1979 年版,第 240 页。

② Georg Lukács, „Gesunde oder kranke Kunst?“, in: *Georg Lukács zum siebzigsten Geburtstag*, Berlin 1955, S.243 f. ——原注。Georg Lukács, "Healthy or Sick Art?", in: Lukács, *Writer and Critic and Other Essays*, trans. by Arthur Kahn, New York: Grosset & Dunlap, 1971; first published Merlin Press, 1970, p.103. ——英译注

这种努力的弱点是显而易见的：如果这是一个历史关系的问题，像病态和健康之类的词就应该完全避免。它们与进步/反动之维无关；它们被请进来纯粹是为了蛊惑人心，吸引眼球。此外，健康与病态之间的二分法就像崛起与衰落的资产阶级之间的二分法一样不辩证，因为资产阶级本身的规范来自与其自身发展不同步的资产阶级意识。我不屑去强调这样一个事实：卢卡奇把完全不同的人物放在颓废派和先锋派(avantgardismus)的概念下(对他来说，这是一回事)——不仅是普鲁斯特、卡夫卡、乔伊斯和贝克特，而且还有贝恩①、荣格，或许还有海德格尔；而且还有作为理论家的本雅明和我自己。借助时下的流行策略指出受到攻击的东西其实并不真正存在，实际上只是存在一些不同的东西，以便软化所讨论的概念，并以一种表示"这不适用于我"的姿态来回避所提出的论点——这是很容易的。因此，冒着简单化的风险，虽然我反对简单化，我在呈现卢卡奇论点中心思路的同时，也会像他一样不去区分他所攻击的对象，除非他造成了严重扭曲。

卢卡奇试图为苏联对现代文学的裁决——即冲击天真现实主义的(naiv-realistisch)正常意识的文学——提供良好的哲学良知所使用的一套有限的工具，都来自黑格尔。为了抨击先锋文学对现实的偏离，卢卡奇在区分"抽象"和"现实"的可能性上很下功夫：

> 这两个范畴，其关联/区分和对立都根植于生活本身。从抽象或主观的角度看，**可能性**(möglichkeit)要比实际生活更丰富。可以想象的是，人的发展有无数种可能，但只有一小部分能够实现。现代主观主义将这些想象中的可能性当作实际生活的复杂性，并在忧郁与迷恋之间摇摆不定。当世界拒绝意识到这些可能性时，这种忧郁就会带有轻蔑意味。(第 19/21—22 页)

尽管其比例不高，但这一反对意见依然不容忽视。例如，当布莱希特试图用一种幼稚的简化方法，将可以抵抗的独裁者阿尔图罗·

① 这里的贝恩应该是指戈特弗里德·贝恩(Gottfried Benn)，德国魏玛共和国时期表现主义文学的伟大作家，其诗集《蒸馏》《尾声》等拥有大量读者。阿多诺在后文中还会提及他的诗。

乌依[1]描绘成一个虚构而假冒的菜花托拉斯代表，而不是拥有最大经济权力集团的头目，并以此把法西斯主义的纯粹原型具体化为一帮黑社会强盗时，这种非现实主义的方法并没有在其戏剧中发挥出优势。作为一个在社会上享有一定程度的治外法权并因此很容易随意“被制止”和“被抵抗”的犯罪集团事业单位，法西斯主义失去了它的恐怖，也就是其因具有大规模社会意义而产生的恐怖。这样，漫画式剧情将丧失其力量，并因它自己的标准而变得愚不可及：小打小闹式的罪犯在政治上的得势甚至在戏剧本身中也失去了它的合理性。没有充分刻画其对象的讽刺会失去其感染力，即便它是讽刺作品。但是，实用式忠实(pragmatische treue)的要求只能适用于现实的基本经验，适用于作者构建其观念之主题的残篇(membra disjecta)——至于布莱希特，则是适用于他对经济和政治之间经验关系的认识，以及最初的社会事实的准确性上，但不适用于作品中这些社会事实成为什么。普鲁斯特在其作品中把最精确的“现实主义”的观察与非意愿记忆(unwillkürliche erinnerung)的形式美学法如此紧密地联系在一起，他提供了实用式忠实和“非现实主义方法”(卢卡奇的用语)相统一的极佳例子。假如这种融合的强度减弱，假如“具体的可能性”(konkrete möglichkeit)被解释为一种反映不灵的整体现实主义，这种现实主义从外部生硬地思考对象，而与材料相对立的方面只被容忍为“透视”，也就是说，它只是让意义闪光发亮，却无法强行进入描绘的中心和现实的要素之中，那么，这是误用黑格尔之区分以服务于传统主义的结果，而传统主义在美学上的因循守旧则是其历史不真实的索引。

然而，卢卡奇提出的核心指控是本体论，通过这一指控，他试图将所有的先锋文学与海德格尔古色古香的存在主义范畴联系起来。诚然，按照当下时尚，卢卡奇本人接受了一个人们必须问“人是什么?”(第 16/19 页)的观念，他并没有因为这个问题所暗示的方向而退缩，但他至少参考了亚里士多德关于人是社会性动物的熟悉定义，从而修正了这个问题。从这一定义中，他得出了一个几乎是不容置疑的论断：伟大文学作品中人物形象的“人类意义”，即“特定的个性”，“不能

---

① 阿尔图罗 · 乌依(Arturo Ui)是布莱希特戏剧作品《阿尔图罗 · 乌依的有限发迹》中的主人公。该剧有一个由一帮菜花商人组成的垄断组织，故有“菜花托拉斯”(Karfioltrust)之说。

脱离他们被创作出来的语境”(第16/19页)。“在现代主义主要作家的作品中,支配人的形象的本体论观点,”他继续写道,“恰恰与此相反。对于这些作家来说,人天生是孤独的,不合群的,无法进入与其他人类建立的关系之中”(第16/20页)。他用托马斯·沃尔夫[①]的一个相当愚蠢的说法来支持这一观点,所谓人的孤独是他存在的一个不可逃避的事实,而这个说法在他的文学作品中无论如何都不是决定性的。但是,声称从根本上以历史术语进行思考的卢卡奇当然应该看到,在一个个人主义的社会中,孤独是由社会作为中介的,并且本质上具有历史内涵。在波德莱尔那里——追根溯源,所有颓废、形式主义和唯美主义之类的范畴最终都与他脱不开干系——这不是一个一成不变的人类本质、人的孤独或“被抛状态”(geworfenheit)的问题,而是有关现代性的本质的问题。在波德莱尔的诗歌中本质并非某种抽象之物,而是某种社会性的东西。在他的作品中,客观上占主导地位的创作理念是要面对历史上最新最先进的东西,将之作为它想唤起的原初现象(urphänomen);用本雅明的话说,它是一个“辩证意象”(dialektisches bild),而不是一个古老意象。因此才有了《巴黎风貌》(*Tableaux Parisiens*)。即使在乔伊斯那里,作品的基础也不是卢卡奇所假定的永恒的人,而是最具历史性的人。尽管大量的爱尔兰传说出现在其中,但乔伊斯并没有在他所代表的世界之外创造出一个虚构的神话,而是试图通过今天的卢卡奇所蔑视的文体原则(stilisationsprinzips)把这个世界神话化,召唤出它的本质,或是召唤出其本质的恐怖。人们几乎忍不住要根据以下标准来判断先锋写作的地位:是否历史时刻本身变得必不可少,而不是被扁平化为永恒。想必卢卡奇会把美学中本质和意象等概念的使用视为唯心主义,但它们在艺术领域的地位与它们在本质哲学或原型哲学中的地位,以及在任何翻新的柏拉图主义中的地位有着根本的不同。卢卡奇的立场最根本的弱点可能是,他无法保持这种区别,并将涉及意识与现实之间关系的范畴应用于艺术,就好像它们在那里只是意味着相同的东西。艺术存在于现实之中,并在现实中发挥着作用,同时也以多种方式与现实保持内在中介的关联。但无论如何,艺术就其概念本身而言,是站在与现状相对立的位置的。哲学将这种情况反映在“审美表象”

---

① 托马斯·沃尔夫(Thomas Wolfe),美国作家,代表作有长篇小说《天使,望故乡》等。

(der ästhetische schein)这一概念中。即便卢卡奇也很难绕开这样一个事实:艺术作品内容的真实与社会现实的真实是不同的,假如取消了这一区分,所有的作品在美学上都将失去其基础。但是,艺术的虚幻特性,即它与直接现实——它以魔法形式从这种现实中脱颖而出——截然不同的事实,既不是它从高雅之处的意识形态堕落,也不是从外部强加给它的指标,仿佛它只是在复制世界,而并不要求自己成为直接的现实。这种减法式概念(subtraktive vorstellung)是对辩证法的嘲弄。相反,经验存在与艺术的区别关系到后者的内在结构。如果艺术所提供的是本质,是"形象",那这就不是唯心主义的罪恶;事实上,一些艺术家就是唯心主义哲学的追随者,这与他们作品的实质无关。相反,面对单纯存在的东西,艺术本身——它没有因为只是复制了存在而背叛它自己的本性——必须成为本质,成为本质和形象。只有这样,审美的构成才成为可能;只有这样而不是仅仅通过对直接的凝视,艺术才能成为认识,也就是说,艺术才能够公正地对待这样一种现实:它隐藏了自己的本质,并且只是为了事物的分类秩序压制了本质所表达的东西。艺术只有在对其自身形式法则的晶化中而不是在对事物的被动接受中,才能与现实的事物相融合。在艺术中,认识被审美自始至终中介着。在艺术上,即便被卢卡奇认为是唯我论的东西和虚幻的主体直接性的回归,也并不意味着是对客体的否定(就像它在糟糕的认识论中所做的那样),而是旨在与客体辩证和解。客体以形象的形式进入主体,而不是像异化世界的魔咒之下的物体那样变成摆在主体面前的石头。艺术作品通过在形象中已被和解的客体(即自发地融入主体)和世界中现实的、未被和解的客体之间的矛盾来批判现实。它代表着对现实的否定认识。若是用当今哲学的表达打一个比方,我们可以说有来自存在的"审美差异"(ästhetische differenz):只有借助而不是否认这种差异,艺术作品才同时成为艺术作品和正确的意识。拒绝承认这一点的艺术理论是庸俗的,同时也是意识形态的。

卢卡奇满足于叔本华的见解,即唯我论原则"只有在哲学抽象中才真正可行",即便如此,"也只能在一定程度上进行诡辩"(第 18/21 页)。但他的论点是自相矛盾的:如果唯我论不能被维持,如果用现象学的表达方式来说,它最初"括起来"的东西在它里面被再现出来,那么也没有必要担心它作为一种文体原则的存在了。因为客观地说,先锋作家在其作品中超越了卢卡奇强加给他们的地位。普鲁斯特通过主体的内省之法分解了主体的统一性:主体最终被转化为一个竞技场,客观实体则在这个场域中展示它们自己。普鲁斯特的个人主义作品变成了卢卡奇所批之所是的反面,亦即变成了反个人主义的东西。卢卡奇所愤慨的内心独白(monologue intérieur)与现代艺术的无世界性(weltlosigkeit),既是自由漂浮的主体的真相,也是其幻觉所在。说是真相,是因为在一个处处都是原子化的世界里,异化统治着人类;因为他们会由此成为阴影,而在这一点上我们可能会认同卢卡奇的观点。但自由漂浮的主体也是一种幻觉,因为社会总体性(gesellschaftliche totalität)在客观上先于个人;这种总体性在异化或社会矛盾中得到巩固,并通过它进行自我复制。伟大的先锋派艺术作品通过突出个人的脆弱和把握个体中的总体性——他是总体性的一个片段,但是却对总体性一无所知——来打破这种主体性的幻觉。卢卡奇认为,乔伊斯作品中的都柏林,卡夫卡和穆齐尔作品中的哈布斯堡君主政体,都可以被感觉为——可以说是程序之外的(programmwidrig)——行动的氛围"背景墙"(第 21 页),但他却说,那只是一个副产品;为了他那需要被证明的主题(thema probandum),他把累积起来的否定性史诗的丰富性,亦即其本质性变成一个次要问题。氛围(atmosphäre)的概念对于卡夫卡来说是完全不合适的。它源于一种印象主义,而卡夫卡正是通过他的客观倾向(旨在追求历史的本质)取代了这种主义。即使在贝克特那里(也许在他那里最为典型),所有具体的历史元素似乎都被消除一空,只有原始情境和行为模式被接纳下来,然而非历史的假象(unhistorische fassade)依旧是反动哲学所崇拜的存在本身的对立面,是对它的挑衅。原始主义作为其作品中突兀的出发点,同时也呈现为倒退的最后阶段;这一点在《终局》中再清楚不过,此作中预设了一场人间大灾难,仿佛来自不言而喻的远方。贝克特的原始人类也是最后的人类。他把霍克海默与我在《启蒙辩证法》中所提及的完全被文化工业控制的社会与两栖动物的反应之间的融合做成了某种主题。艺术作品的本质内容可以存在于对无意义来临的精确而无言的批判性再现之中,而当它被正面地陈述并被实体化为具体存在时,这种内容就会丧失,即使这只是通过一种"透视"间接地发生,它也会消失得无影无踪,就像发生在《安娜·卡列尼娜》之后托尔斯泰的作品中那正确和错误的生活方式的说教式对立中那样。卢卡奇偏爱"意义的内在性",这种陈旧观点涉及的是对现状可疑的关注，而他的理论却指出这种关注应当被摧毁。然而，像贝克特所持有的那种概念在客观上是有争议的。“把变态和白痴接受为人类命运的一种类型”（第 31/32 页），这是卢卡奇对这些概念的描述，并以此来歪曲它们——这是紧跟电影审查者的做法，因为审查者将电影呈现的内容归咎于呈现本身。卢卡奇把贝克特与对特定存在的崇拜，甚至与蒙泰朗[①]“活力论”（Vitalismus）的低级版本相结合（第 31/32 页），表明他对正在考虑的现象是盲目的。这源于他固执地拒绝赋予文学技术以应有的中心地位。相反，他不屈不挠地坚持所叙述的内容。但是，只有通过“技术”（technik），所呈现之内容的意图——卢卡奇把“透视”这一声名狼藉的概念分配给它——才能够在文学中全部实现。人们想知道的是，如果把希腊悲剧那人人都能想出来的情节作为衡量悲剧成功与否的标准，那么卢卡奇像黑格尔一样所推崇的希腊悲剧会变成什么样子。就卢卡奇的图式而言，结构和风格也是传统和“现实主义”小说的构成因素，譬如福楼拜的小说。由于对经验现实的纯粹依赖，报告文学（fassaden-reportage）已退化为装潢门面的文体，所以技术的重要性已大大增加。具有建设性的技术渴望内在地掌握仅仅属于个人的偶然性，而这种偶然性是卢卡奇所反对的。卢卡奇并没有从他这本书的最后一章所出现的洞见中得出完整结论：坚定地采取一种有可能更客观的立场对于对抗偶然无济于事。卢卡奇应该真正熟悉的理念是技术生产力发展的关键意义。当然，这个理念是参照物质生产而不是精神生产发展起来的。但是，卢卡奇真能否认艺术技巧也按其自身逻辑发展的观点吗？他能使自己相信，抽象地肯定不同的审美标准在不同的社会中会自动而全部成立，就足以抵消技术生产力的发展，并恢复其他力量的有效性，即事物的内在逻辑已使之过时的旧力量吗？在社会主义现实主义的支配下，难道他不是成了一种不变学说（invariantenlehre）的倡导者，而这种学说区别于他所严词拒绝的学说之处仅在于它更粗俗吗？

尽管遵循古典哲学的传统，卢卡奇正确地将艺术视为一种认识形式，而并未将其当作一种纯粹非理性的东西与科学和学术进行对比，但在这样做的过程中，他也陷入了他鼠目寸光地指责先锋作品的那种

---

① 这里应该是指亨利·德·蒙泰朗（Henry de Montherlant），法国作家，著有《死了的王后》《无父无母的儿子》等戏剧作品。

同样单纯的直接性——既成事实的直接性——之中。艺术对现实的认识不是通过照相式或“透视式”地描绘，而是通过其自主性构成来表达被现实所采取的经验形式所掩盖的东西。即便断言世界是无法认知的——在这方面，卢卡奇从未厌倦过他对艾略特或乔伊斯等作家的指责——它也能成为认识的契机，这种认识来自此二者之间所出现的鸿沟：一方面是压倒性的、无法同化的客体世界，另一方面是对这个世界无助一瞥后的经验。卢卡奇简化了艺术与科学的辩证统一，使之完全合而为一，仿佛艺术作品只是从透视角度预测了一些社会科学随后努力证实的东西。艺术作品作为自成一类的认识（erkenntnis sui generis），它与科学或学术认识的本质区别在于，没有什么经验性的东西可以在艺术中保持不变，只有在与主观意图融为一体时，其内容才具有客观的意义。尽管卢卡奇将他的现实主义与自然主义区分开来，但他没有考虑到，如果这种区分是认真的，那么现实主义必然会与他想要从其中剔除的主观意图相融合。他像宗教裁判所的法官一样，把现实主义和形式主义方法之间的对立提升到一个标准，这种做法简直是无可救药。一方面，被卢卡奇诅咒为非现实主义和唯心主义的形式原则被证明具有客观的审美功能；另一方面，反过来说，像狄更斯和巴尔扎克的小说，也就是被卢卡奇毫不犹豫地提拔为范例的19世纪早期小说，毕竟也不是那么现实主义。在与当时盛极一时、适销对路的浪漫主义（marktgängige romantik）进行论战时，马克思和恩格斯可能认为它们是现实主义的。今天看来，前资产阶级的陈旧特征不仅在两位小说家那里体现得非常明显，而且巴尔扎克的整个《人间喜剧》（*Comédie humaine*）也被证明是对一个异化现实（亦即一个主体无法再体验的现实）的想象性重构。[①] 在这方面，巴尔扎克与卢卡奇阶级正义之下的先锋受害者并无太大不同。只不过按照其作品的形式感，巴尔扎克认为他的独白代表着世界的完满（weltfülle），而20世纪伟大的小说家则把他们的世界完满封闭在独白之中。如此一来，卢卡奇的方法便坍塌了。他的关于“透视”的观点不可避免地退化为他在书中最后一章极力想要区分开来的东西，即被灌输的政治，或者用他的话说

---

① Cf. Theodor W. Adorno, "Reading Balzac", in: *Notes to Literature*, Volume One, trans. by Shierry Weber Nicholsen, New York: Columbia University Press, 1991, pp.121－136.——英译注

是“宣传鼓动”(agitation)。他的构想是充满悖论的。他无法摆脱自己意识到的事实,即从美学上讲,社会真理只存在于自主形成的艺术作品中。但在今天具体的艺术作品中,考虑到盛行的共产主义教义的规定,这种自主性必然带来的一切要比以前更不能被容忍。那些在内在的审美方面发展得不充分的落后的美学技巧,希望通过在不同的社会系统中所占据不同位置来使自己合法化,也就是说,从其内在逻辑之外使自己合法化,这纯粹是迷信。社会主义现实主义宣称自己是一种先进的意识状态,实际上却只提供了资产阶级艺术形式腐朽没落、淡乎寡味的残余,这一事实不能像卢卡奇所否定的那样被简单当作一种偶发现象被否定;它需要一个客观的解释。社会主义现实主义并非像共产主义教士们一厢情愿地痴想的那样起源于社会健全和健康的世界,而是起源于他们所管辖的各教省的落后的社会生产力与社会意识。他们认为社会主义与资产阶级社会之间存在着本质的断裂,而对这一论点的利用只是为了把那种早已变得不值一提的落后歪曲为更先进的东西。

卢卡奇以海德格尔《存在与时间》(*Sein und Zeit*)中的“被抛”理论为模型,将对本体论的指控与对个人主义的谴责相结合,形成了一种没有经过反思的孤立的立场。他批评文学作品从偶然的主体出发与黑格尔曾经足够严厉地批评哲学从个人的感觉确定性出发,这两种观念可谓异曲同工。但正因为这种直接性已被内在地中介了,当它在艺术作品中被赋予连贯的形式时,它就包含了卢卡奇认为缺失的元素,而另一方面,文学主体必须从最接近它的地方出发,以便达到物质世界与意识的预期和解。卢卡奇把他对个人主义的谴责延伸到陀思妥耶夫斯基身上。他说,陀氏的《地下室手记》(*Aus dem Dunkel der Großstadt*)“也许是对现代布尔乔亚(颓废)孤独状态的第一次真实描绘”(第 68/62 页)。但是,通过把“颓废”和“孤独”相结合,卢卡奇重新评估了源自资产阶级社会本身原则的原子化,使它仅仅成为衰落的表现。此外,“颓废”一词也暗示着个体的生物退化:它是对如下事实的戏仿,即这种孤独大概要追溯至资产阶级社会之前的久远时代,因为正如鲁道夫·博尔夏特(Rudolf Borchardt)[1]所言,群居的动物也是一

① 鲁道夫·博尔夏特(Rudolf Borchardt),德国作家、翻译家。主要作品有诗集《青年诗歌》、长篇小说《渗入敌方的联合》等,阿多诺对他有专门研究,并写有《迷人的语 (转下页)

个"孤独的社区";"政治动物"(zoon politikon)是一种尚未成形的东西。所有现代艺术的历史先验——而且只有在艺术充分承认它时才会被超越——在卢卡奇那里是作为一个可以被避免的错误,甚至是资产阶级的错觉而出现的。然而,一旦卢卡奇转向当代俄罗斯文学,他便发现他所假设的结构转变并未发生。可惜这并未教会他在没有颓废的孤独之类的概念下行事。就相互冲突的立场之间的争论而言,他所批评的先锋作家所采取的立场——用他早期的术语来说,他们的"超验位置"——是历史中介的孤独,而不是本体论的孤独。今天的存在论者都太容易接受这种联系了,这种联系虽然被归因于存在本身,但实际上却赋予各种他律权威方式以永恒的假象。在这方面,他们会与卢卡奇相处融洽。我们必须承认卢卡奇的观点,即他所谓的孤独作为一种形式的先天因素不过是一种幻觉,它是在社会中产生的;一旦它反思自己,它就超越了自己。① 但正是在这里,审美辩证法与他背道而驰。个人作为主体并不能通过自己的选择和决定超越集体决定的孤独。这一点在卢卡奇用标准的苏联小说的倾向性来解决问题时已体现得足够清楚。总的来说,读他的书,尤其是论卡夫卡(第 50—51/49—50 页)充满激情的部分,你无法摆脱这样一种印象:他对被他谴责为颓废的文学所做出的反应就像传说中出租马车之马在回去拉车前对军乐的反应一样。为了抵制那种文学的吸引力,卢卡奇加入了审查官们的合唱团,该合唱团自克尔凯郭尔——而克氏也被卢卡奇本人列为先锋作家之一——以来就一直在攻击"有趣"的东西,甚至是自对弗里德里希·施莱格尔(Friedrich Schlegel)和早期浪漫派产生愤怒以来。这个判决应被重新审查。一个想法或描述在性质上是"有趣的",这一事实不能简单地归结为轰动效应和精神市场的问题,尽管它们已然推广了这一范畴。此范畴虽然不是真理的保证,但现在已成为真理的必要前提。这意味着"符合我的利益"(mea interest),事关主体方面

(接上页)言:论博尔夏特的诗歌》一文,参见 Theodor W. Adorno, "Charmed Language: On the Poetry of Rudolf Borchardt", in: *Notes to Literature*, Volume Two, trans. by Shierry Weber Nicholsen, New York: Columbia University Press, 1991, pp. 193 – 210.

① Vgl. Theodor W. Adorno, *Philosophie der neuen Musik*, 2. Aufl., Frankfurt a. M. 1958, S. 49 ff. ——原注。Cf. Theodor W. Adorno, *Philosophy of Modern Music*, trans. by Anne G. Mitchell and Wesley V. Blomster, New York: Seabury, 1973, pp. 46 – 48. ——英译注

的东西,而不是权力中的至高无上者(也就是商品)拼凑起来的主体。

如果卢卡奇不像晚期经院哲学的怀疑者一样,有两种真理的教义在伺机而动,那么他就不可能既赞扬卡夫卡中吸引他的东西,却又仍然给他贴上颓废的标签:

> 从历史上讲,所有这些都证明了社会主义现实主义的优越性(我无法充分强调,这种优越性并不意味着社会主义现实主义的每一部作品都会自动成功)。之所以有优越性,是因为社会主义意识形态和社会主义视角给作者提供了种种洞见:它们使作者能比任何传统意识形态更全面、更深入地描述作为社会存在的人。(第 126/115 页)

也就是说,社会主义现实主义的艺术品质与艺术优越性是两码事。文学术语中有效的东西与苏联文学中有效的东西是不同的,可以这么说,苏联文学是通过世界精神[①]的一种优雅的行为而使自己变得"正确的"(dans le vrai)。这种双重标准难以适用于一个可悲地维护着理性统一的思想家。但是,一旦他解释了那种孤独是不可避免的——他几乎承认,孤独是由社会的消极面,由普遍的物化所规定的——并且同时以黑格尔式的思维方式意识到它的客观虚幻的特性,那么,令人信服的推论是,那种孤独在其逻辑推论中就变成了对它自己的否定,当孤独意识在文学作品中把自己揭示为所有人的隐蔽意识时,它也就必然要潜在地扬弃自己。这正是我们在真正先锋的作品中所看到的情景。通过无条件地、单子般地沉浸在自己的形式法则中,这些作品变得具体化了,也就是说,在美学上从而也在它们的社会基础中被中介化了。仅此一点,就赋予卡夫卡、乔伊斯、贝克特以及伟大的现代音乐作品以巨大力量。世界时刻的钟声已经敲响,它在他们的独白中已得到回响:这就是为什么他们的作品比单纯以报告形式描述

---

① 世界精神(Weltgeist,一译"宇宙精神"),是来自黑格尔的一个哲学用语,与"绝对精神""绝对理念"等概念含义相同,指宇宙万物的内在本质。黑格尔认为精神主宰着世界和世界历史。世界历史是世界精神在时间中合理地、必然地体现其自身的过程。他把世界精神看成是人类社会历史发展的最终原因和动力,把社会历史的发展进步过程看作是世界精神的活动过程。人类历史只不过是世界精神展示自己和实现自己的"舞台"。个人和民族则只是世界精神实现它的目的的"代理人"或"活的工具"。

世界的文学更刺激的原因所在。这种向客观性的过渡依然停留在思想上而不是转化为一种行动，这一事实在这样一种社会状态中有其基础：在这种社会状态中，单子论的具体而普遍的条件继续存在于各处，尽管所有的保证都与此相反。而且，具有古典主义倾向的卢卡奇很难期待此时此地的艺术作品能够突破这种思考。他对艺术品质的宣言与实用主义格格不入，而实用主义在面对先进的、负责任的艺术生产时，只是满足于"资产阶级、资产阶级、资产阶级"的简单结论。

卢卡奇引用并同意我著作中对新音乐老化的论述，以便使用我的辩证思考；矛盾的是，他的论述很像塞德迈尔[①]那样：既反对现代艺术，也反对我自己的意图。在这一点上，我们应该顺着他说："只有那些不理解自己的思想才是真实的，"[②]而且没有作者能够拥有这种思想的所有权。但事实上，卢卡奇的论点毕竟没有夺走我的所有权。艺术不能把自己确立为直接等同于恐惧的纯粹表达，这一观点在我的《新音乐的哲学》中有所表达，[③]尽管我不同意卢卡奇那种官方的乐观主义观点，即从历史上看，今天没有那么多恐惧的理由，"颓废的知识界"(dekadente intelligenz)没那么多可惧怕的东西。但是，超越表达中纯粹明示的"这个"既不意味着形成一种张力匮乏的物化风格——这是我对新音乐老化的指责，也不意味着飞跃到黑格尔意义的积极性上，这种积极性是非实体和非本真的，并且不构成任何反思的前形式。[④]

---

① 阿多诺这里参考了汉斯·塞德迈尔(Hans Sedlmayr)的书。Cf. Hans Sedlmayr, *Verlust der Mitte*, Salzburg: Müller, 1951, (translated as *Art in Crisis*, Chicago: Regnery, 1958).——英译注。塞德迈尔是奥地利艺术史学家，新维也纳学派艺术史学创始人，曾执教于维也纳大学、慕尼黑大学和萨尔茨堡大学。主要著作有《艺术与真理》《黄金时代》等，《艺术的危机》是其代表作，该书已在国内出版。参见汉斯·赛德尔迈尔：《艺术的危机：中心的丧失》，王艳华译，译林出版社 2020 年版。

② Theodor W. Adorno, *Minima Moralia*, Frankfurt a. M. 1951, S. 364. ——原注。Cf. Theodor W. Adorno, *Minima Moralia*, trans. by E. F. N. Jephcott, London: NLB, 1974, p.192.——英译注。参见阿多诺：《最低限度的道德——对受损生活的反思》，丛子钰译，上海人民出版社 2020 年版，第 230 页。

③ Theodor W. Adorno, *Philosophie der neuen Musik*, a. a. O., S. 51 f.——原注。Adorno, *Philosophy of Modern Music*, pp. 48 - 51.——英译注。参见阿多诺：《新音乐的哲学》(第五版)，曹俊峰译，中央编译出版社 2017 年版，第 160—163 页。

④ G. W. F. Hegel, *Aesthetics*, trans. by T. M. Knox, Oxford: Oxford University Press, 1975, I: 593.——英译注

新音乐老化的含义不是向已经老化的旧音乐回归，而是对新音乐的强烈的自我批判。然而，从一开始，对恐惧的朴素描绘就不止于此。它意味着通过表达，通过毫无偏差的命名行为的力量来进行抵抗：这与由“颓废”这个侮辱性词语引发的所有联想是完全相反的。卢卡奇确实将其贬损的艺术归结于对负面现实和“可恶的”统治的消极回应。“但是，”他继续写道，“由于现代主义在描绘扭曲时缺少批判性的超脱，所以它实际上设计了在任何社会中强调扭曲之必要的风格技巧，于是可以说它进一步扭曲了扭曲。通过将扭曲归因于现实本身，现代主义将现实中起作用的反作用力斥为本体论上无关紧要的东西。”(第 84—85/75—76 页)对立力量和对立倾向的官方乐观主义迫使卢卡奇压制黑格尔关于否定之否定——“扭曲之扭曲”——是肯定的命题。只有这一命题才能阐明艺术中致命的非理性主义术语“多重性”(vielschichtigkeit)的真相：在真正的现代艺术作品中，痛苦和快乐在不谐和音(dissonanz)中的表达是不可分割地联系在一起的，而这种快乐则被卢卡奇贬称为哗众取宠的快乐，亦即“为新奇而新奇的乐趣”(第 113/105 页)。这一点必须结合美学领域与现实之间的辩证关系来加以理解，而这种做法则是卢卡奇所极力避免的。由于艺术作品没有以直接现实作为其题材，所以它从来不会像认识通常所做的那样说：“就是这样”(es ist so)，相反，它说的是“就像这样”(so ist es)。它的逻辑不是主语和谓语所陈述的逻辑，而是内在连贯的逻辑：只有在这种逻辑中并通过这种逻辑，也通过它置放的各元素之间的关系，它才有立足之地。它与经验现实的对立关系(经验现实属于它，它自己也属于经验现实)恰恰包含这样一个事实：与直接处理现实的智识形式不同，它从来没有明确地将现实定义为一件事或另一件事。它不做判断；当它作为一个整体被对待时，它就变成了一种判断。如黑格尔所示，不真实的时刻包含在每一个个人的判断中，因为没有任何东西完全是个人判断所说的那样，而艺术纠正了它，因为艺术作品综合了它的元素，而这些元素中的任何一个都没有被其他元素所陈述：目前流行的“讯息”(aussage)概念与艺术没有任何关系。作为一种没有判断的综合，艺术在细节上失去了确定性，却通过对通常被判定所剔除之物给予更大的正义得到了补偿。艺术作品只有作为一个整体，只有在它的所有中介中并通过这些中介而不是在它的个人意图中，才成为认识。个人的意图不能从艺术作品中抽象出来，艺术作品也不能用个人意图来判断。但这恰恰是卢卡奇所遵循的原则，尽管他反对那些在写作中如此行事的御用小说家。虽然他很清楚他们的标准化产品有哪些不足之处，但他自己的艺术哲学却无法抵御同样的写作短路(kurzschlüsse)，而这种短路的影响——一种自上而下的白痴做派——则因此让他感到恐惧。

面对艺术作品必不可少的复杂性——这种复杂性不能作为一个偶然的个案而被抛弃——卢卡奇闭上了眼睛。当他看待特定的文学作品时，他强调的是恰在眼前的东西，因此也就错过了整体的意涵。他对戈特弗里德·贝恩(Gottfried Benn)写的一首公认很平庸的诗感到惋惜，诗中写道：

哈，但愿我们是人类的原始祖先。
温暖沼泽中的一团黏液。
生与死，受胎与分娩
会从我们无声的汁液中滑出。

一缕海藻或一座沙丘，
由风塑形，底座沉重。
甚至蜻蜓的头或海鸥的翅膀
也会走得太远，受苦太多。

卢卡奇在这首诗中看到，“作为动物和作为原始现实的人，与作为社会存在的人的对立”——就如海德格尔、克拉格斯[①]和罗森堡[②]所认为的那样——并最终“对反常和……一种毫不掩饰的反人文主义赞美颂扬”(第32页)，然而即使人们完全认同这首诗的内容，最后一行也暗示了更高层次的个性化是叔本华式的痛苦，而对史前时代的渴望仅仅反映了当前无法忍受的压力。卢卡奇批评概念的道德色彩与他对主观主义“无世界性”的哀叹中的道德色彩是一样的，就好像先锋作家

---

① 应该是指路德维格·克拉格斯(Ludwig Klages)，德国心理学家和哲学家，性格学和现代笔相学(笔迹分析)的创始人，著有《笔迹学问题》《性格学的原则》《论生命的意义》等。

② 可能是指阿尔弗雷德·罗森堡(Alfred Rosenberg)，第二次世界大战期间纳粹德国的一名重要政治人物，为纳粹党党内的“思想领袖”，著有《二十世纪的神话》一书。后在纽伦堡审判中被判处绞刑。

真的实践了胡塞尔现象学中极为怪诞的说法：方法论上的世界毁灭(methodologische weltvernichtung)。因此，卢卡奇指责罗伯特·穆齐尔(Robert Musil)说："当乌尔里希——穆氏小说《没有个性的人》中的主人公——被问及如果处在上帝的位置他会做什么时，他回答说：'我将被迫废除现实。'外在现实的废除是对'没有个性'的主观存在的补充。"(第 23/25 页)然而，卢卡奇所控告的这句话显然是为了表达绝望，表达逃离的悲观厌世情绪(weltschmerz)，以及以否定的方式表达爱。卢卡奇对这一切只字不提，而是以一种真正"无中介的"、毫无反思的正常概念及其补充物，亦即病态扭曲的概念进行运作。只有幸福地清除了精神分析所有痕迹的精神状态才无法认识到这种常态与禁止部分本能的社会压抑之间的联系。继续毫不掩饰地谈论"正常"和"反常"的社会批判，它本身仍处于它所描绘的已被克服的魔咒之下。卢卡奇像黑格尔那样并且很爷们地拍着胸脯强调，实实在在的普遍性，其地位要高于单纯个体化那种虚幻的、站不住脚的"糟糕存在"，这让人想到强烈要求消灭离经叛道者和不适应生活者的地方检察官。他们对诗歌的理解值得怀疑。在诗的语境中，贝恩诗中的第一行"哈，但愿我们是人类的原始祖先"与它想在字面上表达的意思相比具有完全不同的价值。"原始祖先(Ururahnen)"这个词里蕴含着一种冷笑。通过风格化，诗歌主题的冲动——顺便说一句，它是老派的，而不是现代的——表现为幽默的不真实，表现为一种忧郁的游戏。诗人假装希望自己回到的东西和他实际上不希望自己回到的东西交织排斥，强调了他对社会产生的苦难的抗议。所有这些，以及贝恩使用科学词汇和主题所产生的蒙太奇式的"间离效果"(verfremdungseffekt)都可以在贝恩的诗中感受到。通过夸张，他叫停了卢卡奇直接归咎于他的所谓退化。听不到这些弦外之音的人，就像勤奋而熟练地模仿托马斯·曼写法的初段作家一样，曼曾笑言道："他写得和我一模一样，但他是认真的。"像卢卡奇在论贝恩的附注中所做的那些简化，不仅没有认识到其中的细微差别，而且因为没有认识到这些细微差别，它们也同样没有认识到艺术作品本身，后者只有通过细微差别才成为艺术作品。这样的简化是愚蠢的表现，即使是最聪明的人，当他们与那些社会主义现实主义所颁布的指令保持一致时也会遭此厄运。甚至早些时候，为了给现代文学冠以法西斯主义罪名，卢卡奇得意扬扬地找到了里尔克的一首歪诗，并像一头闯进瓷器店的公牛一样在诗中横冲直撞。人们在卢卡奇那里所感受到的那种退化，一种曾经是最先进的意识的退化，是否是威胁欧洲思想的退化阴影的客观表现——是否是欠发达国家投射在较发达国家身上的阴影，而后者已开始与前者结盟；或者它是否揭示了理论本身的命运——这种理论不仅在人类学的预设方面，亦在理论家的思想能力方面正在日渐衰亡，而且其实质也在客观上逐渐萎缩。在这种存在状态中，对理论的依赖更少了，而对一种与预防灾难的任务相同的实践的依赖则更多了。凡此种种，都仍然是一个悬而未决的问题。

即使是广受赞誉的托马斯·曼也逃不过卢卡奇的新式天真；卢卡奇以一种宗教式的虚伪(pharisäismus)将他与乔伊斯对立起来，这可能会让曼这个记述崩溃和衰落的作家感到震惊。由柏格森开始的关于时间的争论被视为一个戈尔迪乌姆之结。[①] 既然卢卡奇是一个优秀的客观主义者，那么客观时间必须永远是正确的，而主观时间一定只是颓废造成的扭曲。正是年轻的卢卡奇在论福楼拜的《情感教育》(*Éducation sentimentale*)中如此有力地描述了对物化、异化、无意义时间的难以忍受，[②]才使柏格森提出了他的时间体验(Erlebniszeit)理论，而不是如同各色虔诚的愚蠢所能想象的那种主观分解精神。在《魔山》中，托马斯·曼也向柏格森的绵延时间(temps durée)致敬。为了把曼的批判现实主义论点挽救出来，卢卡奇给小说中的许多人物打了高分，因为即使在主观上，他们的“时间经验也是正常和客观的”(第54/51页)。然后他写道(我逐字逐句引用如下)：“的确，齐姆森意识到，时间的现代体验可能只是疗养院中反常生活方式的结果，与日常生活完全隔绝。”(第54/51页)齐姆森这个人物身上的讽刺意味完全被我们这位美学家忽视了，社会主义现实主义削弱了他对他所赞扬的批判现实主义的敏感。在卢卡奇看来，齐姆森这个心胸狭窄的军官是

---

① 戈尔迪乌姆之结(Gordischer Knoten/Gordian Knot)，西方传说中的物品，神谕说，如果谁能解开这个结，那么他就会成为亚细亚之王。公元前334年，亚历山大大帝率大军来到小亚细亚的北部城市戈尔迪乌姆。此城有宙斯神庙，庙中有一辆献给宙斯的战车。该车车轭和车辕之间，用山茱萸绳结成了一个绳扣，绳扣上看不出绳头和绳尾，要想解开它简直比登天还难。亚历山大大帝对此传说很感兴趣，于是命人带他去看这个神秘之结。见此绳结，他凝视良久，猛然间拔出宝剑，手起剑落，绳结破碎。就这样，亚历山大大帝以不按常理出牌的方式解开了绳结，他最终也成为千古一帝。

② 卢卡奇在《小说理论》中有关于“《情感教育》与小说中的时间难题”的论述。参见卢卡奇：《小说理论》，燕宏远、李怀涛译，商务印书馆2012年版，第114—120页。

后歌德时代的瓦伦廷,[①]他像战士一样勇敢地死去,即使躺在床上,也是真实生活模式的直接代言人,这很像托尔斯泰想让他笔下的列文成为的那样,只不过列文失败了。事实上,托马斯·曼以一种不加反思却极其敏感的方式把两个时间概念之间的关系表现为矛盾而模糊,这与他的整体方法和他对资产阶级一切事物的辩证态度是一致的。对与错被分配在此二者之间:一边是庸人的物化意识,他们徒劳地逃离疗养院,投身于自己的职业;另一边是那些留在疗养院的人的梦幻时光,一种波西米亚和浪漫主观主义的寓言。明智的是,曼没有调和这两种时间,也没有在其作品的构建中为其中的一种或另一种表态。

事实上,卢卡奇的哲学思考甚至完全偏离了他最喜欢的文本的美学含义,其原因在于他的前审美偏好(parti pris)倾向于文学作品的材料和传播内容,他将它们与艺术客观性混淆在一起。他不关心反讽之类的修辞手法,这绝不是反讽太隐蔽,因为那些更显眼的手法他同样不管不顾;他也没有因为这种放弃而获得作品(已经清除了主观表象)的真理内容(Wahrheitsgehalt)的回报。相反,他被作品贫瘠的残余物,被它们的物质内容(Sachgehalt)所迷惑,这当然是获得真理内容所必需的。尽管卢卡奇想要防止小说的倒退,但他还是鹦鹉学舌般地模仿教义手册上的文章,比如社会主义现实主义,意识形态认可的认识反映论(Abbildtheorie der Erkenntnis),以及有关人类的机械进步的教条,即独立于一种在此期间已被扼杀了的自发性的教条——尽管从不可挽回的过去来看,“对于世界的理性和人类洞察其秘密的能力的信念”(第 44/43 页)有很多期待。因此,卢卡奇不由自主地接近了幼稚的艺术概念,而这种概念使他在不如他精通艺术的官僚中感到尴尬。他试图突破的努力是徒劳的。他对自己审美意识的损害程度可以从一段关于拜占庭拼花图样的寓言解释中看出:他说,在文学中,这种质量的艺术作品只能是“例外情况”(第 42/40 页)。仿佛除了研究院和音乐学院外,艺术依然有着规则和例外之间的区别似的;仿佛一切审美事物都是个体化的,因为它遵循自己的原则和自己的普遍性,

---

① 瓦伦廷(Valentin),歌德《浮士德》中的人物,是女主角玛格丽特的哥哥。他以妹妹为荣,当得知妹妹与浮士德幽会时,他气得发抖,并立刻向浮士德宣战,最终死在浮士德(受到靡菲斯特的唆使和帮助)的剑下。

所以并不总是例外的，反之，一切直接符合普遍规则的事物，却因此使自己丧失了具有审美形式的资格。“例外情况”与“巅峰表现”属于同一类词汇。已故的弗朗茨·博克瑙[①]在与共产党划地绝交之后曾说，他再也受不了人们用市议会精神谈论黑格尔逻辑和在黑格尔逻辑范畴内谈论市政法规了。这样的污染诚然可以追溯到黑格尔本人，它也将卢卡奇限制在他固有的水平上。在卢卡奇笔下，黑格尔对“不幸意识”(das unglückliche bewußtsein)的批判，思辨哲学超越孤立主体性的虚幻精神气质的冲动，成为心胸狭窄、尚未达到主体性水平的党内官员的意识形态。他把他们咄咄逼人的无知——19世纪小资产阶级的残余——夸大为适应现实的局限性，而现实已经完全脱离了个性。但是，辩证法的飞跃并不是跳出辩证法的飞跃，不是通过纯粹的信念将不幸意识转变为幸福的同谋，并以牺牲艺术生产的客观社会的和技术的要素为代价。按照卢卡奇几乎不会质疑的黑格尔的学说，所谓更高的立场必须必然保持抽象。卢卡奇为反对“男孩遇见拖拉机文学”[②]的愚蠢而提出的绝望的深刻见解，也没有使他免于抽象和幼稚的高谈阔论：“所处理的内容对他们来说越共同，来自不同方面的作家就越是在相同的现实中探索相同的发展条件和相同的发展趋势，而现实以及所描绘的所有区别，就越会转变成大体上的或纯粹的社会主义现实，批判现实主义就越接近社会主义现实主义，它的消极(非排斥)视角就越会在许多过渡中转变，变成一种积极(肯定)的社会主义视角。”(第125/114页)。消极的也就是不排斥，积极的也就是肯定的，这两种视角之间的虚伪区别把文学质量的问题直接转移到了卢卡奇想要逃避的规范信念领域。

---

① 弗朗茨·博克瑙(Franz Borkenau)，奥地利社会学家。出生于维也纳。就读于德国莱比锡大学期间，对马克思主义和精神分析产生浓厚兴趣。1921年加入德国共产党，大学毕业后移居柏林，在共产国际任职直至1929年。后转入法兰克福社会研究所，主要研究资本主义与意识形态的关系。著有《西班牙战场：内战见闻实录》《奥匈帝国之后》《共产国际史》等。

② 男孩遇见拖拉机文学(boy meets tractor-Literatur)是对苏联、东德等国奉行社会主义现实主义创作原则所产生的文学的一种称呼。按照这种创作原则，本来是“男孩遇见女孩”(boy meets girl)的情节就被“男孩遇见拖拉机”(boy meets tractor)所取代。于是，“男孩遇见拖拉机”“男孩爱上拖拉机”“男孩和拖拉机共建社会主义”就成为特定创作公式。甚至当时的马克思主义批评家也为日丹诺夫心目中的这种小说设计了一个笑话：男孩遇见拖拉机，男孩失去拖拉机，男孩去城里寻找拖拉机，然后找到拖拉机，继续与之恋爱，开着拖拉机回到农村，从此过上了幸福的生活。

然而,毫无疑问,他是想逃避这一领域。为了公正地评价他的书,我们必须牢记,在那些关键事情无法直呼其名的国家,官方恐怖的标记已经烙印在所有代替它们的言语上。但反过来说,正因为如此,即使是那些软弱的、偏颇的、不完整的思想,也会在这个星丛中获得一种它们的文字内容所没有的力量。本书的整个第三章都必须依此角度展开阅读,尽管智力消耗和所处理的问题并不相称。有许多阐述,其中的思路只需要延伸到开放空间即可看出究竟。例如下述文字:

> 仅仅研究马克思主义(更不用说仅仅参加社会主义运动中的其他活动,甚至是仅仅获得党员身份)本身是不够的。作家可以通过这种方式获得有用的经验,并意识到某些思想和道德问题。但是,要把现实的"真实意识"转化为适当的审美形式,并不比资产阶级的"虚假意识"容易多少。(第 101—102/96—97 页)

或者,抨击目前到处可见的报告文学式小说(reportageroman)的枯燥的经验主义:"批判现实主义就像左拉的例子所显示的那样,更适合于学术专著的纪实性的整体理想,是某些固有问题的产物。我将表明,类似的也许是更大的问题内在于社会主义现实主义之中。"(第 106/100 页)。在此语境中,卢卡奇用他年轻时的术语,为集中的而不是广泛的总体性的首要地位进行辩护。他只需要把他的要求进一步深入文学作品本身,就可以证明他在其权威的(ex cathedra)训示中谴责先锋作家的那些东西;奇怪的是,尽管如此,他仍想"征服""颓废运动的反现实主义"。在某一时刻,他甚至差不多看到俄国革命绝不是带来了需要和支持"正面"(positiv)文学的条件:"我们必须记住,尽管夺取政权是一次巨大的飞跃,人们(包括作家)都不会自动转变。"(第 112/104—105 页)然后,尽管以一种委婉的形式,仿佛他在讨论一种单纯的反常现象,但他却不经意地吐露了社会主义现实主义的真相:"结果将是一种稀释的、劣质版的资产阶级现实主义,缺乏那种传统的美德。"(第 127/116 页)他说,在这种文学中,"艺术家视角的真实本质"被误解了。换句话说,"许多作家将指向未来却仅以那种形式存在的趋势——如果理解正确的话,正是因为它可以为评估眼下提供一个决定性的立场——与现实本身视为一体;他们将只是以胚胎形式表现的趋势再现为充分发展的现实;换言之,他们机械地将透视和现实画上了等号”(第 128/116 页)。一旦去掉术语的外壳,这仅仅意味着社会主义现实主义的成规和卢卡奇视作是其补充的社会主义浪漫主义都是不良现状的意识形态变形。对卢卡奇来说,官方的客观主义极权式文学观(objektivismus totalitärer Literaturbetrachtung)被证明只是主观的。他将这种文学观与更人性化的审美客观性概念进行了对比:“艺术也受客观规律的支配。违反这些规律可能不会像违反经济规律那样产生立竿见影的后果,但它会使作品质量低劣化。”(第 129/117 页)在这里,在思想有勇气坚持自己信念的地方,卢卡奇的判断远比他对现代艺术的庸俗评价准确得多:“这些中介因素的瓦解,导致了理论和实践上错误的两极分化。一方面,理论从对实践的指导变成了一种教条;另一方面,两者之间的矛盾元素被消除了。”(第 130/118 页)接着,他简洁地说出了核心问题:在这样的作品中,“文学不再反映社会生活的动态矛盾;它成为抽象‘真理’的例证”(第 132/119 页)。他说,对此负责的是作为“出发点”的“宣传鼓动”成了艺术和思想的样板,而艺术和思想便日渐枯萎,变得僵化,成为公式化的并以意识形态被固化在实践中。“取代辩证结构的是……我们得到一个静态示意图”(第 135/121 页)。对此,没有哪个先锋作家能在这上面添加什么东西了。

所有这一切给我们留下的感觉是,一个人绝望地拖着他的锁链,想象着它的叮当声是“世界精神”的进行曲。他不仅被当权者蒙蔽了双眼,后者在他们的文化政治中几乎不会把卢卡奇不服从的思想放在心上,假如他们真的容忍这些思想的话。此外,卢卡奇的批判还陷入了这样一种错觉,即借用在中国制定出的区分,实际上受压迫、被榨干的当代俄罗斯社会是矛盾的,而不是对立的。卢卡奇抗议的所有症状,它们本身都源自独裁者及其追随者向大众灌输某个论点——卢卡奇在他的社会主义现实主义概念中含蓄地支持这一论点——之需要,亦源自他们从意识中消除任何有可能使大众偏离它的东西之需要。实现这种真正功能的教义的权威不能仅仅通过证明它是错误的就被摧毁。卢卡奇引用了黑格尔的一句愤世嫉俗的话,它表达了古典资产阶级成长小说(Bildungsroman)中所描述的这一成长过程的社会意义:“因为这种学徒期的目的在于,主体磨平了自身棱角,使其自身愿望和想法与现存关系及其合理性相协调,然后进入世界的关联之中,

并从中获得对世界的适当态度。”(第 122/112 页)[①]卢卡奇紧接着评论道:

> 在某种意义上,许多伟大的资产阶级小说都与黑格尔的论述相矛盾;而在另一种意义上,这些小说又证实了他的论述。与之相矛盾是因为,教育过程并不总是以接受和适应资产阶级社会而告终。年轻人的信念和梦想在社会压力面前遇阻受挫;反叛的英雄被打垮,被赶入孤立状态,但黑格尔所说的与社会的和解并不总是被勒索出来的。另一方面,由于个人与社会的冲突往往以前者的顺从而告终,其最终结果与黑格尔所暗示的并无太大差别。(第 122/112 页)

现实的假设必须在主体和客体之间没有断裂的情况下被表现出来,并且必须被“反映”——卢卡奇顽固地坚持这个术语——以确保没有断裂,这个假设作为他美学的最高标准暗示着和解已经实现,社会已被校正,主体已进入它自己的世界并在其中自得其乐。卢卡奇在一处反禁欲主义的题外话中承认了这一点。只有到那时,卢卡奇在黑格尔那里感受到的顺从时刻才会从艺术中消失,他当然也必须在歌德那里承认这一时刻,因为歌德是他鼓吹顺从的现实主义概念的原型。但是分裂和对抗仍在继续,而如他们所言,说这种分裂与对抗已在东方集团的国家中被克服,这纯粹是一个谎言。那种牢牢控制住卢卡奇的、阻止他回到魂牵梦绕的年轻时的乌托邦的魔咒,重演了他自己在绝对的唯心主义中发现的那种被勒索的和解。

(译者单位:北京师范大学文学院、清华大学人文学院中文系)

学术编辑:刘　卓

① 中译文参见黑格尔:《美学》第二卷,朱光潜译,商务印书馆 1979 年版,第 364 页。

美学与新媒体

主持人语：新媒体艺术理论的基本问题

曾 军

我对新媒体艺术理论基本问题的关注由来已久。从我个人的研究兴趣来说，这与自己2003年在中国人民大学跟随金元浦老师从事博士后研究，选择以视觉文化研究作为选题有关。在我看来，基于现代视觉技术而形成的视觉文化正是深刻影响当代文化的重要方面。从国内美学研究、文化研究和艺术学理论的研究来看，媒体因素越来越成为关注的焦点，尤其是以人工智能为代表的数字新媒体技术正在塑造全新的文艺表现方式和文学艺术类型，从而成为把握文艺发展和审美变迁最紧迫的问题。

一方面，媒介形态变迁正在加速影响文艺理论知识更新。我们知道，人类的媒介形态已经经历了口传文化、书写文化、印刷文化、机械复制文化、数字文化等不同的阶段。这些阶段不仅具有明显的先后兼容性，而且彼此之间还存在着相互交织的关系。这些阶段中有一个非常大的特点需要特别关注，那就是越是晚近的媒介文化形态，其更新速度就越快。从口传文化到机械复制文化，人类经历了漫长的三五千年，而从机械复制到数字文化的演变还不到短短的两百年。这种媒介形态的快速变迁，无疑对文艺理论知识的更新和发展产生了深远的影响。因此，我们需要深入研究和探讨新媒体艺术理论的基本问题，以更好地应对和适应媒介形态的快速变迁。

另一方面，新媒体文艺理论的知识体系也正在经历着激烈的变革。这个新媒体时代特指数字技术发展到赛博阶段之后出现的新的文化形态，它已经彻底改变了我们对于艺术和文化的理解和欣赏方式。在新媒体时代，传统的基于书写和印刷文明的"艺术四要素"（作品、世界、艺术家和欣赏者）关系发生了巨大的变化。在新媒体时代，艺术家不再只是孤独的创作者，而是作为"符号创作者"与技术人员、创意经理一起组成了"文化工作者/团队"；在生成式AI，如ChatGPT、文心一言等出现之后,“智能体”甚至开始以“人机交互”和“辅助生成”的方式接替了人的部分创造性活动。这个新的合作模式不仅提高了艺术作品的质量和影响力,还使得艺术创作更加注重与观众的互动和体验。同时,欣赏者在新媒体时代也发生了变化。他们不再只是被动接受艺术作品的观众,而是增加了新媒体设备的“用户”身份。这种转变使得他们能够更加主动地参与到艺术创作和传播的过程中,对艺术作品进行评论、分享和再创作。此外,作品也发生了巨大的变化。在新媒体时代,作品不再是“白纸黑字”的已完成的物化形态,而是由镜像世界、想象世界共同构成的虚拟世界(可能世界)。这种新的艺术形态使得作品更加注重交互性和沉浸式体验,为观众带来前所未有的感官刺激和情感体验。总之,新媒体时代文艺理论的变革是全方位的,它涉及艺术家、作品和欣赏者等各个方面。这种变革不仅为我们带来了更多的艺术形式和体验方式,也让我们重新审视传统艺术理论的概念和范畴。

在研究思路上,我们将引入数字媒介这一重要元素,对新媒体如何塑造新艺术形式以及新艺术形式如何引发新理论需求进行深入研究,从而推动对新媒体艺术理论基本问题的解决。为了实现这一目标,我们分别围绕“媒介突显”“世界重构”“剧场事件”“感知新变”和“主体分化”这些重要的文艺现象展开研究。在“媒介突显”方面,我们将深入研究数字媒介如何引起和增强文艺现象的关注度和影响力;在“世界重构”的研究中,我们将探索新媒体如何重新构建我们对世界的认知和理解;在“剧场事件”方面,我们将更深入地了解新媒体是如何改变和影响观众的观赏体验的;“感知新变”的重点将是研究新媒体如何创新和改变我们的感知方式;而“主体分化”则将深入探讨新媒体如何影响和改变作者和观众之间的传统关系。在具体操作上,我们将以“物质性”“想象性”“现实性”“具身性”“在场性”“交互性”“时间性”“注视性”“声音性”“叙事性”“主体性”等十一个基本问题为基础,并针对这些问题以及与这些问题密切相关的或对立或互补或延伸的问题进行深入研究,从而共同构建新媒体艺术理论研究的问题域。这些基本问题不仅代表了我们对新媒体艺术理论的基本理解和认知,同时也是我们进一步深入研究的基础和指引。不仅如此,我们还将在媒介形态变化与艺术类型演进的体裁历史诗学和媒介生态视角下,以及数字媒介文艺活动结构诗学的历史整体论视角下,对基于数字性媒介的新媒体艺术理论展开深入的学术研究。这个研究领域具有极其广阔的视野，涉及多种不同的艺术形式和媒介形态，以及它们在数字技术的引领下所经历的深刻变革和演化。在这个过程中，我们可以看到新媒体艺术理论和技术的不断演进和发展，以及它们对当代艺术和文化产生的深远影响。

通过前期的充分讨论，我们组建的研究团队已经初步形成了一个相对完整的研究方案。我们将围绕每一基础理论问题，对其展开细致的分析，进而建立起新媒体艺术基本理论的知识体系。本辑中胡敏的《走向新媒体时代的一种生成性“作品”理论》、黄雨璇的《将“速度”引入新媒体艺术研究——以影像艺术中的速度问题为例》、苗思萌的《“透明性”与“黑箱化”：新媒体“界面”的技术现象学》、王梦秋的《赛博艺术中的“数字注视”及其“液态监控”批判》和王樱子的《“感”与“识”的辩证：将听觉文化纳入声音研究》即为分别围绕新媒体艺术理论的物质性、时间性、交互性、注视性和声音性等问题展开的研究。

（作者单位：上海大学文学院）

学术编辑：赵彦芳

走向新媒体时代的一种生成性“作品”理论

胡 敏

内容提要 艺术作品是艺术理论研究的首要对象,它往往被理解为艺术创作过程的最终产品,具有确定的和完整的实体形式。20世纪中期以来,依托新媒体的交互艺术的出现对以往关注独立性和有限性的作品观念提出了挑战。首先,这类艺术作品不再以实体形态呈现,而更强调一种非物质的在场;其次,它们通过数字技术打造虚拟现实,模糊了作品自身的边界;最后,它们依托于参与者的交互行为,只存在于行动展开的此时此地。基于此,这类新媒体艺术作品更需要被定义为一种经过艺术配置的行动命题,一种生成性的存在。同时,作品的非实体的开放特质也带来了一个新的问题,即它是否还具备见证人类社会记忆的价值功能。

关键词 作品 新媒体交互艺术 参与者 行动 生成性

在传统艺术理论中,艺术作品被认为是一种有意创造的人工制品,具有可定义的空间、时间和概念边界。音乐作品和文本具有线性结构或有完整的结构框架;绘画、雕塑和建筑都被画框或材料所束缚;演出有一个指定的行动路线和持续时间,在一次和另一次演出之间只有微小的变化。不仅如此,一件艺术作品往往还能代表对应的艺术观。除了特定体裁的差异外,它还与概念、假设、意识形态和审美偏好相联,并有意或无意地遵循着一定的社会规范。黑格尔理想的艺术作品是一个完整的、封闭的单元,一个自主的原创,一个类比于整体世界的微观世界,代表了感官所呈现的真理形式。在传统主流的作品观念中,作者把自己作为作品的个体形状或格式塔铭刻进了作品,艺术是作者对其思想的创造性表达,而这种行为的结果以及被固定下来的物质样态就是艺术作品。

从20世纪初开始,“作品”这个概念陷入了极大的危机。最激进的攻击来自先锋派，他们拒绝原创性、作者身份、权威、无目的性或“为艺术而艺术”等观念，并对资产阶级艺术体系及其对艺术作品的狂热吹捧提出了批评。之后的新先锋派则试图从内部摧毁艺术作品的概念，极简艺术和装置艺术的出现挑战了艺术作品作为独立实体的完整性，行为艺术消除了作品和艺术家的差异，概念艺术模糊了作品和观念的界限，参与艺术则致力于打破作品和公众的边界，等等。自20世纪下半叶以来，信息技术对社会的基础设施产生了深刻的影响，这意味着人类社会正逐步从一个以物质为基础的价值体系过渡到一个以非物质信息控制物理现实的全新体系。这些技术手段也深刻影响了当代艺术实践，艺术作品越来越以数字技术、高科技材料和多媒介融合的非实体的“时空统一体”形态出现。传统意义上的作为独立实体的作品概念似乎已经无法用来描述新媒体时代的艺术作品，这亟需我们发展一种新的“作品”理论来应对这一困境。

一、作品的物质基础:“物质的”还是“非物质的”?

认识一个艺术作品的首要步骤就是确证其“物质性”。相比于传统媒介艺术，新媒体艺术的物质性不再能用传统的物质实体概念来理解。这些作品的物质性包含着不同的意义，每一种意义都取决于人们对物质现实的体验。在最基本的意义上，物质性是指事物的实质性质:它们的存在、功能和表现的体积;就制造方式而言，它是被制造出来的物理形态，有表面，有形状和质地。但是对于新媒体艺术而言，其物质性最突出的特征恰恰在于它的“非物质性”。

在讨论新媒体艺术的物质性问题之前，需要对新媒体艺术这一新兴的艺术类别做一个基本的界定。就艺术都试图通过某种媒介来传递信息而言，所有艺术都是媒介艺术。在中文里，媒体和媒介可以互换，但是在英文中，两者都用一个词表示:media。媒介是意义之所以得到承载与传达的关键，或可称为“中介”。但实际上，意义必须经过“媒介化”才能被意义参与者关注。在艺术研究中，媒介通常包含文本制作和传播(例如展出、复制、传送)的工具物，即构成艺术作品的材料，如黏土釉彩之于陶器，颜料画布之于油画，录音或录像技术之于电影，乐器与播放器材之于音乐等等。任何艺术都离不开体裁特殊要求的媒介工具，而这些媒介必定是某种“物”。媒介工具也应当包括施之于艺术文本的技术与技法。虽然后者比较抽象，但实际上也是广义上的媒介工具，是媒介进入艺术的呈现方式，比如，版画的媒介既包括板材，也包括刀工技法；水墨画的媒介既包括纸墨，也包括笔法；舞蹈的媒介既是身体服饰，更是身体动作和技巧；电子音乐的媒介包括电子吉他和扩音设备，也包括曲式风格等。[①] 新媒体艺术的“新”在于媒介的新。实际上，“新媒体艺术”这一术语采用了当时主要用于电影/录像、声音艺术和各种混合形式的标签，并在整个 20 世纪被用于任何特定时间的新兴媒体。“新”这个词总是意味着一种可以不断更新的整合性，即相对于陈旧的、传统的艺术媒介，以及先前讨论过的媒介的“新”。换言之，这个颇有问题的限定词更多地是为容纳最新的技术预留空间。

除此之外，还需要辨析新媒体艺术和数字艺术，两者有时候会替换使用，但也存在一些显著的区别。新媒体艺术包括在创作、存储或传播过程中的某个点上使用数字技术的所有艺术，它涵盖两种类型：一种是将数字技术作为生产更传统的艺术对象的工具，如照片、印刷品或雕塑；另一种是将这些技术作为创造一种不那么物质的、基于软件的形式，利用数字媒介的固有特性，如其参与性和生成性特征诞生的数字艺术。新媒体艺术应该被理解为数字艺术领域的一个子类别，对应第二种类型，它包含多种表现形式，如没有任何确定的物理表现的软件或互联网艺术，如使用从全球定位系统（GPS）到射频识别（RFID）等基于位置的技术传播的定位媒体艺术等。

值得注意的是，新媒体艺术作品最突出的特征除了与新技术和设备的高度融合，还在于它的“交互性”，甚至可以说，这个特性是其区别于旧媒介艺术的关键所在。索克 · 丁科拉（Söke Dinkla）曾提出以下定义：“‘交互艺术’这一术语是对计算机支持的作品的分类指定，其中发生在数字计算机系统和用户之间的交互。”[②]在 20 世纪 50 年代，尼古拉斯 · 舍弗（Nicolas Schöffer）、詹姆斯 · 希莱特（James

---

① 关于艺术媒介与物的关系分析，可参见陆正兰、赵毅衡：《艺术与物》，《文艺争鸣》2022 年第 1 期。

② Söke Dinkla, *Pioniere interaktiver Kunst von 1970 bis heute: Myron Krueger, Jeffrey Shaw, David Rokeby, Lynn Hershman, Grahame Weinbren, Ken Feingold*, Berlin: Hatje Cantz, 1997, S.8, note 6.

Seawright)、爱德华·伊纳托维奇(Edward Ihnatowicz)等艺术家就在建造与环境或公众互动的设备,主要是通过光或声音传感器。尽管如此,这些艺术家并不称自己的作品为“交互”;相反,他们称它们为“控制性的”“响应性的”或“反应性的”。70 年代开始兴起了数字控制的人机交互,一直到 90 年代,“交互”才真正成为新媒体艺术研究的一个重要概念。交互(媒体)艺术作为一种独立的艺术类型,在 1990 年作为一个类别被列入电子艺术大奖赛(*Prix Ars Electronica*),这也确立了“交互”这一术语的使用仅限于电子和数字艺术领域。从那时起,交互艺术经常被指认为新媒体艺术的开创性表现形式。近年来,艺术家们在他们的作品中使用技术反馈过程的次数越多,就越明显地表现出“交互艺术”一词在计算机支持的人机交互装置中的限制性使用。

本文所讨论的新媒体时代的艺术作品的“作品”问题,就是针对以技术融合和交互性为典型特征的新媒体艺术展开的。尽管新媒体艺术也会使用传统的、实物的、雕塑的或者装置的元素,但它独特的物质性主要体现在其技术部件上,比如用户界面就是这样一种占据绝对突出地位的技术部件。界面是人和系统之间的直接接触点,包括输入和输出媒介(键盘、鼠标、麦克风、传感器、屏幕、程序、扬声器等)。它是处理、传输和存储数据的硬件的一部分,并与之相连。然而,特别是当使用标准化的、可在市场上买到的设备时,这些设备在多大程度上属于与作品的美学相关的物质性,是值得讨论的。当参与者使用他自己的笔记本电脑来访问互联网艺术,或使用他自己的手机来参与一个定位艺术项目时,这一点尤其真实。尽管如此,界面作为一个纯粹的功能媒介,它使得人们得以感知信息并实现行动,在这一意义上,它仍然可以算作意义的潜在承载者。即使物质成分似乎是作品外围的载体介质(如计算机绘画,载体是显示屏),观看这种由机器生成的出现在显示器上的绘画,观感将与观看布面或者纸板上的绘画截然不同。

新媒体艺术的这种物质性显然与传统媒介艺术的物质性存在很大的区别,相较于后者那种可见、可触、可被直接感知到的实体物质性,前者的物质性更加隐秘,它的可被识别的物质性更像是一种基于虚拟技术的数字设备和程序组件的质料性。早在 1998 年,汉斯·胡贝尔(Hans Dieter Huber)在其关于互联网艺术的物质性的文章中区分了框架边界(取决于操作系统)、正在使用的 HTML 代码版本和浏览器的物质性。他指出,尽管浏览器都有一个中央窗口、一个状态栏和一个地址栏，但不同的浏览器的外观和感觉会有很大的不同。胡贝尔把 HTML 数据比作乐谱，无论哪个浏览器被激活，它都会被演奏或解释。[①] 但实际上，浏览器依赖于被设置好的算法，它自身并不存在去解释的自由。与其说它是一种艺术性的、解释性的表演，不如说它更像是一种技术性的执行，即便如此，它依然可以对作品的效果产生某些影响。但是这种影响是相对有限的，因为这需要艺术家事先计划，他可以在编程时考虑到可能的浏览器版本，但他无法知道未来的浏览器将如何呈现他的作品。苏珊娜·伯肯海格（Susanne Berkenheger）对这种情况所带来的问题进行了讽刺性的评论，认为互联网艺术家永远处于身体崩溃的危险之中，"因为他们不断地修改甚至还没有完成的作品"[②]。这也从侧面说明了，新媒体艺术这种隐秘的物质性实际上表明了其作为独立"作品"的不稳定性。

除了物质组件，新媒体艺术还更加强调一种"非物质的物质性"，即通过屏幕、投影、扬声器或耳机传输的视觉或声音信息。这些元素呈现的不是肉眼可见的形式，而是不可见的微粒或者信息流，之所以称它们是物质性的，因为它们仍然可以被直接感知以及被重新塑造。当然，对于此类可感知的信息是否可以被视为具有物质性，在学界依然存在着相当大的争议。比如利奥塔（Jean-François Lyotard）虽然也将这种非实体的物质的空间效果称为"非物质的"，但是他也强调，这些东西是以"微小能量包的复杂聚集体"的形式存在，这些无形的、难以察觉的元素被转化成机器语言，然后被机器重新组合成新的对象。[③] 迪尔特·默施（Dieter Mersch）就认为数字媒介不仅抹去了物质的记忆，而且也不向"其存在的审美感觉"低头。[④] 但是默施也承认，它们是实际存在的，尽管它们不具备传统实体性思维下的那种有形的具身。

---

① Hans Dieter Huber, „Materialität und Immaterialität der Netzkunst", *Kritische Berichte* 1(1998), S. 39 - 53.

② Wolfgang Tischer, „Die Netzliteratur hat sich gesundgeschrumpft—Ein Interview mit Susanne Berkenheger", *Literatur Café*, January 27, 2008, accessed November 21, 2023, http://www.literaturcafe.de.

③ Jean-François Lyotard, Bernard Blistène, „Les Immatériaux: A Conversation with Jean-François Lyotard", *Flash Art*, 121, March, 1985, p. 5. accessed November 21, 2023, https://www.e-flux.com/search?q=Les+Immat%C3%A9riaux.

④ Dieter Mersch, *Ereignis und Aura: Untersuchungen zu einer Ästhetik des Performativen,* Berlin: Suhrkamp, 2002, S. 95.

本文认为,一个发光的表面、一个光影塑造的空间或空间中的声音具备与实体物同样强烈的存在感,这种在场的存在感恰恰就是其物质性的确证。更需要明确的是,新媒体艺术的这种“非物质的物质性”是一种模糊的临界状态,可以将技术和设备营造的物质性理解为作品的可感知的空间质量,不管它是否是借助固态物表现出来,或者是通过静态形式还是流体运动表现出来。在新媒体艺术的多数情况下,这种物质性往往需要在作品被参与者接受的那一刻被激活和实现,而在其他情况下,它更多的时候只是一种不被注意到的潜在存在。

新媒体艺术的这种“非物质的物质性”可以进一步被扩展为一种整体化的概念,即“气氛”(atmosphere),它也越来越成为新媒体艺术作品呈现自身的有效组成形式。无论是光影的设置,还是艺术项目的地点选择,艺术家都在积极塑造艺术项目的“气氛”以便激发参与者的在场感知和互动行为,比如大卫·洛克比(David Rokeby)的《非常神经系统》(*Very Nervous System*, 1983)的平静、白色、空旷的房间为了激发人的舒缓情绪,斯特凡·施玛特(Stefan Schemat)的《水》(*Wasser*, 2004)中的声呐噪音则是为了制造悬念,让观者进一步采取行动来探索。人们可能在未分辨出作品为何物时就已经被这种有意设置的无形的带有某种强度的气氛所感染,它本身就是作品被设计为这般的一个在场因素。

对于就以交互性为代表的新媒体艺术而言,其物质性最突出的特征恰恰在于其“非物质性”,即一种依托于电子设备和数字技术,和不可见的算法和程序代码,以及它能够带来的光线、阴影、声音的呈现,再加上基于这些元素构造的整体“气氛”的营造。如果孤立地来看这些构成性元素,很容易会认为它们是“非物质的”,但事实上,它们的存在以及人们对它们的感知从来都无法脱离制造它们的设备和技术,以及它们以不可见或者不可触的方式呈现的物质具身,也就是说,它们的物质性更为隐秘和间接。因此,依托这些设备和技术支持,人们更多的是感受到作为某些构成要素的非物质条件,也就是说,可以确切地说有东西“在”,但是如何去把握这种“在”,需要在空间性维度上做进一步的探究。

二、虚实空间与作品的“此时此地性”

谈论传统视觉艺术中的作品(例如绘画和雕塑),通常会描述它们所使用的介质和载体,例如表面和支撑材料的类型,这些东西将作品确定为具有明确的物理边界的实体物。相较之下,装置艺术的边界是根据其艺术作品的位置、边界、相关的灯光方向和声音元素来描述的,而在表演作品中,则是关于道具、舞台、服装、表演者和时间框架的信息。在新媒体艺术中,比如计算机绘画需要考虑显示界面的尺寸,以及屏幕分辨率和所使用的数据源和字体等的影响,但是对于交互艺术而言,笛卡尔意义上的广延空间概念似乎失效了。这类艺术涉及的虚拟空间只能被描述为基于信息流的一种无边界的延伸状态。与此同时,这种作品的实现需要参与者的身体行动和专注状态,由此带来沉浸感的审美印象,这正是虚拟现实的主要特征。当真正沉浸在高分辨率的 360 度的幻觉空间中时,参与者很难与作品保持任何距离或将其对象化。随着交互界面变得越来越自然和直观,参与者与作品的虚幻共生关系得以推进和强化,这也会使得参与者与作品的距离进一步消失。在这种全新的“空间性”情况下,又该如何看待作品呢?

可以来看看最早的全景虚拟艺术作品——夏尔 · 戴维斯(Char Davies)的《渗透》(*Osmose*, 1995),它也是国际上最早使用全景虚拟的艺术案例之一。这个艺术项目在北美和欧洲只展出了六次,但它在国际新媒体艺术讨论中受到了极大的关注。《渗透》是一款技术先进、视觉效果绝佳的沉浸式作品,它模拟了一系列广泛分支的自然和虚拟空间:一个矿物/植物、无形的球体。参与者需要戴上头戴式显示器(HMD)进入由 3D 计算机图形和互动声音营造的互动环境。在头显的帮助下,参与者可以在一个大型投影屏幕上观看由他自己的视角带来的不断变化的三维图像世界。这些图像完全是由互动演员产生的,在一块磨砂玻璃上可以隐约地看到他移动的轮廓。互动者基本是独立出现的,看上去异常孤独,这也是艺术家的创作策略,因为这可以强化参与者在虚拟空间的个人体验。此时戴着设备的参与者就像一个失重的潜水员,他滑出了笛卡尔坐标网格进入了虚拟场景:无边无际的海洋深渊,闪烁的不透明云层,经过柔和发光的露珠和电脑生成的半透明昆虫群，然后又进入黑暗森林的茂密灌木丛。每一个场景之间的过渡是平稳、流畅的。参与者经历了从一个球体到下一个球体的转换，看到一个球体在融合到下一个球体之前慢慢消失。当然，这意味着两个图像空间必须同时生成。参与者身上的显示器和装备进一步允许他们进入这个艺术项目设置的“地下”，遇到那里生动的岩石和树根，最后，进入树木闪闪发光的乳白色叶子的微观世界。

《渗透》中塑造的虚拟空间来自三个 Onyx 2 无限现实硅图形工作站的高容量存储器。以前，这些超级计算机用于军事模拟和电影场景，到 1995 年它们的价格仍然高达一百万美元。其虚拟环境是由几个程序员在 6 个月内创建的，他们负责设计程序来实现艺术家的想法和概念。而戴维斯本人不仅是画家和电影制作人，她还掌握了当时最前沿的计算机技术。从 1987 年开始，她专注于计算机的视觉潜力，同时加入了蒙特利尔的初创公司 Softimage。在此期间，她的艺术作品主要集中在计算机图形领域，并获得了诸多重要奖项。到 1994 年，Softimage 雇佣了 200 多名员工，戴维斯任副总裁。该公司的程序将侏罗纪公园里的恐龙搬上银幕，震惊了全世界。软件巨头微软注意到这家发展迅猛的企业，并以 1.3 亿美元的价格收购了 Softimage。这是一次战略性的收购，完全符合比尔·盖茨对未来基础设施的设想：将高速互联网与虚拟图像空间相结合。进入微软后，戴维斯担任了艺术总监一职。她后来师从新媒体艺术先驱罗伊·阿斯科特（Roy Ascott），并在威尔士大学纽波特分校（University of Wales, Newport）获得博士学位。正是基于这些背景，戴维斯的艺术作品愈发呈现出复杂计算机图形程序与艺术的高度融合，同时，艺术的想象力也在一定程度上成为计算机技术创造性发展的驱动力之一。

戴维斯的目标是开发一个自然界面，这是一个开创性的目标。用户界面是人类和机器为了进行交互而相遇的接触点。它可以有多种形式。正是在界面上，参与者必须根据特定幻觉世界的规则使用界面，为交流而设计的模拟结构与人类的感官相遇。因此，虚拟现实中的界面作为数字艺术的关键无处不在，并塑造了感知和互动的维度。参与者，戴维斯自己称之为“沉浸者”，通过一件布满传感器的背心来控制这个虚拟现实装置的导航。这是在旅程开始之前戴上的，它会跟踪参与者的每次呼吸和身体的运动，并将这些信息传递给软件，然后实时产生相应的虚拟图像效果，营造出在图像空间中移动的感觉。虽然厚重的头戴式显示器只向参与者视野提供图像，但它却给人一种全身沉浸在虚拟环境中的暗示感。空间包围的视觉印象所产生的置身于图像中的感觉因此被放大了。就像潜水员一样，观察者的肺里充满了空气，向上漂浮，而规律的呼吸则产生一种平静和平衡的状态。完全被包裹起来，产生一种漂浮在水里的身体沉浸体验。这种设计正是源于戴维斯自己的潜水体验，她是一名资深潜水爱好者，并精心设计了技术与身体的亲密结合，以类似于潜水的挤压感来创造沉浸氛围。此外，由于《渗透》的界面技术利用了直观的物理过程，所以比起使用操纵杆或鼠标，观察者的无意识与虚拟空间的联系更加紧密。

可以看到，在虚拟现实中，界面是新媒体艺术作品的关键，它定义了交互和感知的特征，这种效果是一种身临其境的深刻感觉，而在“沉浸”的过程中，音乐和其他背景音进一步强化了参与者的情感。戴维斯在每个不同的区域都设计了不同的对应声音。就像前文提到的，这种非物质的物质存在依然具有强烈的存在感，它强调了视觉印象，尤其是在头显中看到广阔的空间和微观的接近交替时，声音增加了自然现象的视觉密度。声音架构是专门为每个图像世界空间设计的：观察者将青蛙的叫声和鸟鸣联系起来，并听到重复的低音调，唤起冥想的效果。尽管许多在《渗透》中沉静 15 分钟的人都声称他们听到了乐器和昆虫的声音，但这些声音实际是基于男性和女性声音的采样。很多参与者都提到了“沉思、冥想的平静”“迷人、令人敬畏的深度”和“被温柔地拥抱”的感觉。虽然这些文字会让人联想到深奥的修辞，但它确实反映了虚拟现实的一个突出效果：整体图像中的暗示性存在引起了一种精神上的专注——一种冥想的效果。这种新的幻觉艺术的心理力量在这部作品中变得明显，而这是其他类型的作品中所没有的。戴维斯甚至表示希望创造一个时空环境，“在其中探索自我‘存在于世界’的主观体验——作为在一个包围空间中体现的意识，其中内/外之间的界限”[①]，并将其与自然的原型方面和内部心理空间同时联系起来。实现这一目标的先决条件是让参与者沉浸在孤独中，这是在虚实相生的空间中独有的主观体验。在这一过程中，其他沉浸者的旅程或“主观”主体的图像只会分散参与者的注意力，使他们脱离自身专注的状态。

---

① See http: //immersence.com /.

通过这个例证可以看到,新媒体艺术的独特之处在于提供一个全新的现实。一系列的替代现实,通过在图像世界中的物理和精神存在,产生虚实融合和超越的时刻。所有的物质和非物质元素结合在一起,赋予了《渗透》一种流动和连贯的特质,它完全包裹了参与者,并模糊了现实和虚拟世界的边界,实现了两者间随时随地的渗透转换。这类艺术通过使用幻觉的技术,全方位激发了参与者身体和意识的沉浸感。在这一过程中,他们放弃对艺术的有距离和旁观式的体验,转而去拥抱这种奇幻的、扩展的全新图像体验。参与者在虚拟现实中的互动和情感投入越强烈,计算机生成的世界就越不像一个外部世界,相反,它被视为一种极致的个人体验。尤其是当计算机的运算和承载能力越强大,这种模糊性和混杂性也将愈发显著,特别是通过"自然界面"的意识形态,它开始展现其全面的心理和操纵影响。可以说,在虚拟现实以所有感官为目标的幻觉背景下,在这类艺术项目中,参与者已经无法区分出物理现实和虚拟现实,也无法区分其究竟是在创造还是投入体验,所有这些原本应该分离的东西都同时混杂在这个短暂的时刻。

这种强调当下个人体验的艺术活动让 20 世纪初本雅明关于艺术作品的见解变得更加可信。传统上,艺术史主要感兴趣的是图像和风格分析,以及对艺术作品进行语境化的描述。这种以历史为导向的研究通常会将艺术作品视为一种"原始资料",并在最大程度上还原和重述其原始状态。本雅明则认为,艺术作品作为历史来源的功能固然重要,但它在当下的表达功能同样不容忽视,不能将历史背景、传统事件和当下影响截然分开。一件艺术作品的"灵韵"具体取决于它的材料独特性嵌入传统的语境中,但这种独特性只能在"此时此地的艺术作品"中表现出来。[①] 在他看来,作品总是作为其自身历史的见证而存在,因此,它是此地和当下的审美经验对象。对于需要参与者投入和激活项目的交互性艺术来说,他对作品的体验绝不可能脱离此时此地的"这一个"艺术对象而存在。甚至同一个参与者,在不同的时间和状态下重新进入这些艺术项目时,由于他们参与行为的偶发性,艺术项

---

① Walter Benjamin, "The Work of Art in the Age of Its Technological Reproducibility", in: Michael W. Jennings, Brigid Doherty, Thomas Y. Levin (eds.), *The Work of Art in the Age of Its Technological Reproducibility, and Other Writings on Media*, Cambridge: Harvard Univ. Press, 2008, p.21.

目也相应地被再创造和再表达,"作品"成为新的"这一个",它不是固定的,而是变化的和即时的。

从对空间意义上的虚实相生的思考,到对作品的"此时此地性"的讨论,我们现在越来越偏离传统的静态、固定的"作品"观,正走向一种基于实时行动配置的动态的、变化的"作品"观。接下来,我们将在已有例证分析的基础上,在与接受美学的对比分析中进一步整合一种适应于交互性新媒体艺术的"作品"观念。

三、从接受者到参与者:"生成"的作品

对"作品"是否还存在的疑问并不是新媒体时代才有的,这可以追溯到 20 世纪初先锋派运动。其专注于批判作品的独立性、作者性和原创性,试图克服艺术与生活的二分法,而主张通过审美手段体验生活。20 世纪 50 年代兴起的行为艺术、表演事件则标志着作为一个独立实体的艺术作品的概念开始崩溃。与观众短暂的互动试图让矛盾、意义的层次和偶然的元素进入作品。正如翁贝托 · 艾柯(Umberto Eco)的文章《开放式歌剧》(*Opera Aperta*)所证明的那样,人们最初对这种多元化"可能秩序的虚拟性"寄予了极大的期望。① 艺术作品不再是一种编码或加密的信息,即必须要让观众深入作品的内部来完成破译,相反,它是一种可能性的安排。从我们对新媒体艺术的物质基础、交互特性这些越来越深入的分析可以看到,作为最终产品的"作品"似乎并不真正确切地存在,甚至都无法用描述行为艺术和表演艺术的"事件"概念来为其确定一个起点和终点时间,因为这类艺术在很大程度上"实现"于参与者沉浸式的个体行为,偶发性因素在其中发挥了不容忽视的作用。艺术的最终产品只能说是一种不断变化的"进行中的作品",是一种由观众参与创造的叙事,它是不可重复的但又是能被无数次重新开启的偶发性过程,它鼓励消除作品的固定空间和时间限制,打乱作者的中心位置,并通过利用参与者的联觉和想象力来增强和完成作品。这就意味着,新媒体艺术"作品"需要在真正将参与者纳

① Umberto Eco, *Das offene Kunstwerk*, Frankfurt /Main: Harvard Univ. Press, 1973, p.28.

入创造过程的意义上被理解为一种生成性的存在。

任何试图为一个观念提供一种在一定时空中存在的具有形式的作品概念，都会与虚拟现实作品的本体论外观完全不同。在当今很多通过界面呈现图像的新媒体艺术中，它们呈现的那些瞬息万变的图像空间在几分之一秒的时间内发生变化，这得益于背后的计算机的实时计算。最近开发的激光扫描仪可以将虚拟现实图像直接投射到视网膜上；在这种情况下，“图像”的范畴并没有完全消失（如果视网膜足以作为一种媒介的话），但这肯定构成了目前可以想象到的最私密和个人化的图像形式：一种只有参与者才能看到的图像，观察者通过动作或运动触发或获取它。此外，这些虚拟图像在永远消失之前只能被一个人看到一次——这在艺术发展的历史上是从未有过的。这与阴极射线管有某些相似之处，阴极射线管仍然是大多数现有电视和监视器屏幕的重要组成部分，因为在阴极射线管中并不存在完整的画面。一束光扫描这些线条，使发光体在不到一秒的时间内发光。正是人的肉眼的迟钝，即所谓的视网膜后像，才产生了看到屏幕上完整画面的效果。在这种肉眼看不见的连续图像制作中，图像在几秒钟内不断地出现和消失。尽管用于创建它的设备是物质化的，但使用光子构建出来的“作品”，它能够被人眼看见，实际上都指向了作品自身的非物质化。正是这种非物质性代表了最高程度可变性的先决条件和交互作用的基础。这带来的一个后果是，海德格尔在20世纪初期所定义的艺术作品的本体论特征，在计算机辅助的虚拟现实美学中即将不复存在。

不仅如此，对于以交互行动为“触发点”的新媒体艺术来说，有限时空中的所有设备和设置只能说是艺术家摆出来的一个预想项目，而只有在交互发生后，被设想的“作品”才算实现或者完成。也就是说，参与者的行动成为作品生成自身的一个必要条件。这种观点对我们来说并不陌生，20世纪的接受理论已经解释了接受者的重要性，正是他们赋予文本以意义，这个作品才得以完成。比如接受美学奠基人姚斯（Hans Robert Jauß）认为审美对象的构成取决于观看者的沉思行为，正是这种构造行为将观众纳入艺术作品的“创造时刻”。[1] 但他并不认为这一行为是实现审美体验的必要条件；相反，他认为它是由审

---

① Hans Robert Jauß, *Aesthetic Experience and Literary Hermeneutics*, Minneapolis: University of Minnesota Press, 1982, p.31.

美经验所可能实现的转变的一部分，因此是认知过程的可能结果。在姚斯这里，行动被看作是审美经验的一个组成但非必要的元素。

如果说接受美学思想已经表明了文学作品实际上是未完成的，它需要接受者的参与来进一步实现，那么在新媒体交互艺术中，参与者的角色更加基础和不可或缺，因为他既是对尚未完成的作品的“实现”，也在这一过程中进行审美体验，也就是说，参与者的身份是双重的——同时作为作者和作为接受者。艺术家可以通过对参与者的假设来决定交互命题的结构，并根据这些想法设计系统可能的反应；参与者将根据日常交互或者交互艺术体验形成个人期望，并且在实现艺术项目的过程中相应地调整自己的行为。可以看到，交互艺术基于一种明显的不对称，因为它不能针对一个单一的、具体的参与者。此外，参与者的个人期望、他们所构建的解释模型存在着极大的差异，“人—人”“人—机”之间的交流和互动深受他们对彼此的先验知识以及他们试图了解更多信息的努力的影响。在这一过程中，我们不仅需要重新认识“艺术家—作品—参与者”三角关系中的角色和功能，也需要重新评估这些作为创造艺术作品的角色之间的过程关系。不仅是作为作者和参与者的人类自身，而且对象和系统也在积极地塑造着交互过程。因此，艺术家之前的假设和他设定的情境，以及参与者对设备和技术的理解，他的个人解读，变得同等重要，或者说，已经很难分辨，究竟哪个更重要。

参与者以各自的行动进入正在等待“生成”的作品，一次又一次地让其“实现”自身。由此，这种时刻应该被纳入这类艺术作品生成为作品的创造时刻，它先于接受美学意义上的意指和阐释时刻（但实际情况更多是同时进行的），是更具有本体论意味的“作品”之此时此地所在的时刻。不能否认的是，那些使用了数字技术和电子设备，以及纯粹作为展示物而存在的新媒体艺术仍然适用于传统的作品概念，那些接近于表演艺术的新媒体艺术也更适用于事件美学的分析。但是，当涉及以交互为区别性特征的新媒体艺术时，我们需要一种新的美学视角，以便能够公正地处理艺术家和接受者在控制或被控制系统过程中的复杂角色。即使在交互过程中存在偶然事件的发生可能性，它们也仍然是一方面基于技术系统的程序化反馈过程，另一方面基于接受方的部分行为，其中至少有一些是有意图的控制。而且仍然需要我们理解的一点是，决定交互艺术体验的艺术作品整体的形成过程、感知和条件不是简单发生的，而是身份叠合的作者与参与者的关系以及项目系统本身积极构建的。

总之，这类以交互性为典型特征的新媒体艺术作品，在系统控制机制的能动效用下，参与者不是作为被动的接受者在保持一定审美距离的前提下去进行审美，而是作为创作主体，在创作和接受的交织行为中实现或者生成作品。这类艺术要完成的“作品”不再是一个预先设定的目标实现物，因为“作为创作者的参与者”这一因素是不可控的，这类艺术实现的前提之一在于参与者的偶发行动。基于这些原因，这类新媒体艺术作品更需要被定义为一种经过艺术配置的行动命题，一个生成性的存在——在有些情况下它甚至只存在“这一次”且无法被记录和保存，强调其未完成或开放的品质，并将艺术置于交流社会关系的框架中。

在此，已经基本上完成了对适应于当下交互式新媒体艺术的“作品”概念和理论的扩展，但是随之而来的问题或许会让人不安。新媒体艺术作品表现为一种过程性和生成性的存在样态，与作为固定实体的绘画和雕塑不一样的是，它的保存面临着巨大的问题。摄像固然可以记录下参与者实现作品的完整过程(但是对于前面提到的视网膜艺术，它甚至无法被保存)，但这对于强调沉浸体验的交互艺术来说完全丧失了其应有的价值。另外一点是，所有时代的物质作品都是记忆或者回忆的结晶，无论是墓碑、奖章、绘画、电影还是其他人工制品。从过去到现在，物质艺术作品的力量主要在于它们作为人类社会记忆的启示性和生动见证的功能。因为只有固定下来的艺术作品才能持久地保存思想和观念，保存属于个人或那个时代的特殊陈述。新媒体艺术带来的开放的生成性作品，在很大程度上依赖于与当代观众的互动，或者它遵循博弈论的高级变体——作品被假设为一场游戏，而参与者，根据“自由度”可以转变为某种意义上的“玩家”。艺术作品的这种从物质实体到“过程性”存在的转变实际上意味着作品正在失去作为历史记忆和见证的能力，取而代之的是一个作为框架的持久的技术系统和短暂的、任意的、不可复制的、无限可操作的艺术项目。而在记录或者保存的问题上，任意偶发的交互行为并不能被完整地记录或者复刻出来，同时，观看这些行动和艺术项目的记录影像始终无法等同于在场地参与这个项目。也就是说，摄像和计算机存储设备只能部分地成为记忆和回忆的媒介，但它们始终无法真正还原或再现实物艺术作品那样的感官存在感。正如观看绘画实物与观看这幅画的照片，这两种审美感觉是截然不同的。换言之，艺术作品作为一个独立的对象似乎正在消失，那么这样的艺术作品存在的价值和意义又该如何去认识？这也是在确立了作为生成性存在的新媒体艺术作品观念之后需要进一步思考的问题。

【本文为国家社科基金重点项目“当代中国对话主义文学理论的话语建构研究”(22AZW003)和上海市教育委员会科研创新计划人文社会科学重大项目“新媒体艺术理论基本问题研究”(2023SKZD15)阶段性成果】

（作者单位：上海大学文学院）

学术编辑：刘　卓

将“速度”引入新媒体艺术研究

——以影像艺术中的速度问题为例

黄雨璇

内容提要 艺术的速度研究不能照搬文学理论中“叙事速度”的相关研究，也不能忽视艺术作品内部速度变化，即作品中行为动作的加快或放缓。以影像艺术为例，新媒体时代，媒介技术的发展使得影像艺术作品内部的速度变化现象越发突出，总体上呈现为加速趋势。与此同时，慢速美学、慢速艺术的呼声越来越大。新媒体时代的艺术研究有义务对此进行关注与回应，认识到在影像艺术作品中的速度从稳定到变化，影像艺术理论从追求加速到倡导慢速的发展背后，是从客观再现到感知再现的影像真实观，以及从单线性到多重性的时间认知的变迁。将“速度”引入新媒体艺术研究，是对新媒体艺术中时间特殊性的认识，是对艺术速度研究的完善，亦是对如何栖居于当下时代的思考。

关键词 速度 影像艺术 新媒体 真实时间

“速度”的概念在物理学中是指物体运动的快慢，其计算公式为 $v=\Delta x/\Delta t$，即速度等于位移除以时间。由此可知，“速度”与时间紧密相关。在加速社会的背景下，“速度”正逐渐跳出物理学领域，以时间社会学和文化研究的关键概念身份出场，相关研究与理论越加丰富。对此，仍需提出的问题是：现有关于艺术与速度的研究足以解释新媒体时代艺术领域的速度变化现象了吗？影像艺术与时间之间的密切、复杂联系，使得影像艺术在艺术与速度问题的研究中占据重要位置。因此，从影像艺术中的速度问题切入，有助于对上述问题做出回答。

一方面，文学理论中对书面文学叙事速度的分析不能涵盖和适用于影像艺术中的速度分析。热拉尔·热奈特（Gérar Genette）在《新叙事话语》（*Nouveau discours du recit*, 1983）中明确指出：“与电影甚至音乐相反，规定阅读的‘正常’速度是根本不可能的。”[①]赵炎秋教授也指出，文学叙事速度的快慢不同于电影中的快镜头与慢镜头，并非真正加快或放慢了行为动作的速度，而是一种叙述上的省略跳跃或铺陈联想。[②] 另一方面，以保罗·维利里奥（Paul Virilio）的竞速美学为代表的加速理论[③]对艺术内部的速度，即内在于艺术作品的动作行为的快慢，未予以充分关注。[④] 在对速度与艺术的分析中，维利里奥始终将视线聚焦于现代艺术，其所讨论的速度侧重于技术的加速[⑤]，这一技术的加速作为生活经验与技术基础的存在与艺术相互作用。因而，在新媒体时代凸显出的艺术内部速度变化为其所忽视。在已有艺术与速度研究的基础上，需要继续思考的是：新媒体时代，艺术中的速度与此前有何不同？在追求“加速”之外，对“慢速”的倡导如何得以兴起？进一步而言，如何深入理解艺术中的速度变化以及速度美学从追求加速到倡导慢速的发展历程？这些现象又关乎哪些不容忽视的问题？

一、媒介技术发展下的影像艺术加速史

“影像艺术”一词的涵义在实际使用中较为繁杂。其最初所指为静态摄影，后又指称实验电影和录像艺术等动态视频艺术，数字技术

① 热拉尔·热奈特：《叙事话语 新叙事话语》，王文融译，中国社会科学出版社 1990 年版，第 53 页。

② 参见赵炎秋：《再论叙事速度中的慢叙——兼论热奈特的慢叙观》，《文艺理论研究》2003 年第 4 期。

③ 法国学者保罗·维利里奥（Paul Virilio）明确将“速度”作为美学理论核心议题，赋予其以本体论意义。此后，哈特穆特·罗萨（Hartmut Rosa）、韩炳哲（Byung-Chul Han）、贝尔纳·斯蒂格勒（Bernard Stiegler）等人沿此道路继续推进对技术、艺术与时间的研究。

④ 需要补充的是，维利里奥在其论述中也曾以电影《红菱艳》（*The Red Shoes*, 1948）为例谈及影像艺术中帧速率的变化，但其侧重点在于将其作为电影这一“视觉义肢”的体现，由此来论述人们借助电影这一加速技术实现了对其视觉识别能力的拓展，而非强调电影中速度变化本身所具有的艺术效果与美学意义。参见 Paul Virilio, *The Art of The Motor*, trans. by Julie Rose, Minneapolis: University of Minnesota Press, 1995, p.69.

⑤ 哈特穆特·罗萨即认为维利里奥将加速仅仅还原为信息技术的加速，这对加速现象的讨论而言视角过于狭窄与单调，因而其指出维利里奥的速度美学理论缺乏系统性的论述，并未真正建立完整系统化的加速美学批判。参见哈特穆特·罗萨：《加速：现代社会中时间结构的改变》，董璐译，北京大学出版社 2015 年版，第 70 页。

的发展则使得新媒体艺术也被纳入其中。概括而言，狭义上的影像艺术特指“录像艺术”(video art)[①]，广义上的影像艺术(image art)则包含静态影像艺术与动态影像艺术，如瓦尔特·本雅明(Walter Benjamin)在《机械复制时代的艺术》(*Das Kunstwerk im Zeitalter seiner technischen Reproduzierbarkeit*, 1935)一文中将摄影和电影作为以机械复制技术为基础的影像艺术，约翰·伯格(John Berger)则认为“影像是重造或复制的景观。……每一影像都体现一种观看方法”[②]。结合以上理解以及“影像”在数字时代的发展，本文将影像艺术界定为涵盖摄影、电影、电视、录像及其融合数字技术后的诸多表现形态在内的艺术类型。影像艺术的本质是时间的艺术，借助影像，艺术家和观众们得以记录、改变、转化、浓缩、展开和颠倒时间流。

艺术理论家、哲学家毛里奇奥·拉扎拉托(Maurizio Lazzarato)认为，影像对艺术史的最基本贡献便是能够探索时间经验和持续时间的复杂性。而在这一过程中，影像艺术“最为重要也是唯一的独特能力是其通过调节时间，聚合或扩大、凝固或延长我们对时间的感知”[③]，即影像艺术的独特之处之一在于其能对影像时间的速度进行调节。

从技术基础出发，影像艺术的速度主要包括快门速度(shutter speed)、帧速率(frame rate)以及叙事速度(narrative speed)三个方面。其中帧速率又包括拍摄帧速率和播放帧速率两方面。在媒介技术的不断革新下，影像艺术创作与观看中的各种速度不断变化、丰富。但总体来看，从其诞生到进入新媒体时代，影像艺术的发展史亦是一部加速史。

(一) 快门速度的加速

摄影艺术是影像艺术的最初形式。数字时代之前，得到一张静态影像必须经过曝光这一过程。曝光时间越短，即快门速度越快，成像也就越快。快门速度不仅影响摄影的成像时间，还影响影像的亮度与清晰度。对更短的曝光时间即更快的快门速度的追求，在很大程度上推动了影像技术与影像艺术的发展。

---

① 出现于20世纪六七十年代，以录像带或胶片作为载体，或者由摄像机拍摄录制而成的实验性视频作品，代表性艺术家为白南准(Nam June Paik)、比尔·维奥拉(Bill Viola)等。

② 约翰·伯格：《观看之道》，戴行钺译，广西师范大学出版社2005年版，第3页。

③ 卢茨·科普尼克：《慢下来：走向当代美学》，石甜、王大桥译，东方出版中心2020年版，第194页。

19 世纪 20 年代，现存最早的照片《窗外》（见图 1）由法国人尼埃普斯（Joseph Nicéphore Nièpce）使用“日光蚀刻法”拍摄，曝光时间长达八个多小时，且得到的图像十分模糊。1837 年，“摄影之父”路易·达盖尔（Louis Daguerre）使用“银版摄影法”拍摄了照片《工作室一角》（见图 2），曝光时间缩短到三十分钟以内，照片也更加清晰。1851 年，阿切尔（Fredrick Scott Archer）发明的“火棉胶摄影法”（又称“湿版摄影法”）则将曝光时间缩短到 15 秒至 1 分钟。1871 年，英国医生马多克斯（Richard Leach Maddox）在《英国摄影》杂志上介绍了溴化银乳剂的制法，使得曝光时间缩短到 1/25—1/10 秒。1851 年，亨利·塔尔博特（Henry Talbot）第一次完成高速摄影，获得了清晰的物体瞬间形象，此时的快门速度已经达到了 1/2000 秒。1884 年，胶片的发明奠定了未来近一百二十年摄影底片发展的基础，后柯达相机、徕卡相机等发明使得相机逐渐轻便化，快门也从手动快门发展为机械快门，拍照的速度和灵活性得到不断提高。

图 1　《窗外》，乔瑟夫·尼舍弗朗·尼埃普斯摄影，1826 年

图 2　《工作室一角》，路易·达盖尔摄影，1837 年

然而，直到 1982 年，法国摄影师阿道夫·欧仁·迪斯德里（Adolphe Eugène Disdéri）仍然认为要继续加快速度，以获得即时性。数码相机的诞生则实现了迪斯德利所追求的即时性。1975 年，斯蒂芬·杰·塞尚（Steven J. Sasson）依据电荷耦合器件（CCD）图像传感器技术，成功制造出世界上第一台数码相机。采用 CCD 的数码相机利用光学电控影像表面的电荷积累时间来操纵快门，实现了相机快门由机械快门向电子快门的发展。如今，与机械快门大多为 1/4000 秒或 1/8000 秒的速度相比，电子快门的最高速度可达 1/16000 秒或 1/32000 秒。

（二）帧速率的加速

人类"视觉暂留"[①]（又称"余晖效应"）的生理现象，与摄影机、胶片等技术的发明一起，为动态影像的诞生提供了必备条件。美国发明家托马斯·爱迪生（Thomas Edison）认为，每秒钟连续 46 格（数字时代称为"帧"）及以上的画面就会被人眼判定为是"运动的"。而这"每秒钟连续 46 格及以上的画面"则在快门速度之外为动态影像引入了另一种速度，即"帧速率"[②]。因帧速率存在于录制与播放双过程，故又分为"拍摄帧速率"与"播放帧速率"。

1891 年，爱迪生发明"活动电影视镜"，其播放帧速率为 46fps。1895 年，法国卢米埃尔兄弟研制的"活动电影机"以 16fps 的帧速率拍摄影片，通过三片式叶子板使播放帧速率达到 48fps 以上以解决频闪问题。默片时期，电影的拍摄帧速率从 16fps 到 24fps 都存在；有声电影诞生后，为保证音轨的保真度，影片拍摄帧速率标准化为较高的 24fps。电视的发明则使得影像的帧速率进一步提高。一开始，为避免电流和电视信号在不同频率下产生干扰杂讯，NTSC[③] 系统采用的是 30fps 的拍摄帧速率和 60fps 的播放帧速率。PAL[④] 系统则因其交流电频率为 50Hz，而采用 25fps 的拍摄帧速率和 50fps 的播放帧速率。彩色电视发明后，为了兼容黑白电视，以及避免色彩信号与音频信号的相互干扰，NTSC 系统下的拍摄帧速率和播放帧速率调整为 29.97fps 和 59.94fps。

新媒体时代，数字技术的诞生与发展，使得动态影像艺术的影像生成、后期编辑、传播与观看各环节开始数字化，影像艺术的拍摄帧速率与播放帧速率的上限也得到极大提高。首先是拍摄帧速率的提高。20 世纪 70 年代末，电影界开始使用数码摄影机拍摄电影。在拍摄帧速率上，一般的数码摄像机帧速率多提供 24fps、25fps、30fps、50fps、60fps 等可供选择，最高可达 100fps。而高速摄像机的帧速率一般为 1000fps—10000fps，有些军方专用高速摄像机甚至可达到 1000000fps—10000000fps。随着影像拍摄、传输和播放过程的数字化

---

① 光像一旦在人眼视网膜上形成，视觉将会对这个光像的感觉维持一个有限的时间（约为 0.1 秒至 0.4 秒）。

② 帧速率：图像刷新速度，即每秒拍摄或播放多少幅静态图像，单位是 fps。

③ NTSC：美国国家电视标准委员会（National Television System Committee）。

④ PAL：由德国电视机厂商所制定的帕尔制（Phase Alteration Line）。

极大解决了此前因经济和技术而无法大范围使用高帧率的困境，越来越多的影像艺术采用高帧率进行拍摄，如彼得·杰克逊（Peter Jackson）采用 40fps 拍摄电影《霍比特人》（*The Hobbit*，2011—2014），李安采用 120fps 拍摄《比利·林恩的中场战事》（2016）。其次是播放帧速率的提高。一方面，影像后期编辑的数字化使得影像创作者对播放帧速率的改变更加方便、准确、自由、迅捷。数字时代，电影的剪辑不再需要在胶片上进行，影像的后期编辑实现数字化。由此，与胶片时代的抽帧[①]容易、补帧[②]困难的现象相比，补帧在数字时代也变得十分轻易。另一方面，影像播放的数字化也使得受众的影像观看更加个性化、自主化。随着数码播放设备以及网络的普及，观众通过数码设备或在线或离线观看影像艺术越来越普遍。而在诸多在线影像播放网站或影像播放软件中，"倍速播放"成为一个常见的功能，观众可通过这一功能选择加快或减慢视频播放帧速率，其原理实际上就是抽帧或补帧。当然，观众大多极少使用慢速播放而多使用快速播放，即观众更习惯加快影像艺术的播放帧速率。

（三）叙事速度的加速

热奈特将小说的叙事速度理解为"由故事时距和叙事长度的关系测定：每小时等于多少页"[③]。借鉴热奈特的认识，可将影像艺术的叙事速度理解为由故事时距和播放时间长度测定，即单位播放时间内所叙述的故事的时间跨度为多长。

在摄影艺术中，由于摄影技术进步过程中曝光时间逐渐缩短，所以早期存在一个故事时距不断缩短的过程。假设观看静止图像的时间不变，那么这就是一个叙事速度不断放慢的过程。然而，这并非影像艺术叙事速度变化的主要发展趋势，通过对动态影像艺术的分析便可认识到这一点。一方面，快动作摄影[④]、延时摄影[⑤]与倍速播放都可

---

① 抽帧：通过胶片裁剪或软件编辑删除单位时间内的画格，从而可将影像的播放帧速率变成较低的标准帧率。

② 补帧：通过软件编辑添加单位时间内的画格，将影像的播放帧速率提高。

③ 热拉尔·热奈特：《叙事话语　新叙事话语》，王文融译，第 211 页。

④ 快动作摄影，即"慢速摄影"，是指用较低拍摄帧速率进行摄影，而在播放时采取常规播放帧速率，从而获得比拍摄对象实际运动速度快的影像效果。早期的默片即常采用这一方法，后也常见于喜剧片和惊险片中。

⑤ 延时摄影，亦称"缩时摄影"，是一种采用自动控制的延时装置，对被摄体的运动过程分割地进行定时摄影的方法。延时摄影使得所拍摄的长时距影像被压缩到一（转下页）

在故事时距不变的情况下，通过缩短播放时间来加快叙事速度。此外，正如上文所提到的，与胶片时代影像播放时间之于观众来讲固定不变相比，录像带、光盘在电视上播放时的“快进”功能、数字时代网络视频播放器的“倍速播放”“点击跳跃”“只看……”选项，交互式录像艺术与电子游戏等都使得观众在影像艺术的播放时间上拥有了自主权，得以自由地缩短其所观看的影像艺术的播放时间，从而加快影像艺术的叙事速度。另一方面，也是最主要的原因，数字技术直接生成影像则可使故事时距的上限急剧扩大。数字时代之前，影像艺术中的图像是对现实存在物的再现，因而不管故事时距多长，都不可能表现已消逝之物或肉眼无法直观之物。但数字时代，图像可由数字技术直接生成，影像作者便可充分发挥其想象力，对史前及未来的物体进行创造。数字时代影像艺术中的故事时距长度由此无限延长，在有限的播放时间下，影像艺术的叙事速度也就加快了。

二、现代性视域下的竞速美学与慢速美学

一个世纪以来的时间轴上，现代性发展与科学技术进步的相互推动，使得社会呈现出必然的加速趋势。“艺术是这场百年‘加速’运动的见证者与参与者，在自律与他律的双重作用下，艺术对速度与时间开创了从支持、声援、反思、对抗到接纳、顺应与创新的一系列活动。”① 作为一种时间艺术的影像艺术，其从对加速的追求到反思加速、倡导慢速，在体现了现代性自反性的同时，也实现了对速度的充分探索与思考。

（一）竞速美学的兴起与反思

从摄影法的改进到从光学信号到电学信号再到数字信号的发展，

（接上页）个较短的播放时间，呈现出肉眼无法察觉的奇异景象，常用于突显事物的变化与时间的流逝。法国的乔治·梅里爱（Georges Méliès）所拍摄的影片《家乐福歌剧院》（*Carrefour De L'Opera*，1897）、戈弗雷·里吉欧（Godfrey Reggio）所执导的《失衡生活》（*Koyaanisqatsi*，1983）以及美国纪录片《时间的风景》（*Time Scapes*，2012）都运用了延时摄影技术。

① 王少文、钟舒：《时间、速度与媒介：加速时代下艺术的三重面向》，《电影评介》2022年第13期。

影像艺术中快门速度、帧速率、叙事速度三方面的加速实际上都以技术加速为其基础。作为现代性重组日常生活进程中的关键因素，技术的加速瓦解了前工业时代中心与边缘、远与近之间的差异，使得短暂与即时性得以战胜并消除空间的僵硬。实际上，整个 20 世纪的文化评论家都把高度的现代性与快速变化和强烈冲击联系在一起。彼特・康纳德(Peter Conard)和罗萨都曾明确指出，现代性就是时间的加速。[①]

这一竞速学的逻辑不仅存在于交通与工业之中，亦体现在艺术领域。意大利未来主义文化运动或可视为最早的突出代表。1909 年，未来主义的代表人物马里内蒂(Filippo Tomaso Marinetti)发表《未来主义宣言》("Gründungsmanifest des Futurismus")一文，对"速度之美"大力赞叹，并主张文学应对此进行描写。此后，诸多未来主义画家也狂热追求在静止的画布上呈现出速度带来的动态感。这一通过艺术对加速经验进行表达的追求，亦推动了未来主义者对艺术创新以及推动艺术史加速发展的热忱。如马里内蒂认为，现代工业文化的迅速发展需要一种新型的、电报式的直接语言，因此必须对传统文学语言进行改革，取消形容词、副词、类比、标点符号等，以尽可能地表达生活的连续性、灵活性、动态感，而拒绝停顿与中介。画家贾科莫・巴拉(Giacomo Balla)则认为文艺复兴的透视系统已经不再能够捕捉现代速度，从而尝试通过将一系列前后连接的单独时刻叠印在同一幅画布上，以展现运动的过程与速度，如其画作《拴着皮带的狗的动势》(*Dynamism of a Dog on a Leash*, 1912)(图 3)以及马塞尔・杜尚(Marcel Duchamp)的《下楼梯的裸女》(*Nude Descending a Staircase*, 1912)(图 4)等。

竞速美学亦存在于对影像艺术的认识与追求中。一方面，摄影师们努力在静态相机下捕捉动态感。如未来主义摄影的先驱安东・朱利奥・布拉加利亚(Anton Giulio Bragaglia)发明动态摄影(photodynamism)，

---

① 彼特・康纳德(Peter Conard)在《现代性时间，现代性地方》(*Modern Times, Modern Places*, 1999)中提纲挈领地指出："现代性是时间的加速，也是空间的瓦解。"参见 Peter Conard, *Modern Times, Modern Places*, New York: Alfred A. Knopf, 1999, p. 9。社会加速批判理论学派的代表哈特穆特・罗萨于 2005 年重申："现代性就是关于时间的加速。"参见哈特穆特・罗萨：《加速：现代社会中时间结构的改变》，董璐译，第 350 页。

图 3　贾科莫·巴拉:《拴着皮带的狗的动势》,1912 年,奥尔布赖特·诺克斯艺术馆

图 4　马塞尔·杜尚:《下楼梯的裸女:第二号》,1912 年,费城艺术博物馆

即慢门摄影①。前文提到,快门速度越快,曝光时间越短,图片越清晰。在使用慢门摄影拍摄运动的物体时,因曝光时间较长,物体运动的轨迹就会在底片上留下光轨影像,照片也因而体现出一种运动感。如其摄影作品《老板的手势》(*Un Gesto Del Capo*, 1911)(图 5)、《打字员》(*Dattilografa*, 1915)(图 6)等。另一方面,在试图突破静止影像的局限以表达速度经验的同时,技术的革新与发展也使得艺术作品内部速度的加速成为影像艺术速度变化的主要倾向。摄影中对快门速度加速的追求是为了对关键时刻进行捕捉。如 20 世纪街头摄影大师亨利·卡蒂埃-布雷松(Henri Cartier-Bresson)在其英文版作品集《决定性时刻》(*The Decisive Moment*, 1952)前言中总结道:"对我来说,摄影就是在一瞬间对事件的意义的同时识别,以及对给予事件适当表达的形式的精确组织。"②其对摄影的认识突出了摄影之于人眼而言的速

---

① 慢门摄影,又称"慢速快门摄影",指使用 1/30s 以下的快门速度拍摄照片。

② Henri Cartier-Bresson, *The Decisive Moment*, New York: Simon & Schuster, 1952. from the unpaginated introduction. 转引自 Marjorie Backman, "Review: Henri Cartier-Bresson: The Decisive Moment Elliott Erwitt: Pittsburgh 1950", in: *The Journal of Media Arts and Cultural Criticism*, 2018, Vol.45, No.4, p.32.

度优势，对“同时”的强调则是其追求快速的体现。显然，对于此时的布雷松来说，快门速度的加速尤为重要。动态影像中帧速率加速的追求则往往为影像艺术的“真实感”所驱动。道格拉斯·特鲁布姆(Douglas Trumbull)曾对播放帧速率进行实验，结果表明：在观看传统 24fps 的电影时，人的潜意识仍然会认为影像存在着闪烁，从而使得影片的保真度降低，观众所受到的情感冲击也随之被削弱。正是由此出发，彼得·杰克逊采用 48fps 的帧速率拍摄《霍比特人》系列电影。他谈道：“90 多年来，我们一直采用 24fps 来拍摄和放映电影，不是因为它最好，而是因为它最便宜。采用 48fps 拍摄和放映的好处是，看起来画面上的速度还是正常的，但画面的流畅度和动作清晰度都极大增强了……它会让电影看起来更逼真，观看起来也更轻松，尤其是在 3D 电影方面。”①

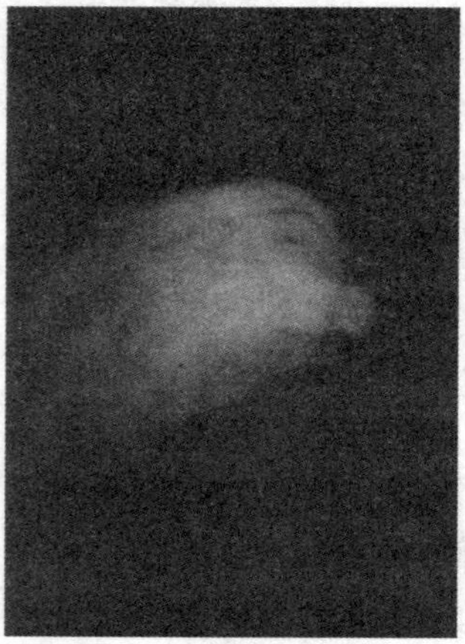

图 5 《老板的手势》，安东·朱利奥·布拉加利亚摄影，1911 年

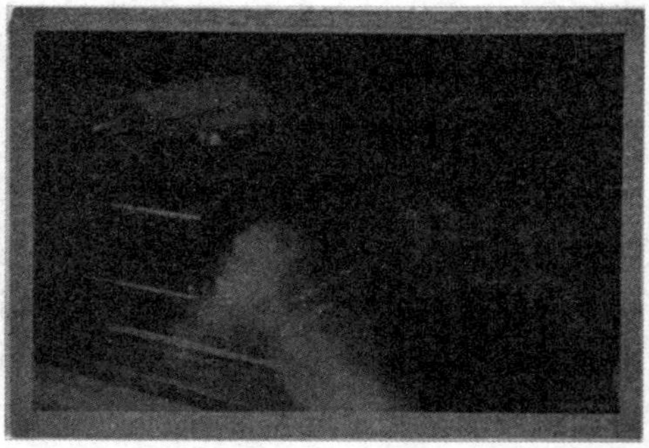

图 6 《打字员》，安东·朱利奥·布拉加利亚摄影，1911 年

然而，在多数摄影师们顺应着技术的加速与社会的加速，在影像艺术中追求速度的加快的同时，越来越多的哲学家、思想家、社会学家开始对作为其基础的技术加速与社会加速带来的危机进行反

① Peter Jackson, “48 Frames Per Second”, accessed June 12, 2023, https://www.facebook.com/notes/10158840784366558/.

息，认为加速导致了对感知经验的重构、对记忆和身份的抹除，以及对人类本质的逃避。如维利里奥在梅洛·庞蒂（Maurice Merleau-Ponty）的影响下，从知觉现象学的方法出发，反思技术加速取消了现象事件的感知延迟性，使得感知主体无法与感知对象建立深层、稳固的联系，绵延的知觉经验为消失的感知经验所取代，从而实现了对人类感知经验的重构。再如米兰·昆德拉（Milan Kundera）在《小说的艺术》（*L'art du roman*, 1986）中认为，“快”生活会造成个人生活、社会生活甚至民族历史的“简化”与“遗忘”。哈特穆特·罗萨则先是指出加速会导致身份定位的萎缩与动态化，从而产生一种“情境化的身份确定”[①]，其后又进一步认为新的社会加速导致了人的全面异化[②]。

影像艺术的加速性质也成为思想家们反思的对象。电影的诞生利用了人体“视觉暂留”的生理现象，从而使得静止的图像开始活动起来，每一帧画格于此过程中快速变化。在“竞速学”理论的观照之下，维利里奥认为，电影作为一种“视觉义肢”，在将观众拉入其中，使其看到那些因运动速度过快或过慢而导致肉眼无法察觉的运动，造成观赏者的知觉经验重构与知觉扩延的同时，也使观赏者的行为变成一种自动化的过程，而陷入无反思的余地。韩炳哲则以“影片拍摄式”的时代来形容当下匆忙的时代，将“影片拍摄式”解读为“让现实瓦解成相互间快速接替发生的诸多画面”。[③] 在此之中，事件、信息和画面的密集化呈现出一种加速序列。“飞快的序列切换不容许有什么凝思状逗留。那些转瞬即逝、目不暇接的画面，无法持久地约束注意力。”[④]时间在加速的影像艺术中崩塌成单纯的现时交替，立足于时间持续的真理与知识被淡化，时间因而失去其芬芳。

（二）慢速美学与慢速影像艺术实践

正如对加速的追求最初伴随现代性的发展而出现，对加速的反思与对慢速的倡导则是现代性自反性的体现。波德莱尔（Charles Pierre Baudelaire）的经典名句“现代性就是过渡、短暂、偶然，就是艺术的一

---

① 参见哈特穆特·罗萨：《加速：现代社会中时间结构的改变》，董璐译，第 263 页。

② 参见哈特穆特·罗萨：《新异化的诞生：社会加速批判理论大纲》，郑作彧译，上海人民出版社 2018 年版，第 116 页。

③ 韩炳哲：《时间的味道》，宝向飞、徐基太译，重庆大学出版社 2017 年版，第 291 页。

④ 同上，第 86 页。

半，另一半是永恒和不变"[①]，即为现代性自反性的最好注脚。

作为对现代性加速时间体系的反抗，"慢速"的价值最初得以被发掘，源于 19 世纪 80 年代末发生于意大利的"慢食运动"（Slowfood Movement）。此运动的本意在于以"慢"制"快"，与快餐文化和消费文化相对抗，但其掀起的"慢速/减速"思潮却迅速传播至社会各领域，社会对"慢速/减速"的呼声越来越大。日常生活领域的"慢速"，作为一种另类的价值观逐渐成为都市人应对生存压力的新方式。"慢速美学"也因此应运而生。昆德拉在其小说《慢》（*La lenteur*, 1995）中即推崇一种"慢"的价值，反思现代工业社会给人造成的"过去"与"未来"的断裂感。德国美学思想家卢茨·科普尼克（Lutz Koepnick）在其著作《慢下来：走向当代美学》（*On Slowness: Toward an Aesthetic of the Contemporary*, 2014）中倡导一种"慢速美学"，认为"只有通过审慎的阅读——慢速的阅读、慢速的观看和慢速的倾听，对任何细节一丝不苟聚精会神，我们才可以避免草率的论断——我们才能发现这些作品其实基于更广阔的背景，即在一个真正的当代模式下，丰富了我们对走向一个不断加速的当下的思考"。[②]

回顾影像艺术的发展史，不难发现诸多有意识"慢下来"的慢速影像艺术。其中以慢动作摄影最为突出。比尔·维奥拉（Bill Viola）在其融合了新媒体技术的录像艺术中也极其频繁地使用慢动作摄影，其《沉默五重奏》（*The Quintet of the Silent*, 2001）即是将原本 1 分钟的视频拉长到 15 分钟进行播放。继维奥拉之后，道格拉斯·戈登（Douglas Gordon）也以其大胆使用极端慢动作摄影出名，其录像艺术作品《24 小时惊魂记》（*24 Hours Psycho*, 1993）以原作希区柯克（Alfred Hitchcock）的《惊魂记》（*Psycho*, 1960）播放速度的 1/13 进行播放。需注意的是，慢动作摄影即快速摄影的拍摄帧速率可高达 1000fps—10000fps（高速摄影机），甚至可达到 1000000fps—10000000fps（军方专用的高速摄影机）。因此，慢动作摄影具有一种有趣的双重特性，其所呈现出来的"慢"实质上是由加速技术所激活、发展的。

慢动作摄影之外，还存在一种慢速观看的静态影像，即"快门打开

---

① 夏尔·波德莱尔：《波德莱尔美学论文选》，郭宏安译，人民文学出版社 1987 年版，第 485 页。

② 卢茨·科普尼克：《慢下来：走向当代美学》，石甜、王大桥译，第 11 页。

摄影”,或者也可视为一种极致的慢门摄影。慢门摄影所得到的图像中,运动物或夸张变形,或虚化位移,或重叠拉长,而静止物保持清晰,在模糊中营造出一种虚中有实、实里带虚、虚实相映的效果。而在“快门打开摄影”中,快门速度因被极致降低,曝光时间极度拉长,最高者可达数年,最终得到的图像会呈现为一种静止物清晰而运动物极其微弱甚至看不见的效果。这在德国摄影家米夏埃尔·韦泽利(Michael Wesely)于 20 世纪 90 年代所拍摄的德国、奥地利和东欧火车站的系列作品中得到了极好的体现,如《布拉格 15.10—林茨 20.22》(*Praha 15.10 -Linz 20.22*)(图 7)、《布拉格 16.52—纽伦堡 22.18》(*Praha 16.52 -Nümberg 22.18*)(图 8)。在这些作品中,韦泽利将摄像机固定在各个火车站站台,镜头对准离开的火车,摄像机快门保持打开五至十小时。在这些图像中,我们可以看到静止的因而也是清晰的站台标志、地面、广告牌、车站的墙面与顶部,旅客等待的痕迹在图像的前景中微弱可见,而运动着的火车却几乎看不见了。与一般慢门摄影对运动的突显不同的是,由于极长时间的曝光,“快门打开摄影”使得图像中完全静止之物清晰可见、暂时静止之物微弱但仍可见,却抹除了快速运动之物的存在。因而,科普尼克指出,“通过对同一张图像中不同动作和持续时间的分层,开放式快门摄影成为一种减法艺术。从某种意义上说,它可以被看作是从缓慢和慢速中减去快速和激情”[①],从而达到了一种慢速观看的效果。

图 7 《布拉格 15.10—林茨 20.22》,米夏埃尔·韦泽利摄影,1992 年

图 8 《布拉格 16.52—纽伦堡 22.18》,米夏埃尔·韦泽利摄影,1992 年

① 卢茨·科普尼克:《慢下来:走向当代美学》,石甜、王大桥译,第 66 页。

三、速度变化之于影像真实与时间认知

影像艺术的速度变化问题在数字时代或曰新媒体时代得以突显，速度的上下限不断被拓宽，变速成为影像艺术家们的重要表现手法，对加速与慢速进行思考的速度美学也不断发展。如何看待新媒体时代的影像艺术及其速度问题，或许应该如托马斯·埃尔塞瑟（Thomas Elsaesser）在对数字电影的思考中所指出的，将数字技术更多视为一种契机，“以便于我们重新思考历史观念的自身变革以及我们所说的包容与排斥、视野与边界以及诞生、转型、适应等断裂的对立面”[①]。以历史的视角来看影像艺术的速度变化以及美学主张演变，可对影像艺术的真实观与时间观的变迁进行再审视。

（一）从客观再现到感知再现：影像艺术的“真实”

摄影术的发明源于对客观再现现实存在物的极致追求。摄影术诞生前，文艺复兴时期的艺术求真精神促使绘画艺术家们追求采用透视画法来展现眼睛所看到的世界，保留记忆。但绘画仍包含诸多主观因素。为了尽可能地排除人为因素干扰，摄影术被发明。而摄影术中对快门速度不断加速的追求同样也是为了让所获得的图像更加清晰、精确，以在视觉效果向现实的客观存在物逼近。1945 年，安德烈·巴赞（André Bazin）发表《摄影影像的本体论》一文，即指出“摄影与绘画不同，它的独特性在于其本质上的客观性”[②]。而基于摄影技术所诞生的电影，则较摄影的客观性在时间方面更臻完善，使影像艺术从凝固、静止的瞬间困境中解脱出来，将现实物体的运动记录在了胶片上，在放映中再现了时间的流动与延续。电影对现实物体运动的逼真再现，或许可在卢米埃尔兄弟放映《火车进站》时观众躲闪不迭的场面中得到最好体现。德国电影理论家克拉考尔（Siegfried Kracauer）在其电影理论名著《电影的本性：物质现实的复原》（*Nature of Film: The Redemption of Physical Reality*, 1960）中也明显地继承了巴赞的观

---

① 托马斯·埃尔萨瑟：《作为媒介考古学的新电影史》，韩晓强译，《东岳论丛》2020 年第 6 期。

② 安德烈·巴赞：《电影是什么?》，崔君衍译，中国电影出版社 1987 年版，第 11 页。

点，电影是照相而非剪辑的产物，而照相对自然的复制则具有一种与自然本身相等同的忠实性。爱因汉姆（Rudolf Arnheim）也将照相记录性视为电影的特性之一。巴赞的这一照相现实主义电影美学成为影像艺术研究的重要范畴与基本出发点之一。

由于将电影的本性视为对事物原貌不加任何主观创造的客观再现，巴赞认为电影应再现世界时空的真实性，因此蒙太奇对纪录现实的干预应被减少，影像的帧速率则应保持在标准的 24fps，即“真实时间结构”。在对克鲁佐（Henri-Georges Clouzot）的影片《毕加索的秘密》（*Le Mystère Picasso*, 1956）进行肯定时，巴赞谈道：“克鲁佐根本没有采用科技教育影片中用加速法拍摄鲜花怒放的那种技巧，没有让画作速现出来，这一点实在值得欢迎。”[①]可见，在巴赞的照相现实主义电影美学中，影像中运动速度的变化是被否定的。事实上，由于技术的限制、节约成本的考虑以及照相现实主义电影美学的影响，胶片时代影像艺术中的速度确实呈现为比较稳定的局面。

然而，数字时代，仿真数码影像的生成以及强大的数字化后期编辑则对这一照相现实主义的影像美学的解释力提出了挑战。影像艺术的“真实”具有了新的内涵。以影像艺术的速度为例，继录像带在电视上播放时观众可以选择“快进”“快退”以改变影像叙事速度后，数字技术的介入使影像艺术的速度呈现出更加丰富的变化。对这些速度变化的选择进行分析，则可以发现一种新的影像艺术真实观——对影像艺术的真实的理解不再以忠实的时空再现为标准，而以观众感觉上的真实性作为评价的依据。如果说数字影像生成所创造出来的是一种“真实的非真实”，那么数字时代影像艺术速度的变化则意在创造一种“非真实的真实”，即对感知真实的再现。

快动作摄影或延时摄影虽不利于观众对影像运动细节的把握，却极具动态感。快动作摄影中，影像中物体运动速度较正常速度明显加快，给人一种陌生感或曰奇异感。电影喜剧大师卓别林即有意识地在其喜剧影片中运用快动作摄影，以增强其喜剧动作的感染力。在惊险片中，快动作摄影也有助于营造惊险、刺激之感。延时摄影则因其使长时距运动被压缩到较短的时间进行播放，得以呈现出肉眼无法察觉的奇异景象，极其适用于突显事物的变化与时间流逝的无常之感。再

① 安德烈·巴赞：《电影是什么？》，崔君衍译，中国电影出版社 1987 年版，第 211 页。

如在慢动作摄影中，由于对影像中的物体运动进行人为延缓，物体的动作过程得以更加清楚，场面的真实感得以增强；与客观运动相比的速度变化又使得影像中的动作“妙在似与不似之间”，往往给人以神秘莫测的感觉，造成艺术上的悬念或余韵；而在与其他镜头或画面的组接中，有利于加强某些段落的节奏和韵律感。这些影像艺术中的速度变化虽悖离了物体运动的客观速度，却增强了观众对影像的体验感与沉浸感，体现为一种感知真实的延伸。维奥拉在谈论自己的慢速录像艺术时便指出：“一旦开始利用这些媒体赋予的能力来放慢时间，你便自动地跨越了一道门槛，从实质世界出发，进入了一个形而上的世界。……当我在剪辑室修改时间时，它自动将图像定位在主观感觉的领域中，这是一个心灵图像，而非视觉图像。”①此外，数字时代，观众开始拥有改变影像艺术速度的主动权，而是否选择变速、如何变速则往往取决于观众对影像的主观认知与感受。

影像艺术中帧速率的变化也往往被“真实感”所驱动。正如现代主义艺术家沉醉于加速运动的兴奋以期望将观众从惯常的感知模式中震醒一样，李安在谈到其将帧速率提高到 120fps 来拍摄和放映《比利 · 林恩的中场战事》时也指出，在 120fps 条件下，影像“好像是慢动作那样的清晰度，但它却不是用慢动作播放出来。也就是说，一般的播放速度，可是有慢动作的清晰感”②。而这种近乎超真实的清晰感正是为了让观众超越“看”的限制，具身沉浸到林恩的主观世界，真正体验战争的残酷和创伤。李安认为，在帧速率的提高中，“最大的变化是（观影）态度：它更像体验（experiencing）而非叙事（storytelling）”③。

（二）从单线性走向多重性：时间认知的空间化

在《加速：现代社会中时间结构的改变》（*Beschleunigung: die Veränderung der Zeitstrukturen in der Moderne*, 2005）一书中，罗萨指出：“有目的的减速这种形式也包括类似的‘美学—艺术的’降低速

---

① 约翰 · 汉哈特：《白日前进：访问比尔 · 维奥拉》，红专厂当代艺术馆 RMCA 编著：《比尔 · 维奥拉：1977—2014 精选作品集》，河北教育出版社 2017 年版，第 62 页。

② 李安：《电影一直告诉我，它要变了》，http://news.mtime.com/2016/09/22/1559990.html，2023 年 6 月 12 日。

③ Emily Buder, “Ang Lee on Billy Lynn’s Halftime Walk: Shooting 120 FPS was Like ‘Making Love to Movies’”, accessed June 12, 2023, https://nofilmschool.com/2016/10/ang-lee-billy-lynn-halftime-walk-120-frames-fps.

度的展现,这不仅使得另一种时间体验的表现成为可能,而且在那里也能够产生对晚期现代的时间结构的感知的改变。"①诚如罗萨所言,在对影像艺术的认识与研究中,加速追求与慢速美学所关联的,在更深层次上其实是对时间的认知问题。

影像艺术从其诞生,即摄影术的诞生开始,最先追求的加速便是快门速度的加快,以实现对瞬间的及时捕捉。从达盖尔最初15—30分钟的曝光时间到后来亨利·塔尔博特进行高速摄影时1/2000s的曝光时间再到此后更短的时间,摄影越发能够抓住转瞬即逝的物体变化。亨利·卡蒂埃-布雷松即在其作品集《决定性时刻》中将摄影视为是对关键时刻(kairos)的捕获,本雅明、巴特、桑塔格等人也主要将摄影视为一种快速观看的艺术。然而,摄影所截取的只是极其短暂或者"浓缩"的一瞬,其对流动的时间进行了凝固,将时间表现为一个个静止的、断裂的时刻。摄影的这一缺陷,使得亨利·卡蒂埃-布雷松在其生命的最后日子里放弃了摄影,回归绘画。摄影的这一"缺陷"还推动了电影的诞生,为静止的摄影术增加了帧速率这一维度的速度。正如伊安·杰夫里(Ian Jeffrey)所言,卢米埃尔兄弟对电影的发明,使得"摄影的瞬间性所造成的贫乏便被减轻了"②。巴赞也认为电影实现了对时空的真实再现。显然,时间的连续性在这里得到了强调。但正如巴赞对蒙太奇手法的纠结态度所体现的,电影对时间的表现只能追随单个物体的时间,无法展现同一时段内不同空间的物体运动及其互动。而对变速的拒绝以及认为电影的帧速率应为标准的24fps,则将时间表现为一种均质的流动。因而,电影所表现的时间,实际上是单线性的、均质流动的时间。帧速率以及对叙事速度的加快,也并未对其单线性的时间表现造成冲击。

与加速追求所体现的单线性时间观相反,慢速美学下,慢速影像艺术所体现的则是一种多重性的时间观。前文所分析过的德国摄影家米夏埃尔·韦泽利的"快门打开摄影",则将快门开放时的时间都表现在了图像中,不同阶段的时间同在,不同速度之物亦同在,静止者表现为清晰的图像,运动者表现为不同模糊程度的光轨影像,由此表现

---

① 哈特穆特·罗萨:《加速:现代社会中时间结构的改变》,董璐译,第104页。

② 伊安·杰夫里:《摄影简史》,晓征、筱果译,生活·读书·新知三联书店2002年版,第20页。

了一种多速度、多时刻与多线性共存的时间。慢动作摄影则给予了观看者进行联想与回顾的时间发散的空间。正如本雅明比较电影观看与绘画观赏时曾谈到："后者使观赏者凝神观照。面对画布，观赏者就沉浸于他的联想活动中；而面对电影银幕，观赏者却不会沉浸于他的联想。观赏者很难对电影画面进行思索，当他意欲进行这种思索时，银幕画面就已变掉了。电影银幕的画面无法被固定住。……实际上，观照这些画面的人所要进行的联想活动立即被这些画面的变动打乱了。"[①]因此，电影中的慢动作摄影通过使得电影银幕画面变化速度减缓，为观看者争取了一定的用以进行联想与回顾的时间。在对快门打开摄影和慢动作摄影的观看中，时间旁逸，过去与现在相交织，实现了对线性时间的破除，走向一种多重线性的时间表现。

正如慢动作摄影所依靠的是高的拍摄帧速率，慢速美学所倡导的并非对加速的拒绝，其多重线性的时间观也并非否认时间的流动性，而是一种具有包容性的空间化的时间认识。科普尼克则倡导一种"慢速美学"。他指出："慢速美学远非怀着一种反技术进步的情绪，其重估技术媒介的使用——及其伴随的效果——从而促使我们感受当下时刻的多重节奏、趣事和时间流，在每一时刻构建我们流动异质的当下。"[②]体现了"慢速美学"的艺术作品"以疑虑、延时和减速的策略探索一种延展的时间结构，试图让我们停留并体验一个转瞬即逝的当下时刻的异质性和差异性"[③]，从而实现了对"当下"空间的扩容，丰富我们对于当下与时间的思考。

在《历史哲学论纲》中，本雅明以空间化的星座隐喻来处理时间，并围绕"当下"(Jetzt)展开论述；在文章《何谓同时代?》("What is the Contemporary?")中，吉奥乔·阿甘本(Giorgio Agamben)则断言"同时代性"(contemporary，又译"当代性")就是一种"与自己时代的奇异联系，同时代性既附着于时代，同时又与时代保持距离。更确切地说，同时代是通过脱节或时代错误而附着于时代的那种联系"。[④] 通过对本雅明和阿甘本的征用，科普尼克将当下视为渗透主体记忆与情感的

---

① 瓦尔特·本雅明：《摄影小史、机械复制时代的艺术作品》，王才勇译，江苏人民出版社 2006 年版，第 142 页。

② 卢茨·科普尼克：《慢下来：走向当代美学》，石甜、王大桥译，第 13 页。

③ 同上，第 3 页。

④ 吉奥乔·阿甘本：《何为同时代?》，王立秋译，《上海文化》2010 第 4 期。

空间。“慢”作为一种美学策略,并非希望回到加速之前,而是强调要认识到当下是一个对立和冲突的空间,强化对当代加速社会的感知与理解,从而对当下的多重时间性进行深度体验,更好地栖居于当下。

结语

数字技术的发展使得艺术步入新媒体时代。在数字技术的加持与影响下,以对时间的表现与探索最为生动、丰富、彻底与先锋的影像艺术为代表,艺术作品中的速度问题呈现出别样的新面貌。影像艺术的速度问题,既关乎影像的艺术问题又关乎时间的哲学问题。正如马歇尔·麦克卢汉(Marshall Macluhan)所言:“艺术最重要的功能是扮演一个遥远的预警系统角色,社会可以依靠它来告诉旧文化正在或即将发生什么。”[①]因此,将“速度”引入新媒体艺术研究,既是在新的时代背景下对已有艺术与速度研究的补充与丰富,又是以“速度”问题管中窥豹来思考影像本质与时间认知问题的新发展。当然,最终的目的是充分发挥艺术的“预警系统”作用,引导人们更好地与其所处的当下时代共处。

【本文为国家社科基金重点项目“当代中国对话主义文学理论的话语建构研究”(22AZW003)和上海市教育委员会科研创新计划人文社会科学重大项目“新媒体艺术理论基本问题研究”(2023SKZD15)阶段性成果】

(作者单位:上海大学文学院)

学术编辑:李永胜

① 马歇尔·麦克卢汉:《理解媒介:论人的延伸》,何道宽译,商务印书馆 2000 年版,第 46 页。

“透明性”与“黑箱化”：新媒体“界面”的技术现象学

苗思萌

内容提要　对人工智能“去黑箱化”的诉求及其技术困境，揭示了计算机界面“透明性”与“黑箱化”的同源性，两种机制广泛存在于人类认知和行为领域。本文从技术现象学视域，由人与媒介技术关系中具身透明性向诠释学透明性转换过程，说明“透明性”的差异不仅是现代与后现代美学范式的竞争，更是媒介技术发展中复杂性对透明性的转换要求。这一转换也发生于近现代科学的体系建构和自然的数学化过程中。“界面”诞生于表象与机制之间的裂隙，它不仅通过技术图像将处于黑箱状态的认知对象文本化，也通过知觉具身性的不断回归，来保持心智连接世界的可能。通过列维-斯特劳斯“修补匠”美学，新媒体交互界面体现为介于“透明性神话”和“他异性黑箱”之间的道路。

关键词　新媒体　界面　透明性　黑箱化　技术现象学

一、新媒体时代的透明性呼唤及其不满

伴随着人工智能技术在诸多领域初露峥嵘，各界的顾虑接踵而至。时下，为追求更强效的人工智能，“深度学习”等机器学习应用广泛。由于这类算法常以自我迭代为训练方式，具有不经人类干预也能不断地改进和更新的特性，这就引起了人们对机器学习的算法“黑箱化”的担忧，如人工智能逃逸问题、算法垄断和技术霸权问题等。为此，人们呼吁一种算法的“透明性”，以期辖制人工智能，使之能安全地成为提高生产力的工具。事实上，黑箱化与透明性问题，在信息科学的发展与应用中广泛存在，如信息安全、数据采集、财富分配等诸多社

会情境中,这一情形被美国法学教授弗兰克·帕斯奎尔(Frank Pasquale)冠以"黑箱社会"(black box society)之名。

黑箱批判承袭自现代民主政治实践中的透明性追求。在信息时代,数据的采集与使用,因为在个人和机构之间透明性的不对等而饱受争议。在《黑箱社会——控制金钱和信息的数据法则》一书中,——书名显然引自戴维·布林(David Brin)的《透明社会》(*The Transparent Society*)——弗兰克·帕斯奎尔揭示了这种不对等的"单向镜",认为布林所预言的"相互监督的社会愿景"①在互联网时代并未实现,他引述美国大法官路易斯·布兰代斯(Louis Brandeis)的名言"阳光是最好的杀毒剂",旨在呼吁一种对公司、金融行业等组织机构要求的透明性。这种对政治与道德生活中的透明性要求,正如科斯嘉德所论及的"透明性的条件"(transparency condition),可被公共接受的理性检测,是对个人和权力运行同样适用的成功约束。

有学者将对透明性的要求,分为"鱼缸(fishbowl)透明性"和"理由(reasoned)透明性",人们希望通过引入适度的"理由透明性"来部分替代"鱼缸透明性",在社会分工、权利让渡、知识专门化的当下,去平衡监督权和组织效率的关系,而"鱼缸透明性"仍作为监督的最基本保障。落实在算法领域,要拥有"鱼缸透明性",实现机制的可解释性,设计者可以在算法设计上将可解释性作为生成模型的一项评估参数,附加到生成过程上;同时作为技术和数据的使用者,为了取得合适的政治伦理评估,需要对理由进行外部的透明化。

但是,机器学习算法的透明性实现的困难,比一般的信息透明更甚。机器学习的机制依赖大量自我迭代,通过经验数据进行拟合,生成过程随机,设计者难以预测结果。主要用于预测的机器学习,它所面临的冲突,不仅在可解释性与高效率之间,更在可解释性和预测准确率之间:"黑箱化"本身就是机器学习算法在达成实施效果过程中的伴随物。也就是说,"透明性"与"黑箱化"的关系虽表现为对立性,却更有发生意义上的同源性。这一关系,不仅存在于机器学习和AI算法领域,实际上也广泛存在于界面工程学、信息科学,以及人类认知和行为领域。

---

① 弗兰克·帕斯奎尔:《黑箱社会——控制金钱和信息的数据法则》,赵亚男译,中信出版社2015年版,第20页。

在计算机的界面交互设计史上，曾经有对"透明性"的执着追求，美国认知心理学家唐纳德·诺曼(Donald Norman)的《界面为什么不工作?》(*Why Interfaces Don't Work?*)一文提出，任天堂的游戏机在界面的透明度上完胜苹果计算机 Apple IIGS。同为一款"California Game"的游戏软件，在任天堂的家用游戏机 SFC 上可以即插即用，而在 Apple IIGS 上却要经历一系列烦琐设置："任天堂也是计算机，但是它却伪装得像一个游戏。用户们仅仅想玩游戏而已，任天堂使之实现得如此简单而直接。"[①]相比之下，早期苹果计算机在诺曼看来不够易用："界面的真正问题在于它是一个界面。界面是碍事的，我并不想将精力花在界面上[……]不能将注意力吸引到它之上。当我使用电脑时，目的是完成工作：我不想觉得是我在使用电脑，而是觉得我在进行工作。"[②]诺曼将界面视为一种"阻碍"，界面设计的最终目的在于创造出一种"无界面的界面"，这一理念深深影响了人机交互理论。界面的透明性成了人机交互的首要追求，它希望人类与机器之间的信息能够通达无碍，从图形用户界面(GUI)到自然用户界面(NUI)的发展趋势，乃至"脑机接口"也在宣示着这一努力。

以诺曼为代表的人机交互理论家展现了一种实用主义的愿景：计算机媒介不过是一种信息设备，是向用户传递内容的"工具"(instrument)[③]，也即香农(Claude Shannon)的信息论意义上，将内容从发送者传送到接收者的通道。这种"透明性"是工具为实现用户的使用目的而在实施效果上的透明。另一方面，为了技术工具的无碍，"工具"的运行原理却需要尽可能地隐藏，以减少操作层面的障碍。为此，计算机媒介

---

① Donald Norman, "Why Interfaces Don't Work", in: BrendaLaurel (ed.), *The Art of Human-Computer Interface Design*, MA: Addison-Wesley, 1990, p.211.

② Ibid., p.210.

③ "界面"(interface)的隐喻性含义不止于此：首先，界面是具有共同边界的物质或空间的两个部分之间的表面(surface)，它最早见于流体力学领域，用来描述两种液体之间的"分离面"，日常语境下所谓的"人机交互界面"正是这一隐喻的延伸：它是一种以屏幕为基础，用以在用户和数字机器之间交换信息的图形呈现方式，正如弗卢塞尔将界面视为一个"意义平面"(significant surface)。同时，界面也是临界(threshold)，用来对事物之间加以区分，是一种差异性的符号——在这一意义上，"界面"一词在信息技术领域更多地被翻译为"接口"，即两个系统之间为实现信息交换，而借助其进行交互的通信规则和方法，因此，"界面"不仅适用于人和机器之间，同样也用于机器和机器之间。然而，界面不仅造成分离，它也允许粒子穿过，即"渗透"。在这些隐喻中，界面既造成不同系统之间的分隔，又是信息交流发生的规则和场所——透明性与黑箱化之间的悖论正隐藏在诸隐喻的含混性之中。

的运行过程需要尽可能地"封装",从而其运行原理就被"黑箱化"了。而算法的透明性要求看起来恰好导向了相反的方向:人们要求的不是目的的透明,而是暴露黑箱,以实现过程的透明,这也就是媒介理论家雪莉·特克尔(Sherry Turkle)所说的"打开顶盖"以看个究竟。特克尔认为,这代表了一种现代主义的技术美学,尽管用户并没有查看源代码的需要,但是这种开放的可能性需要被包含在系统设计之中,也就是能够"接触到操作系统内部"从而"看到魔法后面有什么"[①],这种美学观念由前述的民主政治实践中的透明性诉求所驱使;而前者对特克尔而言则意味着一种后现代主义的美学观念,即比起对深度和机制的探索,"探索不断变化的表面世界比着手寻找起源和结构更现实"[②]。从而,特克尔将这两种"透明性"归为现代主义和后现代主义美学在20世纪80年代后半期的互相竞争。

然而,如果说在媒介技术的目的透明性与其技术原理的过程透明性之间,诺曼对界面交互设计的易用性追求代表着拒绝深度机制的一方,那么,在一种媒介技术的工具性要求与媒介作为艺术的自我呈现之间,它却又被置于"探索界面"的对立面。在诺曼"无界面的界面"招致的批评中,最为人熟知的就是媒介理论家大卫·博尔特(David Bolter)对界面透明性神话的反思。这一神话以麦金塔电脑(Macintosh)的用户图形界面为代表,它例证了博尔特对"再媒介化"(remediation)的双重逻辑中"直接性"(immediacy)的描述。然而,"再媒介化"的另一重逻辑是"超媒介性"(hypermediacy),这种"对媒介的迷恋"也正如"对透明直接性的渴望",都有其对应的具象化实践:如果说诺曼代表了一种界面美学的"包豪斯风格",那么对"超媒介性"的媒介考古则可以追溯至"巴洛克式"的古玩陈列柜(Wundwkammer),它不断彰显着自身的物质材料特性,时刻将我们的注意力引向它繁复的纹理。而在当今的数字媒介中,它表现为以图像、声音、文本、动画和视频拼贴而成的"多媒体的随机访问组合"[③]。

由此可见,媒介工具的"透明度"在对其深层原理的探寻渴望和对

① Sherry Turkle, *Life on the Screen: Identity in the Age of the Internet*, New York: Simon & Schuster, 1996, p.38.

② Ibid., p.36.

③ Bolter, Jay David and Richard Grusin, *Remediation: Understanding New Media*, Cambridge, MA: MIT Press, 1999, p.31.

其制造的表象沉迷的坐标上不断变动,这也展现了"透明性"概念的多变。然而,特克尔将两种透明性分别指派为不同的美学范式,将之归因为竞争关系实则是对博尔特所揭示的"再媒介化"的双重逻辑的简化。在博尔特与戴安娜·格罗马拉(Diane Gromala)合著的《窗与镜:互动设计、数码艺术与透明性神话》中,界面的这一双重属性就分别对应着可"看透"(looking through)的"窗"与可"看见"(looking at)的"镜"的隐喻。尽管"窗"与"镜"常作为艺术表象呈现状态的经典隐喻而出现,但在这里博尔特并非要呼吁我们在两种美学偏好之间进行价值判断,而是说明即便是出于界面设计的实用主义考量,界面的透明性与遮蔽性(源自"镜"的反射涂层)仍都为我们所需要。更确切地说:"界面应当在透明性与反射性之间以一种可控的方式振荡,用户图形界面的本质是可控振荡。"①

特克尔试图以不同时代的美学范式来化约工程学设计的相异主张,其意义虽不局限于工程学实践层面,但因其没有处理机制起源问题,导致过早地抽空了新媒介中的技术特征,错过了发现这一对立现象的内在共生性的可能性。而借由界面批评的双方代表同时触及的一个现象——诺曼和博尔特不谋而合地谈及"故障"和"不工作"等现象,试图用非常例状态的视角转换,达成一种界面批评理论的进路,得以把媒介性问题从工程学视域转向技术哲学的考察。

二、在具身的技术与诠释学的技术之间的"界面"

在诺曼的人机交互理论中,计算机媒介通过其承载的内容以实现自身的不可见,这一透明性追求在技术现象学视域下被称为技术的具身化。自从早期现代科学借助光学技术(望远镜、眼镜)观看世界以来,人们便摆脱了裸眼的视觉,在当代技术哲学家和现象学家唐·伊德(Don Ihde)那里,这意味着人类从伊甸园走向了尘世——从而借助技术将实践具身化,形成了一种与世界的意向性关系,这一关系呈现为如下图式:

---

① Bolter, Jay David and Diane Gromala, *Windows and Mirrors: Interaction Design, Digital Art, and the Myth of Transparency*, Cambridge, MA: MIT Press, 2005, p.68.

(我——技术)——世界

技术在此"好像融入我自身的知觉的——身体的经验中","成为我对周围环境的日常经验的一部分",它们"抽身而去",在这种关系中形成了最大程度的"透明性"。[①] 同理,诺曼对交互界面的具身化的要求可表示为:

(用户——交互界面)——工作

然而,这种期望存在矛盾:"一方面希望完全的透明性和完全的具身,希望技术能真正'成为我'。如果这是可能的,那么这就等于没有技术,因为完全的透明就是我的身体和感觉;我希望能直接接触,这样我就能不借助技术来经验。但这只是这种期望的一个方面。这种期望的另一面就是拥有技术所带来的力量和转化。只有通过使用技术,我的身体能力才能得到提升和放大。"[②]

于诺曼而言,计算机媒介的"成为我"是界面设计师的努力,界面是被设计为无碍的,正如伊德所说:"设计的完善不是只与机器有关,而是与机器和人的组合有关。机器是按照具身的方向完善的,根据人的知觉和行为来塑造的"[③],所以诺曼称任天堂的游戏机 SFC"伪装"为一个游戏。而伊德对技术具身化过程的描述则更偏向技术媒介使用者掌握工具的过程("学会使用助听器和手杖")。因此,伊德对这一双重性的揭示,实则是将技术媒介透明性的疑难归为以下两个同时存在的经验性的事实:其一,目的的达成依赖于对技术原理的理解和掌握;其二,对技术工具的熟练使用,会使我们忘却对过程的感知与理解。对于后者,即一种技术媒介具身带来的透明化,直接来源于海德格尔对工具"上手状态"和"抽身而去"状态的揭示。

对于这种工具使用情景如何再现,海德格尔给出了一个有价值的路径:通过对工具的故障状态的描述,来间接地使工具从知觉的扩展转化为知觉的对象,这种经验事实确实也是伊德的关注对象。但是伊德指出,这种负面性的转向并不是使情景显现的唯一和固有的方式。具身的技术增强了人的知觉,这种具身技术固然仍需训练,但是具身技术和知觉具有同样的结构,它具有相当程度的直接性,从而缩短了

---

① 唐·伊德:《技术与生活世界:从伊甸园到尘世》,韩连庆译,北京大学出版社 2012 年版,第 78 页。

② 同上,第 80 页。

③ 同上。

人与世界的距离。具身技术的透明性趋向根植于与知觉同构的直接性,同时又无止境地迎合知觉扩张,使透明性越发困难。

为了修正胡塞尔由于极端区分生活和科学从而给文化习得的现实带来的困难,伊德把通常与身体感官直接联系的感觉知觉称为微观知觉(microperception),把基于文化的、经由诠释的知觉称为宏观知觉(macroperception)。微观知觉和宏观知觉的区别不在于科学世界/生活世界或理性/感性的差异,即使是源于身体的微观知觉,也受惠并受制于宏观知觉。经由代际积累的知识,知觉的直接性发生转变。伊德对胡塞尔做的这一修正,使身体知觉和文化诠释处于一种双向的运动之中。他并不认同胡塞尔对现代科学世界和现代生活世界之间替代性关系的描述,而是认为经由微观知觉和宏观知觉的往复,使现代科学的文化习得保存到了我们的身体知觉中。

对于具身性在宏观知觉和微观知觉之间的交互往复,是伊德对海德格尔的"工具"在技术与生活关系上的展开,而对于"人—技术"的第二个面向——诠释学关系,则是对前述透明性问题的一个倒置,这一分析将回答我们最初提到的透明性问题的两难,也能对一直以来透明性问题在目的和过程上的摇摆不定做出解释。航海图技术,从设计目的来说力图清晰无误,对于赖以工作、生存的海员来说,熟练掌握航海图也是应有之义。然而,人通过航海图技术达到与实际的海域之间的透明性,却不是完全凭借知觉的透明性,而是部分凭借诠释学的透明性得以成立的。伊德所用的航海图的例子,实际上搭建了一个由知觉同构向诠释方法之间过渡的桥梁。因为航海图既有与知觉同构的位置信息,又有经过图例法抽象、变形、增减而成的文本特征。尤其关键的是,"我"的知觉对象从世界本身转向了技术自身,技术就不能完全"抽身而去"。这被图式化为:

我——(技术——世界)

这一图式具有至少两个层面的意义。首先,"我"的知觉在微观层面上和技术不总是保持同构的。其次,"我"能直接知觉到的对象即文本化了的世界本身。"文本的透明性是诠释学的透明性,而不是知觉的透明性。"[①]在书写技术上,伊德展示了文本的透明性是如何渐次获得的。在象形文字系统中,汉字从最初的形象化到后来的符号化的发

① 唐·伊德:《技术与生活世界:从伊甸园到尘世》,韩连庆译,第 87 页。

展历程,展示了"类似于胡塞尔所阐述的几何学起源的发展路径。这种路径就是从比较具体的形式发展为更加抽象化的形式,直到差不多与起源'相似的东西'都消失了"[①]。透明性随着时间转移,从最初与知觉同构的象形,向诠释学的透明性发展。

通过伊德的图式反观计算机界面理论的透明性历程,从命令行界面到早期图形用户界面的技术成就,增强了与知觉同构的视觉图形——窗口。而图形界面引入的微观知觉,随着个人计算机的普及影响了宏观知觉,即通过计算机界面文化,透明性从知觉关系向诠释学关系发展。以下例子可以为证:拟物性的图标越来越扁平化和符号化,如"保存"按钮以 3.5 英寸软盘为构图,但逐渐失去了起源上与软盘的实物在知觉上的象形关系。个人计算机不只是用来"观看"计算结果的技术工具,它的工作场景需要依赖多种诠释学的透明性,那么界面就不能是完全透明的。这就是《窗与镜》对诺曼"无界面的界面"加以反思的原因:"为了使界面发挥作用,用户应该看着界面,而不是看透它:例如,激活图标或选择菜单项。此时,界面不再是一个窗口,而是一面镜子,反映用户与计算机的关系。界面实际上是在说:'我是一个计算机程序,而你是该应用的计算机用户。'"[②]

作为早期透明性界面设计的里程碑,以下案例从另一角度说明了"界面"的透明性追求在最初就存在某种"转换"。麦金塔电脑的重要界面设计师莱瑞·特斯勒(Larry Tesler)在 1984 年提出了复杂性守恒定律,主张"每一过程都有其固有的复杂性"[③]。他力图通过创造一种良好的诠释系统,让用户可以不必面对过于复杂的交互方式,从而将用户的复杂性"转换"到设计师的复杂性上,而不是将其凭空消灭。而苹果公司的人机交互界面团队创始人布鲁斯·托格纳兹尼(Bruce Tognazzini)则对设计师为用户承担复杂性尺度有所保留,因为人们生活中的复杂度会逐渐增加,从一种复杂性中解放出来的用户会不断要求增加其他需求的复杂度。

这一过程表明,在技术的发展中,既有一个透明性由知觉关系向

---

① 唐·伊德:《技术与生活世界:从伊甸园到尘世》,韩连庆译,第 89 页。

② Bolter, Jay David and Diane Gromala, *Windows and Mirrors: Interaction Design, Digital Art, and the Myth of Transparency*, p.26.

③ 塞弗:《交互设计指南》,陈军亮、陈媛嫄、李敏等译,机械工业出版社 2010 年版,第 119 页。

诠释学关系迸发的趋势，又存在诠释对象复杂度递增的时间单向性。由于这一"复杂度"只能转移，无法"消除"，因此，界面设计并不能通过不断提高技术与身体的连接，来无限逼近具身的透明性。一个容易混淆的例子是当今的智能触屏手机不断用手势等身体语言，来增强界面的具身性。然而，实际上，由于手势应用场景的复杂化，以及手势系统本身的复杂化，手势语言的直接性很快就发展为手势间的差异性结构的符号系统，即从具身往诠释学的发展。事实上，技术总在它发展的初期阶段，以知觉具身的方式获取和人的连接，但又很快随着应用场景复杂性的提升，向诠释学的方向迅速发展。就技术和人相连接的"界面"而言，技术的使用者需要诠释学的透明性，就会要求在技术的实现中承担并处理一部分复杂性。这部分复杂性源于向技术内的折叠、对过程的封装，从而丧失了直接性——"黑箱化"便随之而来。

三、技术图像的文本化：从透明性的丧失到知觉的重连

上述计算机的"界面化"发展过程，暗示了伊德对技术由具身透明向诠释透明转变的设想仍存在的疑难：在复杂性随着时间不断累加的同时，要求界面的诠释学透明性，那么表象与实际机制之间就会开始产生裂隙并不断增宽。特克尔之所以得出这是"寻找起源和结构"的现代美学和"探索不断变化的表面世界"的后现代美学之间的范式区别，就是因为这一裂隙具有时间的单向性。这一疑难不仅因为实用性而产生，它更是科学认知和技术实践领域所面临的基本状态：由于科学认知范围、技术影响范围的扩大，表象和机制之间的裂隙将会让处于变动中的人类产生认知的不协调。因此，胡塞尔意义上的"欧洲科学的危机"，即"科学世界"与"生活世界"的分离，其真正的指向是现代科学和技术的"透明性"在具身的知觉经验和诠释学之间的转移中的丧失。

事实上，胡塞尔提出的"科学危机"，正是卢梭对西方文明，特别是科学和技术发展的批判传统的延续。在博尔特的界面批评中，媒介的"直接性"(immediacy)正是它"透明性"追求的体现，这也是卢梭的透明性追求所倚赖的。而其反面，则是一种缺乏直接性的"推论性"。如果对卢梭在他著名的檄文《论科学与艺术》中列举的自己所质疑的科

学学说加以考察，会发现其共性是“都与一种将物理实在进行数学转化的风潮相关”[①]，这也就是胡塞尔所说的“伽利略将自然数学化”[②]。例如，牛顿“在《自然哲学的数学原理》中所遵循的是一种公理方法，而不是分析归纳法”[③]。由于它比遵循分析法更需要创造力想象，并且可以“从任何地方开始”[④]，因而与亚里士多德以明证性为基础的科学原则构成了根本差异。[⑤] 特别是这种非直接性以推理的序列或“链条”的连续推论方式去把握真理[⑥]，在带来了知识扩张的同时，也导致了透明和直观的丧失。

所谓“推论链条”，即胡塞尔所说的起源相似性消失的过程，也是知觉的直接性散逸的过程。卢梭极具先见地预言了自然的数学化导致起源相似性消失的危机，而这在现代科学中更为突出：与推论性特征相伴的，是科学观测的对象进一步挪向不可见物。它的知觉同构往往依赖更单一的实验室环境，因而与生活世界的距离更加遥远。正如梅洛-庞蒂在《眼与心》中说，在实验控制之下，“只有一些高度‘加工过的’现象才会起作用，我们的仪器产生这些现象而不是记录它们。由此产生了各种各样漂泊无根的尝试。”[⑦]现代的望远镜也不再似伽利略的时代，经过透镜将月亮从天空背景中“摘取”出来，而是通过电子成

① 林云柯：《透明与透显——艺术界面化思维的形成》，《湖北美术学院学报》2022 年第 2 期。

② 胡塞尔：《欧洲科学的危机与超越论的现象学》，王炳文译，商务印书馆 2001 年版，第 33 页。

③ 约翰·洛西：《科学哲学的历史导论》，张卜天译，商务印书馆 2017 年版，第 78 页。

④ 同上，第 82 页。

⑤ 亚里士多德对于“科学的必然性”是以明证性为基础的，科学知识无须考虑或推理。前提一定比后承更具有明证性，是推论有效性的一个重要约束。然而，牛顿提出“哲学推理的规则”，从而用简单性和基础性替代了这种明证性。

⑥ 让·斯塔罗宾斯基(Jean Starobinski)指出：“只有当理性妄图以非直接的方式，即通过连续的推论，通过推理的序列或‘链条’去把握真理时，理性对于卢梭来说才是危险的。”参见让·斯塔罗宾斯基：《透明与障碍：论让-雅克·卢梭》，汪炜译，华东师范大学出版社 2019 年版，第 82 页。胡塞尔更明确地指出了这一区别：“通常的推论链法则，比如一切 A 都是 B，一切 B 都是 C，一切 C 都是 D，所以一切 A 都是 D 就已经不是直接的明察的法则，而是需要表明的法则。[……]如果人们提出一个任务，去建构三段论领域的一切可能推论法则的系统，因而构建一门理论，它允许以组合的普遍性而为一切在这一领域范围内的前提形式和任意多的前提演绎出相关的推论法则，那么这就不再是自明的了。”见埃德蒙德·胡塞尔《逻辑学与认识论导论（1906—1907 年讲座）》，郑辟瑞译，商务印书馆 2016 年版，第 104—105 页。

⑦ 莫里斯·梅洛-庞蒂：《眼与心》，杨大春译，商务印书馆 2007 年版，第 30—31 页。

像的原理进行捕捉绘制,诸如高能粒子等的物理对象,则只能一方面通过数学的模型建立理论存在,另一方面通过各种科学装置来"观看"。

尽管在科学推论问题上,伽利略将自然数学化,开启了知觉的"非透明性",造成了直接性的散逸,但就科学观测方面而言,伽利略时代的望远镜仍未脱离"透明性"的追求。相比之下,现代科学的对象,必须要以一种"界面化"的方式,才能为我们所把握,这一界面不再如望远镜的透明玻璃一般让我们"看透"(looking through),而是可"看见"(looking at)的电子成像。事实上,媒介理论家威廉·弗鲁塞尔(Vilém Flusser)在《技术图像的宇宙》中,正是借用了现代物理学的研究对象的呈现方式,来说明如今的技术图像的特点的:"它们其实根本不是图像,而是化学或电子运作过程的征象。拿着一张照片,我们就能向化学家展示银化合物的特定分子如何与特定的光子发生反应。电视图像可以向物理学家展示特定电子在电子管中运动的路径,它们使这个过程变得可见,就像威尔逊云室能展示粒子的轨迹一样。"[①]当博尔特把界面描述为一面反映用户与他的周遭环境的关系的镜子时,计算机的"界面"这一"镜子"也反映出了使用者所处时代的科学世界的状况。

同时,这一描述揭示了原始图像与技术图像的重要区别。弗鲁塞尔的《传播哲学》(*Kommunikologie*)指出:"原始图像指向了世界中的情境,技术图像则标志了概念;原始图像直接表征了世界,技术图像则需要文本的中介间接地进行表征"[②],因此,它们是"覆盖着符号的平面,这些符号又意指了线性文本的符号"。不同于可视物体的客观性,我们也只有通过阴极射线管或威尔逊云室这些特定的介质,才能看到那些粒子。正如天文学照片是由观测仪器所产生,因而"属于技术图像的范畴;要正确解读它们,需要人们对其中所包含的'天文学文本'有充分的领会"。[③] 这就是技术图像最重要的特征——有待诠释的、文本化的图像。

---

① 威廉·弗卢塞尔:《技术图像的宇宙》,李一君译,复旦大学出版社 2021 年版,第 23 页。

② Vilm Flusser, *Kommunikologie*, S. Bollmann & E. Flusser (Hrsg.), Frankfurt / M.: Fischer Taschenbuch Verlag, 2007, S.103. 转引自朱恬骅:《重审技术分析:计算机图像的意义生成与艺术潜能》,《艺术学研究》2022 年第 3 期。

③ 朱恬骅:《重审技术分析:计算机图像的意义生成与艺术潜能》,《艺术学研究》2022 年第 3 期。

因此,对技术图像的"观看",也就兼具"具身性"和"诠释学"的双重特征:一方面是"文本化",另一方面,正如科学哲学家伊恩·哈金(Ian Hacking)提请人们"注意显微镜观察小物体时所使用的栅格"①,知觉在肉眼观看栅格和显微镜下观看栅格的同构性,也能辅助定位难以直接观测的实体及其关系。因此,在这一层面,技术图像也并未放弃对知觉直接性的追求,而是通过可视化的界面,不时回到知觉具身性,引入现有或新发明的技术中介中,使自然的黑箱化状态不仅获得数学模型上的构建,也获得技术中的具身理解,从而抵抗推论性带来的非直接性的危机。这种具身理解不应过度提高到它不能达到的普适性,因为人类的认知和行动空间,总体有一个不可逆转的复杂性提升,具身透明性无法也不必做到裸露的"亚当"状态,它只是让人们通过诠释学层累的知识,在远离知觉同构性起源的运动中,时刻进行的连接反馈行为。

故而,不必患上人类起源的思乡病,不必怀着对野性状态的神话,走向卢梭式个人隐居的归宿,而是栖居在技术文本化的宇宙中,保持知觉连接世界的界面开放性。因为透明性是在传递和转化中渐次消失的,这种连接反馈也就并非一劳永逸的普适解决方案。它充分利用了行将消失的过去知觉同构性的残影,将在不同时期获得的具身性,注入新的诠释学系统之中:例如在界面交互设计中会用到的知觉要素,用红色来表达高温,用锐角而非圆形来表示警示等。它时刻使用之前的技术诠释系统中的剩余物,来容纳和指示新的技术对象,有时甚至会使新的系统看上去呈现出一些"时代错误"的拼贴特征——而这就开启了一种在绝对自为的"黑箱"和"透明性"的神话之间的新道路。

四、"黑箱"不黑:"准他异性"与"修补匠"的具身道路

技术现象学通过世界的文本化来使人获得对世界的理解,这将一个古老的疑问带到了现代,即作为中介的语言的透明性问题。艾曼努埃尔·埃洛阿(Emmanuel Alloa)在《感性的抵抗:梅洛-庞蒂对透明性的批判》中说:"我们可以清楚区分出语言透明性观念论的两种形式:

---

① 约翰·洛西:《科学哲学的历史导论》,张卜天译,第261页。

第一种认为符号与对象相对应；而第二种情况下，符号与意义相符合。”[①]这一表述的更早版本可追溯至古代典籍中，对作为逻辑学家与作为博物学家的亚里士多德的两个描述：前者称“在他写作《解释篇》的时候，亚里士多德把他的笔浸在思想中”，而后者称“亚里士多德是自然的抄写员，他把他的笔浸在思想中”。[②] 在阿甘本看来，这揭示了“思想只有通过纯粹地指涉自身，用它自己不透明的墨水填充它的笔，才有能力书写语言与思想以及思想与世界之间的关系。”[③]得益于该考据，可以将这两个版本并置齐观，并发现二者的重要差异：逻辑学家亚里士多德和自然学家亚里士多德，前者以语言作为思想的中介，后者则把语言作为世界的显现载体。语言浸在思想中意味着一种相即性，而阿甘本对此冠以“不透明的墨水”的称述，也就是说，中介物是通过使自己不透明的方式，来达成一种可见性。

这种不透明性长期为艺术所注意。自然厌恶真空，而艺术厌恶透明。卢梭以否定性的方式揭示并批判了艺术的不透明，而博尔特则基于正面的主张强调界面需要不透明性。在博尔特的《窗与镜》中，除了界面自身需要宣示存在，以及界面损坏时自身显示的必要和必然以外，还有一个重要的艺术面向。对于界面设计师和界面艺术家来说，作为艺术发生场所的界面，需要让界面自身可见，并照见用户和设计师自身，这种“镜”也就是一种能够让意向性得以显现的媒介。正如弗鲁塞尔对人们如何掌握技术图像的描述：人们“从事各种计算机媒介上的工作，是为了将‘他异世界’(alternative Welt)投射(projizieren)到现实中来，也就是将艺术乃至人类生存的各种可能性，将人们自身将去往何处的设想，召唤到现实的世界之中，而这正是创作所具有的共同特点”[④]。这一“他异世界”之所以能够存在，恰恰是对计算机媒介运行原理的“封装”，使之不完全对人们“透明”，从而呈现出技术图像的“界面”，才得以完成的。

伊德的技术现象学也同样注意到了“他异性”，在他对于“人—技

---

① 艾曼努埃尔·埃洛阿：《感性的抵抗：梅洛-庞蒂对透明性的批判》，曲晓蕊译，福建教育出版社 2016 年版，第 83 页。

② 乔吉奥·阿甘本：《潜能》，王立秋、严和来译，漓江出版社 2014 年版，第 383 页。

③ 同上，第 384 页。

④ 朱恬骅：《重审技术分析：计算机图像的意义生成与艺术潜能》，《艺术学研究》2022 年第 3 期。

术一世界”关系的描述中，除了具身关系和诠释学关系，还有一类他异性关系(alterity relations)。“在具身关系中，如果技术强行闯入世界，而不是有利于人通过知觉和身体扩展到世界中，那么技术的对象性(objectness)就必然从负面的意义上显现。”[①]人工智能就是这样一种技术，在这一层面上我们遭遇的黑箱化问题，实际上来源于面对了一种技术的他异性。伊德借用列维纳斯的这一术语，用来指称既不能还原成对象，又不能还原为手段的技术。他用“准他异性”来替代列维纳斯的“他异性”，实际上并不将这类技术看作绝对的他异性。伊德认为，完全的他异与完全的具身一样是不可能的幻象，绝对的黑箱是绝对透明性的副本。准他异性技术仍处于“人一技术”具身、诠释、他异比例不同的序列内，人仍然可以正面地和这类技术打交道。

伊德对人工智能黑箱的“准他异性”界定，已经构成了对黑箱化困境的回答。但是伊德并没有给出实际打交道的范式。然而，对这一困境的破除可以从列维-斯特劳斯《野性的思维》中提出的“修补匠”概念中得到启发。与这一概念相对应的是“工程师”：工程师的世界是笛卡尔式的理性透明性，遵循数学化的原理，对黑箱的内部原理具有全面而细致的掌握；而修补匠的世界是根据以前的剩余物的不完备收集，他对自己所修补、拼贴和组合的对象并无完备的知识，但却有能力应对包含例外状况在内的各种状况。

而修补匠对于准他异性技术，则可以通过要求“打开顶盖”，但不求“看个究竟”的方式进行交互。透明性的难以处理之处，有时在于专业性知识的要求。但是，一种宽泛的、非专业的交互方式，在计算机媒介与人工智能的美学范式中早已存在：计算机技术社区推崇分享和开源；DIY是技术社区的重要精神；作为与技术发展相伴而生的黑客文化，同样是不可忽视的一种力量……“黑箱”正是由此种种而获得了可交互性。

正如尤西·帕里卡(Jussi Parikka)所说：“蒸汽朋克也是媒介考古学精神的美好象征：这种精神将新与旧并置思考，并借由美学、政治及其他批判探究领域来培养对媒介、技术和科学的热情。即使冒着后现代怀旧的风险（参见詹姆逊1989)，或者庆祝在日益封闭的黑箱消费者媒介景观中已经失去之物，蒸汽朋克仍被打上了积极的修补匠精神的

---

① 唐·伊德：《技术与生活世界：从伊甸园到尘世》，韩连庆译，第102页。

烙印。”①这种充满热情和参与性的修补拼贴精神，是抵抗黑箱化的一种更自发的力量，它不求助于与黑箱处在共谋关系的完全透明性，也不执着于一种合乎规范的交互界面。种种利用旧知识进行作业的方法，或有效或无效，不可预料地与黑箱化的技术打交道。

在尤西·帕里卡所提到的“蒸汽朋克”艺术题材中，修补匠正是其中重要的美学元素，这在蒸汽朋克与它的亚种——“柴油朋克”——的比较之下尤其明显。“蒸汽朋克”具有一种“打开顶盖”的机器美学：一方面，可以信任的理性力量，通过齿轮结构的外显传递到感官知觉；另一方面，修补匠角色可以自由进出，凭着护目镜和扳手的简易交互方式，用各种零件进行拼贴、改造和修补。整个世界呈现出积极乐观的探索精神和自由气质的美学。而“柴油朋克”，则以铁皮铆钉封闭了巨大的钢铁机器，没有修补匠的容身之地，一个个大型黑箱只能通过大型政治实体来制造，战争阴云和毁灭性的美学元素充斥其中。以人工智能为代表的技术想象，在这两种美学样态中得以构建。

回到本文所论的人工智能的黑箱化问题，通过现象学及它所欲求修正的“科学危机”，我们可以反观本文最初提出的两难。完全的自上而下的透明性，采取的是一种笛卡尔式的计算主义范式，通过有限的基础算法，来解答交予人工智能回答的问题。这类人工智能是莱布尼茨轮式计算器的现代版本，它的困境在于无法回答超出设计者知识范围的问题。完全的自主自为的黑箱，则是一种行为主义的范式，它的困境在于难以与人类的生活经验相连接。而我们所赞许的，正是一种人类学的方式，用“修补匠”的态度对“工程师”的世界进行重要的补正。

【本文为国家社科基金重点项目“当代中国对话主义文学理论的话语建构研究”(22AZW003)、上海市教育委员会科研创新计划人文社会科学重大项目“新媒体艺术理论基本问题研究”(2023SKZD15)和第74批博士后面上资助项目“分析美学视域下的媒介‘界面’问题研究”(2023M742211)阶段性成果】

(作者单位：上海大学文学院)

学术编辑：李永胜

① Jussi Parikka, *What is Media Archeology?*, Cambridge: Polity Press, 2012, p.2.

赛博艺术中的“数字注视”及其“液态监控”批判

王梦秋

内容提要 “注视”(gaze/regard)作为一种权力介入的视觉观看，在数字时代迈向了“数字注视”。数字注视在日常生活中呈现为数字化的监控形态，在赛博艺术的创作现象中则表现为以数字监控为创作主题与观看方式。数字注视批判脱胎于注视内蕴的监控与被监控思想，数字技术的媒介表达使得赛博艺术的数字注视更加注重艺术与观者之间的技术交互，并在当代监控方式、权力建构与精神影响等维度上发生了区别于传统注视批判的转型。基于赛博艺术的创作现象与“液态监控”理论，数字注视彰显出液化与多面孔监控，揭示了数据景观中权力的不可见以及去中心化后的再中心化，并开启了自我注视，注入监控自愿性，导向一种媒介上瘾与精神同质化。

关键词 赛博艺术　数字注视　液态监控　后全景敞视　自我注视

引言

当观者靠近屏幕，一只硕大的眼睛睁开并开始追随观者的移动方向，长久地注视着观者，直到观者脱离监测范围。这件作品是艺术家拉斐尔·洛扎诺-海默(Rafael Lozano-Hemmer)引以为豪的首批作品之一——《表面张力》(*Tension Superficial*, 1992)(图 1)①，其使用了

---

① 图源：海默个人官网：https://www.lozano-hemmer.com/projects.php，本文图片皆出于该网站。

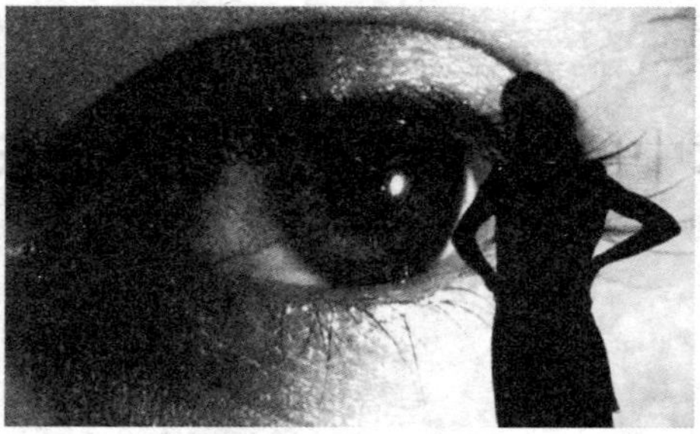

图 1　拉斐尔·洛扎诺-海默:《表面张力》,1992 年,马克西姆·杜福尔(Maxime Dufour)摄影

20 世纪 90 年代的新技术——手势与媒体技术(GAMS)与微软 Surface VR① 来对观者进行定位、快速计算、提供视觉反馈等。在游戏式的互动场域中,观者和屏幕处于观看与被观看,同时亦是追踪与被追踪、监控与被监控的过程。这包含了两个层面的意义:在技术互动上,作品呈现了人的表面即视网膜、皮肤等认知感官与媒介表面即屏幕、扬声器等传输接口之间的可视化表现与张力;在技术批判上,作品具有深刻的时代思考,其诞生源于海湾战争(1991)之后两个事件的发生:一是智能炸弹的发明,即出现了带有瞄准器的摄像头炸弹;二是《智能机器时代的战争》(*War in the Age of Intelligent Machines*, 1991)一书的出版,该书讨论了技术对现代战争的影响,涉及监控摄像头拥有决策权的探究。② 在视觉张力之外,海默更关心的是"监视、追踪和跟踪"议题。③

法国哲学家米歇尔·福柯(Michel Foucault)对监控问题做过深刻的阐述,并将其置于"注视"④的理论脉络中展开分析。在福柯的现代监控批判下,注视作为一种权力介入的视觉观看,成为文艺创作的主题批判武器,其在数字监控构建的场域中被进一步启动能量,

---

① Rafael Lozano-Hemmer, "Surface Tension", in: Thomas E. lineham(ed.), *Visual Proceedings – The Art and Interdisciplinary Programs of SIGGRAPH*, New York: ACM, 1993, p.221.

② Rafael Lozano-Hemmer, José Luis Barrios, Alejandra Labastida, "Conversation on the Layout of the Exhibition", in: MUAC(ed.), *Rafael Lozano-Hemmer: Pseudomatismos / Pseudomatisms*, Museo Universitario Arte Contemporáneo, 2015, p.189.

③ Ibid.

④ 学界亦用"凝视""目视"等词语来指称 gaze/regard.

构成了数字技术下的注视景观，即“数字注视”(digital gaze)。数字注视现象已经成为日常生活常态，也作为创作主题和观看方式进入到赛博艺术(Cyber art)中。赛博艺术是数字技术的艺术形态产物，其依托于计算机控制论和诸种赛博通讯技术，以编程算法为创作手段，借助屏幕、键盘、手柄等媒介物和各类应用软件等数码物，构建于赛博空间中的媒介艺术。海默长期关注计算机监控议题及其技术，在30多年的赛博艺术实践中，创作了几十件以数字监控为主题的作品。这些作品依赖媒介呈现和观者交互，透过互动方式传递艺术家的理念。

赛博艺术的数字注视批判脱胎于注视内蕴的监控与被监控思想，但是数字技术的媒介表达，使得数字注视在监控的展现方式、作为权力掌控的视觉机制以及对主体精神的影响等维度上都发生了区别于传统注视批判的转型。本文立足于赛博艺术的创作现象，探讨数字注视在赛博艺术实践上的主题与形式表达，透过“全景敞视”与“后全景敞视”的比较分析，阐发数字注视在数字技术时代所彰显的当代液态监控模式、权力建构与精神影响。

一、数字注视作为液态监控：后全景敞视下的液化与多面孔监控

注视作为一种观看方式，内含着一种注视与被注视、观看主体与他者介入的思辨关系。在赛博艺术中，数字注视被视为观者与赛博艺术作品之间的艺术观看关系。由于数字媒介技术的作用，观者在注视赛博艺术之际，亦为赛博艺术所注视与算法捕捉。与此同时，数字注视亦可作为一种创作主题进入赛博艺术，其鲜明地呈现为数字监控。那么，赛博艺术的数字注视具有最基础的两层内涵：以数字监控为创作主题，或以数字监控为呈现方式(亦是观看方式)。

从注视到数字注视，艺术的呈现表征已经发生重大变化。福柯借鉴了边沁(Jeremy Bentham)的全景敞视建筑(Panopticon)设计理念，通过比较古典与现代的规训方式，阐释了注视作为监控的机制，并提出了“全景敞视主义”(Panopticism)，指出“全景敞视建筑是一种分解观看/被观看二元统一体的机制。在环形边缘，人彻底地被观看，但不

能观看;在中心瞭望塔,人能观看一切,但不会被观看到"[①]。该机制使得观看的权力"自动化和非个性化",使其体现在"对于肉体、表面、光线、目光的某种分配上"。[②] 在全景敞视中,重要的是目光的投射,是把"可见性想象成完全围绕着一种统治性的、无所不及的注视"[③]以及由该注视所映射出来的主体与对象、自我注视与精神想象的辩证关系。福柯的注视与监控理论是基于全景敞视建筑这一实体所构建起来,并推广至二元统一的观看的话语结构,在其迈向数字注视后,则受到了数字媒介的挑战。社会学家齐格蒙特·鲍曼(Zygmunt Bauman)就数字时代的监控议题提出了"液态监控"(liquid surveillance)的概念,并同监控社会研究专家大卫·里昂(David Lyon)展开通信,讨论内容收录于《液态监控:对话录》(*Liquid Surveillance: A Conversation*, 2013)一书中。鲍曼和里昂阐释了现代监控模式:液态监控不是一种具体的监控方式,而是指向在当今社会充满流动性和动荡不安的现代性中的监控模式。21 世纪的现代性以一些崭新的方式液化了,各种社会形态在试图建构之前就快速融化了,监控处于碎片化和不确定性为表征的文化现象中,监控的权力借助电子技术的架构得以重新确立。[④] 在鲍曼看来,液态监控是一种继"边沁—福柯"的全景敞视主义所发展的"后全景敞视"(post-panoptic)结构下的监控模式。

赛博艺术的数字注视在创作中不拘泥于具体固定的装置,其所搭载的屏幕、键盘等媒介物以及各类数码物所构建的虚拟场域也脱离了全景敞视所要求的环形的、固态的建筑模式,不再有固定的空间外形,转向了后全景敞视中液态的流动的赛博空间。全景敞视中作为监察员的"老大哥"形象总是依赖于坚固的瞭望塔,人员虽然并非固定,可以不断被处于该权力位置的人更替,但监控方式被掌握在了建筑设计中,一旦取消了这种物理层面的建设,监控的效力也随之消散。被监控者"无法动弹,因为他们都在监视之下;他们必须始终坚守在指定的

① 米歇尔·福柯:《规训与惩罚:监狱的诞生》,刘北成、杨远婴译,生活·读书·新知三联书店 2012 年版,第 226 页。

② 米歇尔·福柯:《规训与惩罚:监狱的诞生》,刘北成、杨远婴译,第 226—227 页。

③ 米歇尔·福柯:《权力的眼睛:福柯访谈录》,严锋译,上海人民出版社 2021 年版,第 132 页。

④ Zygmunt Bauman and David Lyon, *Liquid Surveillance: A Conversation*, Cambriage: Polity Press, 2013, pp. 9 - 10.

位置，因为他们不知道，也无法知道，此刻自由的观察者正在哪里”[①]。在后全景敞视中，监控不再通过空间上的束缚来管理人员，而是取消了“固定的容器”，并以“电子技术架构来维护权力”。[②] 数字技术掌握了实时实地监控的大权，开始代替本来有必要出现在“那里”的管理者。全景敞视针对的是被监察者的人身自由以及行为规范，后全景敞视则关注各式各样的电子数据。那么，在数字注视的范畴中，“权力的首要的技巧，是逃避，是溜走，是取消，是避开，是有效地拒绝任何地域的限制，是拒绝建立秩序、维持秩序所必然带来的不堪重负的结果，是拒绝像去承担它们必须承担的代价一样”[③]，也就是说，后全景敞视突破了全景敞视中监察者实体形象不可缺位的固定模式。

液化的空间场域使得观者在面对监控类的赛博艺术时，与之博弈的不是具象的“老大哥”，而是无穷无尽的变幻着的数字形象。“监察员可以溜走，逃到遥不可及的地方。相互参与的环节结束了，流动性和游牧生活方式现在备受推崇(除非你贫穷或无家可归)。在 iPhone 和 iPad 的世界里，小巧、轻便、快速则被视为上乘。”[④]过去承担注视关系的“瞭望塔”如今化身为数字分散于不同地理空间的计算机装备与互联网中。作为后全景敞视的液态监控转向流动的、碎片化的数字追踪与数据管理，呈现出一种数据流动下的观看方式，注视的内容被数据化了，注视与被注视的关系呈现在数据记录、分析和反馈中。

除了空间场域的液化与监察者的流动和虚空，赛博艺术的数字注视在监控方式上还“展示出了控制的不同面孔”[⑤]，演化为各种依靠数据记录与分析的数字机器或仪器。定位与追踪成为最基础的液态监控方式。从手机、蓝牙耳机到运动手表、个人计算机，都内置了实时定位追踪系统。携带或使用相关仪器的人不论有无意识到其自身正在被计算机追踪定位，所处位置都会被记录，使其进入为数字所注视的

---

① Zygmunt Bauman and David Lyon, *Liquid Surveillance: A Conversation*, p.16.

② Zygmunt Bauman and David Lyon, *Liquid Surveillance: A Conversation*, pp.9-10.

③ 齐格蒙特·鲍曼:《流动的现代性》，欧阳景根译，上海三联书店 2002 年版，第 16 页。

④ Zygmunt Baumanand and David Lyon, *Liquid Surveillance: A Conversation*, p.10.

⑤ Ibid., p.9.

场域。在赛博艺术中,定位追踪器成为艺术注视过程中的基本技术。像海默的诸多创作,包括《恐惧定位》(*Re: Positioning Fear*, 1997)、《底部扫描》(*Under Scan*, 2005)、《公共字幕》(*Subtitled Public*, 2005)、《眼神交流》(*Eye Contact*, 2006)、《特写镜头》(*Close-up*, 2006)、《放大》(*Blow-up*, 2007)、《参考流程》(*Reference Flow*, 2009)等作品皆内置了追踪器以及计算机监控系统。通过定位追踪,艺术作品有了在观者注视作品之际反过来注视观者并进行数字计算与分析的基本能力。定位追踪系统所实现的是赛博艺术通过技术定位与数据反馈完成观者与艺术作品的交互注视过程,让观者参与到艺术的感知与系统反馈中来。

在运用技术完成艺术创作的基础上,海默关心的是定位、交互、控制技术背后的计算机监控议题,将注视作为一种数字范畴的主题性批判纳入赛博艺术中去,以此来探讨交互中的注视批判性。交互式视频艺术装置《底部扫描》(图 2)是海默"关系建筑"系列作品中颇具影响力的作品之一。当行人被计算机跟踪系统检测到后,系统便会激活投射在阴影中的人像,这些人像随机地出现在各个位置,一旦观者介入揭开他们的面纱,他们便会苏醒,并与观者进行眼神交流;而一旦观者离开,人像则会将目光移开,如果无人继续激活,其最终则会消失。"影子系列"的第一件创作《眼神交流》(图 3)是具有类似表达和反思意义的作品。该作品内置了计算机跟踪系统,在屏幕上同时展示了 800 人躺下来休息的微型视频,当系统检测到观者出现,视频便会显示观者影子般的影像,同时还会触发视频中的人物苏醒。于是,数百人同时

图 2 拉斐尔·洛扎诺-海默:《底部扫描》,2005 年,反模块化研究工作室(Antimodular Research)摄影

图 3 拉斐尔·洛扎诺-海默:《眼神交流》,2006 年,反模块化研究工作室(Antimodular Research)摄影

转身看向正在注视视频的人，给观者创造了一种不可思议的体验：从注视他人转向被他人注视的体验感，从而质疑谁才是那个注视者，谁才是被注视者。

赛博艺术将数字注视的表达可视化与形象化了，以艺术的方式揭示数字监控主题。通过人像视频的收集、制作和使用，艺术家将之作为数字监控系统的形象化表达置于计算机监控系统的反馈当中，不断召唤往来的观者并对投射来的目光还以注视，颠覆了注视与被注视的关系视角。观者的参与伴随着计算机监控系统所使用的校准网格，不断监察和校准行动者的移动范围，且始终给予数字反馈。因此，任何行人在内置追踪技术的数字网络中都会被持续性定位和追踪，且记录于系统档案中。如果将800人比作800只带有定位功能的监控眼睛，那么，观者牢牢地为这些无形的数字眼所掌控，一种遮蔽的数字监察在人像的注视与被注视过程中被揭露出来了。随着数字技术的发展和监控设备的大量投入，社会正在被全面监控化，而这一形态是流动的、不断液化的，数字注视穿梭于各类计算机屏幕中，无关乎具体的形态，而只在意对往来人员的定位校准、数据传输、形态分析。

今天，液态监控的控制方式除了全球追踪定位技术，还存在生物识别（例如门禁使用的指纹、面部识别）、视讯监视（例如电话监听、视频监视）、社交网络数据监管（例如小红书、微博账户社交信息的计算）等从不同技术、不同平台监测的方式。这些监控方法也被运用到艺术领域，成为赛博艺术的创作方法。在海默对计算机监控具有批判性与反思性的作品中，艺术家使用过数据定位、摄像头监控、社交媒体管控、红外线扫描、脉冲传输、数据库监管等多种方法，从艺术层面展示了数字技术时代的不同监控方式。例如，《底部扫描》对计算机自动监控方式的反思与表现，《朋友分裂器》（*Friendfracker*，2013）对脸书（Facebook）这一社交媒体的监控与当代人际关系影响力的探讨，《请掏空你的口袋》（*Please Empty Your Pockets*，2010）对计算机扫描仪记录人们贴身物品的展示，《密码泄露》（*Password Breach*，2021）中对作为数字看门者的数据监控与泄露的展示……赛博艺术的数字注视在形式上展示了后全景敞视与监控面孔的多样化，不仅聚焦于对“老大哥”数字监控这一议题的揭示，还揭示了数字时代的多种数字监控技术以及监控对人的影响。数字注视在呈现屏幕对观者的观看与反馈过程中，更值得人们关心与警惕的是屏幕背后的数字记录、运算和数据传播。

二、数字注视中的不可见权力操纵:去中心化后的再中心化

除了将监控与被监控视为赛博艺术主题式的创作现象或互动式的观看方式,数字注视还揭示出数字时代的社会观看权力这一核心议题。“在现代权力技术中,注视占有重大的地位。”[①]福柯的全景敞视批判揭示了在监控系统中注视与权力的紧密联系。作为囚犯的“他能被观看,但他不能观看。他是被探查的对象,而绝不是一个进行交流的主体。他的房间被安排成正对着中心瞭望塔,这就使他有一种向心的可见性。但是环形建筑被分割的囚室,则意味着一种横向的不可见性。正是这种不可见性成为一种秩序的保证。”“权力是可见的但又无法确知。”[②]注视所构建的权力监管机制源于空间的视线所及与不确定关系。权力透过瞭望塔的高大轮廓外化了、象征化了,又借助注视的不可见性掩盖其自身,以逼迫权力试图掌控的对象屈服于不可见的想象的他者目光。全景敞视机制中,监察者的形象是可视化的,即便较长时间掩藏在瞭望塔房间内,其依然担负起审讯、监督的实操责任,并需要通过训诫、惩罚措施间断性地为被监察者的不可见的想象的目光注入强度。建筑的可见性与来自他者目光的不可见性所铸就的权力是被显露与明示的,在注视关系连接的双方中,监察者和被监察者都明确了解被监察对象暴露在此种可见与不可见性中,后者正因为会被那束想象的但实际存在的目光所捕捉,以至于监察者能够更加顺利地遵循这套注视权力体系下的监管逻辑。一种可见的威慑力于此显现。

数字注视中,被注视与规训的威慑力却被遮蔽了。这源于监察的目光为海量数据所覆盖,而人人参与进一步消除了被监察的顾虑。数字技术与互联网的发展导向了一种去中心化结构,网络不再存在单一的中心服务器或控制节点,而是由多个对等节点组成。这些节点相互通信与协作,共同管理和传输数据,物联网通过互联网将各类物理设备连接在一起,在赛博空间中实现彼此之间的数据交流和互动。生活

① 米歇尔·福柯:《权力的眼睛:福柯访谈录》,严锋译,第 135 页。
② 米歇尔·福柯:《规训与惩罚:监狱的诞生》,刘北成、杨远婴译,第 225—226 页。

设备、使用工具与传感器、全球定位系统、红外线感应器、脉冲仪器等得益于互联网相互连接，实现了智能化的数据收集、共享与处理。个人身份转型为“用户”，每一个个体都被置于网络连接当中，即使用户不主动使用互联网，物联网也会记录每个物品与用户的互动。此外，庞杂多样的海量数据的收集、存储、管控成为运用“大数据”技术进行监管的基础。在智能手机、互联网与物联网的发展浪潮中，“数据洪流”(data deluge)①所构建的数字景观迫使每个人都主动或被动地参与到数据建构、数据传输、数据共享的行动中去。在万物互联的时代中，一切皆可被数据化、信息化。不论是身体的移动或变化，还是日常生活中的采购与社交，甚至是对各类软件的使用，数据无时无刻不在产生并被传输，尤其当各类社交媒体软件兴起并日常化后，每一位用户都可以成为被远端监控的对象。

在目光的涉域上，后全景敞视从全景敞视中实在的肉身空间(meatspace)拓展到了虚拟的赛博空间，被监管的“身体”转为“数据替身”(data doubles)②用于审查和干预。由于全景敞视依赖的是环形建筑，身体被看见成为典型的监视范畴，被监察人的行为由注视的目光所掌控。在后全景敞视中，身体是“被信息化”(informatized)的，在诸多监控情形中，身体被简化为数据。③ 数据的流动成为数字时代的注视之眼。这只注视之眼在赛博艺术创作中则掩盖在不断追踪人体的定位器、脉冲信号、扫描器等背后，它将人体从所在的肉身空间中抽离出来，成为一系列分散的数据流，而这些“流”又组成“数据替身”进入监察与管控系统中。

互联网的去中心化与数据的流动传输导致数字注视也走向去中心化，注视的权力和控制分散在系统的各个节点或用户之间。肉身空间的束缚力看起来越来越薄弱，而赛博空间的监管则越来越强大。在去中心化的数据景观中，“有边界的、结构化的和稳定的(世界)被液化了”。④ 这导致个体信息数据化后，监察者透过数据监管一切并隐藏其

① David Lyon, “Surveillance, Liquidity and The Ethics of Visibility”, in: *Revue Internationale de Philosophie*, 2016, Vol.70, No.277, p.365.

② Kevin Haggerty and Richard Ericson, “The Surveillant Assemblage”, in: *British Journal of Sociology*, 2000, Vol.51, No.4, p.606.

③ Zygmunt Bauman and David Lyon, *Liquid Surveillance: A Conversation*, p.114.

④ Ibid., p.10.

后，即便监察者和被监察者的距离遥不可及，被监管者的身体数据与行动数据也都被掌控得一清二楚，而被监察者却处于未曾知觉到自己已被管控的悠然之中。后全景敞视中的监察者是没有实体形象的、未同被监察者有过直接对话与训诫的。与此同时，人人都可以是被监察者，被监察者之间不再被拒绝交流，而是形成多层面连接与交流的对话关系。此种数据监察现象在海默的“影子系列”创作中有大量体现。海默使用人体的阴影来作为可见性与不可见性的边界，以此在触发交互的过程中揭示出那些被遮蔽的实在。《特写镜头》(图 4)通过观者的影子彰显了一种正在生产的监控逻辑。当观者接近作品时，系统会自动开始录制并生成视频，同时将观者的身影呈现在屏幕当中，观者的剪影中亦会呈现过去数百名观看过该作品的人的身影，并在触发视频功能时展示多达 800 个最近录制的声音。作品中，观者被赋予了监察者的身份，仔细观察着数百个被观察的人，但实质上，他也只是作品生长中的一环，他同样进入被他者观看和窥探的境遇之中。透过这种身份分裂的体验，人们陷入自我观察和观察他人的循环中，而真正的监察者即数据统计人被遮蔽了，数据正在无休止地生产，并期待更多的人进入观看系统中来喂养这一系统，且反复宣称有人曾经、正在、未来依旧照看和监察着“你”。监察的权力彻底从可见转向了不可见，本可预见的审视和掌控从具有隐喻性质的实体视觉形象脱离，跌入无从把握的数据的永恒流动中去。

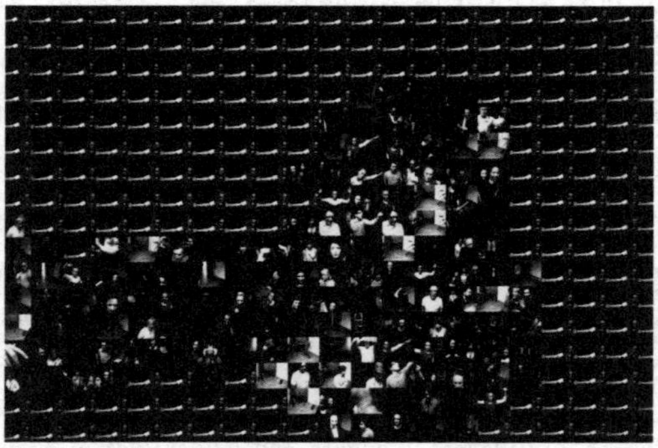

图 4　拉斐尔·洛扎诺-海默：《特写镜头》，2006 年，彼得·马莱特(Peter Mallet)摄影

随着监管者实体形象的遮蔽，液态监控遮蔽了全景敞视机制中令人可怖的威慑力，呈现出柔性的、流动的权力表征。注视权力的去中

心化、权力的不可见性使得监察权力的归属流向了分散的节点与用户，也掩盖了隐匿于数据洪流背后的监察体系。这种权力形象渗透在个体的具体生活中，掩藏于汇合而成的大数据库，不再是明目张胆的了。“监视已经不再需要全景敞视结构清晰可辨的等级机制来宣布权威，而是以不同的功能和形式，完成了对社会生活全角度的覆盖。”[①]就普遍监察的形态而言，人人都可以在互联网中相互注视、彼此监察，既成为被监控对象，又成为监控者，这也是网络去中心化表征下的结果。

但是，赛博艺术所收集的一切数据都可在艺术家创作的后台所看见，在数字注视权力被分散的流向中，依然存在一个又一个活跃的权力中心。数字注视导向了一种远端监控，“权力现在存在于全球和域外空间”[②]，掌控技术和权力的人在更高维度监察着数字网络中注视与被注视的一切形态，而超越了实地距离。在里昂看来，这是一种“监控的不对称可见性”。[③] 对于不同的人来说，数据都是透明的，但能见度是多少并不一致。通过传感器、生物识别、大数据等数据实践，监察者可以掌控全球数据来掌控监管权力，那些只能看到日常数据、无法进入隐私性数据大门的大部分人，则成为提供数据并处于被监察位置的对象——虽然观者亦可注视其他观看艺术、输送数据的观者，被监察者也可以监察网络世界中的其他人。保罗·维利里奥(Paul Virilio)曾谈到：如果观看(voir)和知晓(savoir)是18世纪及其启蒙时期伦理和美学的重大疑问，那么观看(voir)与能够(pouvoir)将是我们21世纪的重大问题……这种修正不再是我们的眼镜镜片所进行的眼光修正，而是全球化时代我们对世界视觉的参与修正。[④] 维利里奥所论及的是技术加速发展中主体的视觉机器的同步进化，技术“能够”帮助我们透过数据打开了更精微的世界，重新构建了我们的视觉认知。这种“能够”除了是对传统观看能力的突破，也蕴藏着数字技术时代的权力秩序。

---

① 陈榕：《流动的现代性中的后全景敞视结构：论〈液态监控：谈话录〉》，《外国文学》2015年第3期。

② Zygmunt Bauman and David Lyon, *Liquid Surveillance: A Conversation*, p.11.

③ David Lyon, “Surveillance, Liquidity and The Ethics of Visibility”, p.366.

④ 保罗·维利里奥：《无边的艺术》，张新木、李露露译，南京大学出版社2014年版，第85页。

互联网的发展致力于连接每一个个体与物品，人们也得以享用彼此分享的公开数据，但统合这些数据库的大门，却并非人人得以享见。在赛博艺术中，数字注视的“能够”由艺术家本人或技术团队所掌握，在赛博社会中，注视的“能够”通常掌控于两类权力者手中，一是由公众赋予权力而得以接管的政府、警察机构等公共部门，二是掌控技术的技术人员。二者事实上无法分割，公共部门总是需要雇佣技术人员赋予技术加持。这样看来，全景与后全景敞视中的权力掌控者身份是相类似的，都是治理社会的统领者。但后全景敞视中的注视“能够”者并不止于此类身份，不是所有“能够”掌控技术的人员都服务于政府部门，像黑客这类具有高超计算机能力的技术人员，可以利用计算机系统中的弱点和漏洞，来获取未经政府授权的访问，抑或是修改或控制目标系统，以此来为自己牟利。互联网的发展同样刺激了消费社会、社交社会的新形态，越来越多的公司配备了大量的互联网技术人员，他们开发软件、编写程序、提升算法算力，以满足商业需求和用户需求，同时也管理着网站和应用程序数据。这些技术人员以及背后的公司亦是最接近权力中心和掌控能力的主体。他们通过技术手段收集和分析大量数据，监视用户行为、个人偏好和消费习惯，甚至使用算法和数据分析来预测用户的行为和需求，以此给用户推荐定向的个性化广告。因此，除了政府部门会通过数据监管社会，各类媒体公司亦可实时“监控用户”，通过数据的搜集、分析来掌控人们的动态，甚至“将数据出售给他人”①，将监视转化为资本消费。数据能见度高的掌控者可以目视一切，而权力却不会显露给大众引起恐慌，隐匿于那不可见的注视之中。

三、自我注视：数字注视自愿性与精神同质化

赛博艺术的数字注视革新了观看的方式，展示了注视权力的新型关系，更是承载着揭示数字时代所暗藏的隐秘叙事。数字注视所折射的除了数据的主宰、隐私的掌控，还在观者与艺术的互动中揭露观者于日常领域所熟悉却又未曾知觉的问题：自我注视与注视自愿性。

---

① Zygmunt Bauman and David Lyon, *Liquid Surveillance: A Conversation*, p.12.

全景敞视机制生成一种强迫性的注视力量，导致被监察者以他者的目光自动规训自我，约束自己的行为。“只要有注视的目光就行了。一种监视的目光，每一个人在这种目光的压力之下，都会逐渐自觉地变成自己的监视者，这样就可以实现自我监禁。”[①]注视被视为一种统治的操作模式，被监察者基于害怕与恐惧的心理将注视的力量作用于自己身上。虽然被监察者是主动、自觉承担起了监管约束自我言行的责任，但注视的过程依旧显示出被迫服从的意愿。在液态监控中，数字注视开启了崭新的自我注视模式，其被注入一种自愿性，即注视携带着喜悦进入自我监控，“老大哥”无处不在的隐形注视的邪恶性则消失了。海默指出，“当前的监视状态反映在交互的核心和交互技术的构建中。尽管建立在用户参与、活动和自由的原则之上，但交互性取决于自愿接触技术观察。”[②]这揭露了赛博艺术的数字注视自愿性的两个层面：其一，进入数字注视的技术便利性，即营造快速接触技术的场域氛围；其二，进入数字注视的技术交互性，即需要以技术为媒介进行交互。

技术便利性体现在日常生活赛博化与个人全景敞视（personal panopticon）。数字注视构建于数字技术支撑下的网络空间，“网络”一词正在快速取代过去所讨论的“社会”范畴。在计算机、手机的陪伴下，人们的社交生活也已经趋向于电子生活或赛博生活，[③]在消费购物、外出旅行、上网娱乐时自动、自愿地刷卡、出示身份证件，个人信息则涌入各类组织中去，随处可见的摄像头、体温检测仪等机器也随时记录监测范围内的行人信息。《请掏空你的口袋》（图5）揭示了这一监测现象。这件装置作品由内置计算机化扫描仪的传送带组成，记录并累积传送带上放置过的所有物品。观者可以将任何随身物品例如钥匙、身份证、钱包、手机、信用卡等放置在传送带上，当物品经过扫描仪下方，在传送带另一端出现并被移除后，会在传送带上留下自身影像，并与过去已存储的物品图像并排呈现。海默的创作呈现了真实物品

---

① 米歇尔·福柯：《权力的眼睛：福柯访谈录》，严锋译，第134页。

② See Macie Ozog, “Surveilling the Surveillance Society: the Case of Rafael Lozano-Hemmer’s Installations”, in: Outi Remes and Pam Skelton (eds.), *Conspiracy Dwellings: Surveillance in Contemporary Art*, Cambridge Scholars Publishing, 2010, p.112.

③ Zygmunt Bauman and David Lyon, *Liquid Surveillance: A Conversation*, pp.30–31.

图 5　拉斐尔·洛扎诺-海默:《请掏空你的口袋》,2010 年,彼得·马莱特(Peter Mallet)摄影

与虚假影像的交错与融合。影像并非实在,却又真实记录了物品所置放过的痕迹,成为数字注视后的留存。日常生活中,随身物的扫描与检测结果如非必要并不会特意显示在人们眼前,影像数据通常会被计算机默默记录并不为人知,人们对此亦习以为常,赛博艺术在数字注视的呈现中凸显出被记录的数据影像,重新唤醒人们对生活隐私数据的感知。同时,赛博生活也促使每个人都携带"个人全景敞视"。当使用手机软件用于验证身份、传递讯息、发布公告等成为被认可且流行的方式后,用户开始习惯并离不开使用智能手机与相关软件以维持工作与生活的同步,在赛博社会氛围中自愿提供数据信息。从 GPS 定位、浏览器检索到社交媒体分享,个体生活细节转化为数据为个人全景敞视所记录,像在赛博艺术的呈现中,观者常应邀通过个人全景敞视扫描相应二维码或者自拍进行下一步的交互,这一媒介转换过程通常无任何阻碍,个人全景敞视俨然成为用户的贴身物品。

技术交互性表现在以媒介为中介的交互。第一,交互性的核心在于用户与屏幕的技术互动,各式各样的计算机屏幕成为注视的表面形态,用户需要不断主动点开屏幕,接入网络,获取一切想要的信息。赛博艺术的数字注视中,作品要通过观者的介入与交互方能持续生成,该交互通常表现为触碰各类屏幕或为传感器所感应。倘若观者不触碰屏幕,无法进入监测范畴,亦无法启动数据反馈。正如上文论及的作品《特写镜头》中,观者只有在主动接触屏幕并被感应到后,才能进一步观看到他者被监控录制下来的视频,并同步参与到自我的监控录制中。于是,"成为控制者就是被控制,使用监控技术就是成为观察对象,参与监视场面既是观众又是演员。"[①]第二,交互性还表现在赛博社交中,媒介技术的使用与推广构成了"用户—屏幕—用户"之间的传播互动。消费与社交成为典型形态,具体表现为一种公开的愿望清单与窥视。借助算法指引与大数据筛选,数字注视根据平台用户的消费水平、审美喜好推送相似产品或偏好消息,用户点击、滑拨、注视个人全景敞视屏幕,亦实时为屏幕所注视和监控,屏幕背后的算法对用户搜索、观看、购买、点赞行为进行定位与分析,进一步推送同质内容,甚至用户只是在一个软件中搜索关键词后,其他软件也开始推送相关内容。用户热衷于身体、社交数据的上传与打卡,卷入公开的数据化衡量模式观察自我,力图提升自我健康、表达自我品味、拓宽社交界限,自发自愿地参与到自我监控中去,愉快地生活在伊莱·帕里泽(Eli Pariser)所称的"过滤泡泡"(filter bubble)幻境中:"过滤泡泡作为一种个性化的过滤器提供了一种隐形的自我宣传,灌输我们自己的观念,加强我们对熟悉事物的渴望,使我们对未知领域中潜在的危险毫不知情。"[②]购物者与社交者的窥视癖正在发生,交友的相互认同与彼此关照盖过了过去监控的邪恶。用户的热情参与和合作构成监控的核心资源,一切行为、喜好、人际关系等数据轻而易举地为互联网公司所获取。

注视的目光从全景敞视机制推行下暗流涌动的恐惧转为主动地顺从,顺从是"通过诱惑而非强制手段得以实现,它呈现为自由意志的行使,而非外力下的自我暴露"[③]。"在电子环形监狱即后全景敞视中,对积极消费者的关注与其说是警察式的监管,不如说是关于市场份额的增加和消费者引诱的强化。"[④]被注视和被看见的状态从威胁恐吓重新归类为诱惑。数字液态环境由被注视者自愿建造并驻足其中,数字注视所构建的交互关系中,控制与强制性趋向平和,监管权力致力于

---

① See Macie Ozog, "Surveilling the Surveillance Society: the case of Rafael Lozano-Hemmer's installations", p.112.

② Eli Pariser, *The Filter Bubble: What the Internet Is Hiding from You*, New York: Penguin, 2011. 转引自 Zygmunt Bauman and David Lyon, *Liquid Surveillance: A Conversation*, p.104.

③ David Lyon, "Surveillance, Liquidity and The Ethics of Visibility", p.368.

④ Roy Boyne, "Post-Panopticism", in: *Economy and Society*, 2000, Vol.29, No.2, p.287.

刺激消费的诱惑性，以期得到更多的目光与反馈。“象征承诺的胡萝卜取代了棍棒，诱惑接管了曾经由规范性监管承担的功能，对欲望的培养与磨炼取代了代价高昂且会引发异议的监控活动”，于是人们透过欲望的产生主动地寻求自我监控，形成了“没有监控者的监控”，“自愿奴役”成为一种目标。[①]

由此，注视的性质开始发生变化，“注视不再是对大众同质化的威胁，而是对大众个性化的承诺。”[②]里昂批判了边沁对注视内涵的单一运用。边沁对《圣经·诗篇》第 139 章（讲述了上帝全知全能的眼睛）中的上帝之眼解读只强调了一种具有鲜明控制的、工具性的注视，其来自无形的、神秘的、可能是惩罚性的神灵。里昂给出了另一种理解，认为《诗篇》第 139 章给予了一种支持和保护的关系性视野，尤其在上下文的类比中，给出的是父母、朋友温暖注视的眼睛。[③] 该阐释为作为液态监控的数字注视恢复了关怀性的伦理维度。实际上，在法语语境中，注视本就有关怀、关照的内涵。法语“regard”的词根 gard 最初不表示“看”的动作，而是表达“l'attente（等候），le souci（忧虑），la garde（看管），l'égard（注意），la sauvegarde（保护）”。[④] 注视蕴藏的是持续性的关注与关心。在充满数据流动的赛博空间中，数字注视将观看和监控推向了一种具有自由愉快性质的自我投入、自愿式消费，可怖的抵抗心理也为彼此观看中的支持性关照所笼罩。

但是，关照与监控并非对立。即便如今的数字注视充满了赞同、关心与认可，其本质依然是控制，只是监控的方式变得柔软。鲍曼揭示了数字注视的本质，“监控可能通过展示其关怀性应用程序来消除一些道德顾虑。但在道德上并不无辜，依然要付出代价。而且，它并没有停止监视，也没有消除其与道德疑虑的关联。”[⑤]过去，病人、罪犯等进入特殊体系中的身份，才会被给予特别照看与监管；如今，所有人都进入统一的液化了的赛博空间中，书写的权力回归到被监察者身

---

① Zygmunt Bauman and David Lyon, *Liquid Surveillance: A Conversation*, pp. 63-65.

② David Lyon, *Theorizing Surveillance: the Panopticon and Beyond*, Cullompton: Willan Publishing, 2006, p. 9.

③ Zygmunt Bauman and David Lyon, *Liquid Surveillance: A Conversation*, p. 117.

④ Jean Starobinski, *L'œil vivant*, Paris: Gallimard, 1961, p. 11.

⑤ Zygmunt Bauman and David Lyon, *Liquid Surveillance: A Conversation*, p. 119.

上，一种注视下的被迫记录转变为主动的自我注视与自我记录，温顺的身体在慈爱的注视下诞生。数据的透明敞开被习以为常，彰显着数字注视对生命的强制渗透力，并产生了精神同质化现象。“数字化的全联网和全交际并未使人们更容易遇见他者。相反，它恰恰更便于人们从陌生者和他者身边经过，无视他们的存在，寻找到志同道合者，从而导致我们的经验视野日渐狭窄。它使我们陷入无尽的自我循环之中，并最终导致我们被自我想象洗脑。”[①]过滤泡泡所构建的氛围让用户在观看屏幕时不断投射自我情感，不再为他者的目光所困扰，无意识地接受数据分析并为数字权力所操纵。

数字注视所导向的精神同质化伴随着用户注意力被夺取的问题。由于用户所构建的液态环境充盈着其喜好，相似信息又不断涌入，用户在算法的注视与反复召唤下，一次又一次被智能手机提醒并点开屏幕，打开软件，夜以继日地倾注自我。于是，用户数据在同步喂养给算法系统后，加剧了数字注视对主体的掌控。诚如纪录片《监视资本主义：智能陷阱》(*The Social Dilemma*, 2020)所讲述的，近十年来社交软件的兴起及其算法的运作，实现了对人类的技术操纵，猛烈攫取了人们的注意力，“用户”成为“毒品”和社交软件的共同使用者名称，他们都被要求“上瘾”。[②] 当用户放下、关闭软件时，算法便企图以各式各样的推荐乃至窥探个体生活中发生的事件信息来诱惑他们打开软件。

结语

数字注视以主题性创作和艺术的技术观看参与到赛博艺术的生成中。围绕赛博艺术的交互模式，在海默的艺术实践中，既通过不同的创作构思与感知方式，展现了多面孔的数字注视，又揭示了数字注视下的彼此观看与被观看的关照关系与监控本质。

从 20 世纪到 21 世纪，依托数字技术与互联网的迅猛发展，监视再铸目光的盔甲，抛弃了物理建筑，获得了空间的流动和自由。监视的目光投射由肉眼注视增长为数字注视，监视对象由监狱囚犯、医院

---

① 韩炳哲：《他者的消失》，吴琼译，中信出版社 2019 年版，第 4—5 页。

② 参见纪录片《监视资本主义：智能陷阱》，杰夫·奥洛威斯基，2020。

病人等拓展至全社会网络使用者。从随处可见的电子摄像头、全天候的全球卫星设备，到随身携带的智能手机、随处勘探的生物识别器（温度、瞳孔、指纹），再到日益覆盖的社交网络平台与账号互动，数字注视正是在时间、空间上都占据了数据的赛博之眼，其被注入了数字信息技术，以多种面孔流动于肉身空间和赛博空间中，并在算法与算力的运作下，以温柔、隐蔽、不可见的权力悄然掌控着日渐以数据替身存活的万物。

【本文为国家社科基金重点项目“当代中国对话主义文学理论的话语建构研究”(22AZW003)和上海市教育委员会科研创新计划人文社会科学重大项目“新媒体艺术理论基本问题研究”(2023SKZD15)阶段性成果】

（作者单位：上海大学上海电影学院、上海美术学院）

学术编辑：赵　靓

“感”与“识”的辩证：将听觉文化纳入声音研究

王樱子

内容提要 声音研究以跨学科、多领域的形式表现声音朴素的物质性与感知的可识别化，在其理论指导下的各类科学、艺术实践也往往不以单纯的取悦感官为目的，而是展现对于“声音”本身的尊重，以及“悦耳”之外更深层的思想意味。听觉作为对声音对象的感知方式之一，却不是声音研究的唯一路径；听觉文化强调人类感官对于声音的接受效果，但不能表达那些不以接受效果为发声目的的声音，以及实际存在于阈值之内但由于掩蔽机制暂时不被听到的声音等。与此同时，听觉中的人文精神及对于人类感性经验的强调，对于声音研究也是一个不可分割的角度。因此，听觉文化的研究方法或应内含于声音研究之中。

关键词 声音研究　听觉文化　听觉感知　声音技术

一、“因视而听”：听觉巨澜下的暗潮汹涌

“听觉文化”(Auditory Culture)一词，已是对声音/听觉有所关注的学者耳熟能详的概念。王敦所著《“声音”和“听觉”孰为重——听觉文化研究的话语建构》(2015)和傅修延所著《听觉文化卷巨澜》(2016)，都十分明确地肯定了听觉文化的理论意义和话语空间。面对视觉文化的霸权，听觉文化的转向似乎是行之有效、顺理成章的首要对抗路径，也间接造成了声音研究(Sound Studies)被“漏听”。刘昕亭曾在《反对听觉新霸权——兼与周志强和王敦教授商榷》(2018)中敏锐地指出了听觉转向的危险性，认为声音研究不应像听觉一般亦步亦趋，被视觉所过分引导。需要承认的是，纵览目前的声音研究、听觉文

化乃至声音文化研究等等议题内的理论和具体研究成果，其中被使用的声音和听觉二词存在极大的互文性。这种互文性时而确有其理，时而又形成了一些叙述和理解的双重混乱，但这并不意味着声音等同于听觉，或者二者的研究可以混为一谈，而是恰恰说明了对二者进行阐释、溯源和区分的尝试是必要且迫切的，在理论建构的逻辑、研究方法的特征和实际应用等问题中，二者存在着微妙却明确的差异，需要仔细辨析。听觉文化作为视觉文化的“对立面”，的确有利于听觉/声音议题被关注和传播，如今声音研究正蓬勃发展，所谓的听觉新霸权也远远未到，然而在越来越多相关译介引进和论文成果的基础上，听觉文化研究方法的局限性被暴露，声音研究是否可“后来居上”，成为更具有学术张力的研究路径，值得进一步探讨。

比起声音研究，听觉文化的率先崛起与占据主导地位太久的“视觉文化”有莫大的关系。沃尔夫冈·韦尔施（Wolfgang Welsch）曾从日常生活与哲学两个层面来阐释视觉文化的窘境，认为就这个图像世界的操纵意图、电子形象操纵的可能性，以及向高度非物质性技术的转移来看，视觉主导文化依然是同时相伴着对可见世界的信任的幻灭，而西方的理性化传统也开始向探寻事物的关联性这一交流性范式转移，“因为在技术化的现代社会中，视觉的一统天下正将我们无从逃避地赶向灾难，对此，唯有听觉与世界那种接受的、交流的，以及符号的关系，才能扶持我们。堕落还是得救，灾难还是拯救——这就是不同选择的图景，人们正试图以它来搭救我们，打开我们的耳朵。”[①]可以看到，韦尔施为听觉文化转向提出的所有背景与语境都是围绕着对视觉中心主义的历史由来与当代困难的探讨所建立起来的，听觉文化似乎是为了拯救视觉文化已成为众矢之的糟糕情况，从而被仓促地推至台前。然而若是出于平等对待的角度，在视觉称霸两千多年后的今天，不仅听觉理当得到解放，其他感官诸如嗅觉、触觉、味觉等等，也应依次登上舞台。在这个层面上，听觉的独一无二性荡然无存，甚而沦落为视觉中心主义衰落情势下被临时抓来的备用物。“这种方法（指听觉文化）有一个特殊的吸引力，因为声音学者旨在破坏所谓的视觉霸权

① 沃尔夫冈·韦尔施：《重构美学》，陆扬、张岩冰译，上海译文出版社2002年版，第209页。

和眼睛特权的叙述。它还与'视觉文化'在术语上具有某种相似性的优势。"[①]乔纳森·斯特恩(Jonathan Sterne)提到了听觉文化与声音研究这两种不同的研究方式,并认为声音研究者应该在这两种立场间保持着至少一定程度的选择倾斜:"许多经典的声音研究都是从对比听觉和视觉语域开始的。当他们这样做时,作者更多地谈论耳朵和眼睛,而不是声音和光线。但这并不是进入声音研究的唯一关键途径。另一条路径或多或少地假设了声音的物理性,然后考虑了它的文化价值。"[②]听觉文化是由视觉文化"转向"而来,其思维基础有很大一部分被视觉文化所奠定。随着研究的不断深入,这条转向之路的诸多问题逐一暴露。声音与听觉看似关系紧密,实则背后有着明显不同的逻辑。

声音研究著名学者特雷弗·平奇(Trevor Pinch)在他主编的《声音研究牛津手册》(2014)中指出,声音研究的领域涉及"声学生态学、声音和声景设计、感官人类学、日常生活史、环境史、文化地理学、城市研究、听觉文化、艺术研究、音乐学、民族音乐学、文学研究和科学技术社会研究(STS)。"[③]斯特恩在其主编的《声音研究读本》导论中认为,声音研究可以从声音现象开始,亦可以考量哲学、文学、思想史,甚至涉及新旧宗教、民族主义等。从这些范围性圈定可以看出,声音研究具有强烈的跨学科性,且在某种层面上,声音研究是听觉文化的延伸,它能到达听觉文化"漏听"之处,同时也兼顾着感受力这一重要的维度。听觉感知丰富的主观感受性、强烈的情感唤起性使它在包括触觉、味觉、嗅觉在内的一众感官中脱颖而出,成为抵抗视觉霸权的有力武器,却也恰恰是自身的理论短板。

二、"幻听":听觉感知的识别之难

声音是波,是持续的、动态的。在这样难以捕捉的动态之下,"聆听"就变得格外重要。强调聆听的动态性过程,优势在于突出了听觉

---

① Jonathan Sterne (ed.), *The Sound Studies Reader,* New York: Routledge, 2012, p.13.

② Ibid., p.3.

③ Trevor Pinch, Karin Bijsterveld (eds.), *The Oxford Handbook of Sound Studies*, Oxford: Oxford University Press, 2012, p.43.

的时间性指向，但当多个主体在同一空间里聆听同一声音时，由于他们与声源之间的位置差异，最终他们获取到的声音信息是不同的，这便是著名的多普勒效应(Doppler Effect)。同时，由于听觉感知(auditory perception)的主观性，拥有不同听觉经验的个体(例如音乐家和普通听众)面对同样的声音所获取到的信息、所得出的价值判断可能完全不同，甚至同一个体的不同心理状态都会对聆听有重要影响：一幅画在任何时候都是一幅画，而当一首歌曲被设置成了每天起床的铃声，它就从"美妙的音乐"变成了"刺耳的噪音"。法国声音理论家米歇尔·希翁(Michel Chion)称这些特征为"听觉的自我中心主义"(auditory egocentrism)，"就倾听的位置而言，有时会让人生出位于声音中心的感觉。就像一种带有揭示性的幻觉，因为声音的重心既不是在这里，也不是在那里，这便是听觉经常出现的自我中心主义，或者向心倾向，这个幻觉时而与困扰受折磨的感觉相连，时而与某种内心的充实与平和有关，感觉与整个宇宙结成一体。"[①]这种以听觉对象的接受效果为主体的感知方法决定了，相较于推崇和谐、优美、一致性的听觉对象来说，嘈杂、充满听觉瑕疵的形式(如包含大量声音变形效果的摇滚乐)将会永远处于第二性的位置。我们所处的听觉空间很显然遵循了这一思路，高档餐厅的背景乐常常是节奏舒缓的爵士乐，连锁快餐厅的背景乐又大多是快节奏的流行歌曲，却甚少有餐厅会使用重金属摇滚乐。

听觉的自我中心主义导致聆听缺乏一致性的标准，对待听觉对象带有强烈的主观性。由于这种自我中心主义，根据听觉来对声音进行价值判断便展现出问题。从听觉角度来说，只要超过一定响度，无论是音乐还是语音，都会对人造成伤害，嘈杂(loudness)的声音空间将噪音和声音对等，现代社会的一切声音都是被滥用的。以此出发，一切声音都是噪音，噪音的对立面已经不是乐音或者声音了，而变成了静默。听觉文化强调听众对声音的"反应"，并以此反过来对声音的创作和生产进行改造，在这个领域内最为著名的理论当数雷蒙德·穆里·谢弗(R. Murray Schafer)的"声音景观"(soundscape)理论，他明确指出了噪音在声音的过度生产与消费层面的含义，并提出了洗耳练习(ear cleaning)等生态学观点。作为声音生态学的创始人，谢弗让噪音

① 米歇尔·希翁：《声音》，张艾弓译，北京大学出版社2013年版，第32页。

引起了学界更多的关注,同时很大程度上引领了对于噪音的一种排斥倾向。听觉文化学者普遍认为我们所处的听觉环境过于嘈杂,应当在"静默"(silence)中聆听外界,聆听自我。然而,尽管披着"声音"的外衣,这一派的学术观点和研究视角几乎是不折不扣的"听觉性"的。以听觉为判断标准,只要超过一定响度,音乐也可以是噪音,主体也会一致地排斥噪音,想把噪音清除干净。而无论在技术上还是理论上,噪音研究关注的不仅仅是听觉上的悦耳、不悦耳、可以听到、不被听到这类简单和相对武断的感性经验(因为这种听觉经验是极难被规范化识别的),而恰恰是不断深入探索声音的客观性质。近几十年出现的众多噪音实验,约翰·凯奇(John Cage)创作的一系列声音实践,就是通过声音对象的异化处理而强调人去仔细聆听。凯奇曾声称自己可以听见自己血液流动的声音,然而别忘了他达到这一效果时所处的"听觉乌托邦":一个绝对无声的空间。连商业电影《心灵奇旅》都出现了让人通过聆听静默以达到冥想和澄澈状态的台词。这里对于静默的追求过于理想化。声音天然的空间性说明,当发出声音,则意味着自身占据了一定的空间。一个现实的例子是,疫情期间我们所处的环境看似"安静"了许多:过去熙熙攘攘的商场变得冷清,街道车辆变少不再如往日喧闹……然而我们所占据的声音空间实际上可能被压缩了。于此,如果真的实现了谢弗所倡导的"终极"和"无限"的静默,可能是一种恐怖。此外,听觉的自我中心主义会漏听一个重要事实:当人觉得安静时,与人处在同一声音空间内的还有大量其他物种。美剧《生活大爆炸》中主人公谢尔顿作为物理天才,在幼年时曾经自己研发制作了声波武器以试图反击曾欺负过自己的邻居,却意外地使自己家的狗格外狂躁。看似笑料的桥段,其背后的声学原理恰恰是不同物种听觉阈值的不同,这一后果并非源于个体听觉经验的缺乏,而是声音测量的不充分。当理论指导着实践,对现实生活进行设计和改造时,听觉文化"漏听"的部分可能会造成其他物种受到意外伤害。

听觉作为获取感官经验的形式之一,其本身就存在反理论化的倾向,而听觉掩蔽机制(auditory masking)加剧了这一倾向。听觉文化强调人类感官对于声音的接受效果,但很难表达那些不以接受效果为发声目的的声音,以及实际存在于听觉阈值之内但由于听觉掩蔽机制暂时不被听到的声音。"一般来说,听觉掩蔽就是在任何时候,当一组特定的听觉‘目标物’的接收被其他‘掩蔽物’的存在所降低时发生的。”[1]简单地从这一现象的发生原理来解释，就是一个声音被听到的听觉阈值可能因为另外一个声音的出现而增高(即更难“被听见”)。例如一个普遍的听觉体验：在深夜安静的卧室里我们用耳机听歌，音量可能在“5”，而在喧闹的地铁上便需要调到“7”——这便是由于外部环境中的声音对我们想要听见的“目标物”发生了掩蔽。这种听觉掩蔽可能是完全的也可能是部分的，“通常第二个声音不会完全掩蔽第一个声音，但会降低它的响度，这便是‘部分的’掩蔽”。[2] 这一机制的发生在实际的复杂声音空间中具有普遍性。例如一根针掉落的声音是客观存在的，在极度安静的空间里它可能被听见，但在嘈杂的空间里便很难被听觉接收。掩蔽机制使听觉具有欺骗性，并且由于实际听觉空间是如此复杂，这种欺骗几乎是在持续发生的。在《听觉感知：一种新的综合》一书的第一章“声音与听觉系统”中，作者就明确指出，对于声音物理性本质的理解是开展听觉感知研究的基础和前提：“理解聆听首先需要理解声音。声音由通过弹性介质传播的压力波动组成，与构成介质的粒子的位移有关。”[3]尽管全书标题为听觉感知，但是仍旧遵循了声音的物理性质——声音在耳内的传递和转换方式——听觉神经反应的性质这一典型的声音研究的方法。当我们从听觉角度分析研究一首歌曲时，我们分析的对象一直都是“部分的”乐器演奏、歌曲演唱：其中实际存在的琴弓与琴弦间的摩擦声、歌者的换气声都被耳朵选择性忽略了。从听觉的角度而言，这些“听不见的声音”仿佛没有必要去讨论了，但是高保真处理(highfidelity)、可视化研究等声音技术都能明确展示这部分声音的实际存在。听觉掩蔽机制的无处不在与无时不在，让听觉感知成为“不可靠的耳朵”。在此层面而言，当我们聆听的时候，我们总是漏听了的。

结合听觉感知的主观性和听觉掩蔽的普遍性，太多的疑问产生

---

① Durlach N., “Auditory Masking: Need for Improved Conceptual Structure”, in: *The Journal of the Acoustical Society of America*, Vol.120, No.4, pp.1787–1790.

② Scharf, B., “Fundamentals of Auditory Masking”, in: *International Journal of Audiology*, Vol.10, No.1, pp.30–40.

③ Richard M. Warren, “Sound and the Auditory System”, in: Richard M. Warren (ed.), Pergamon General Psychology Series, Vol 109, *Auditory Perception: a New Synthesis*, Oxford: Pergamon, 1982, pp.1–30.

了:听觉文化研究的究竟是人听到的声音还是人能听到并且注意到的声音?同样的声音在不同的环境下会被听到、听不到、部分听到,要怎么处理?太多类似的实例证明,听觉感知的主观性差异、听觉掩蔽机制的欺骗性让实际的声音空间难以被听觉所精确测定,情况变得越来越复杂。因此,我们不能以人有没有“听见”这个听者的角度去全然处理所有的声音,在听觉的模糊性之外,声音却是一种朴素的、相对固定和清晰的客观存在,对它的讨论也更容易理论化、系统化地展开,声音研究的一些层面是听觉文化所不能覆盖的。

三、“可靠的耳朵”:声音技术

声音技术为声音制作提供了新思维、新方式,算法与艺术在技术的催化下逐步共谋。20 世纪 60 年代以来,摩尔定律大大更新了声音技术的普及度,使用电子方式制作音乐开始在世界范围内应用和发扬。从作曲设备来说,MIDI 设备成为使用门槛较低,因此普及率相对较高的主要设备形式之一。各种各样的乐器的声音都存储在 MIDI 的音源里,需要通过连接主控键盘以使用和控制声音。MIDI 键盘本身不包含内部音色,也就是说不能作为直接的声音演奏设备,要借助声卡及软件音色库来发挥作用。在《电子乐中的一致性概念》中,作者解释了电子乐的特征:“1)乐曲的色彩、和声、韵律和节奏方面的联系;2)音色的组成与分解;3)强度程度之间的特征性区别;4)声音与噪音的有序关系。”[①]作者指出,电子乐的音色、音高、强度和持续时间这些相关特性是相互独立的,属于完全不同的领域。它们出现并随着我们的听觉感知发展,我们作为听者,必须借助具体的声音技术和声音媒介,才能获得对于这些特征进行分离识别的能力。同样,用于产生声音的手段也是如此,电子音乐便是这一理念基础上发展而来的全新的音乐形式。

今日的电子音乐包含的样式越来越多,范围也从实验艺术音乐到令人眼花缭乱的流行形式(如电子舞曲)。约瑟夫·坦(Joseph Tham)

---

① Stockhausen, K., & Barkin, E., “The Concept of Unity in Electronic Music”, in: *Perspectives of New Music*, 1962,1(1), p.39.

梳理了20世纪初到80年代西方几个前卫、实验和电子音乐风格，认为其共同构成了今天的"新"音乐："从具体音乐到地区声音团体，再到高度政治化的反乌托邦工业音乐，这些先例的声音制造背后的基本原理都是关于制造挑战当时惯例的声音混合物/乐曲，并以任何可能的方式推进音乐形式的边界。"[①]而总结这些新风格、新流派的作品呈现，噪音素材的使用可以被视为一个共性特征，亦最能表明听觉感知被弱化、声音主体性被凸显的理念更新。艾瑞克·里昂(Eric Lyon)通过分析音乐的曲式创作流变，介绍了合成噪音技术(articulated noise techniques)等新兴技术如何刺激作曲的创造性，并协调作曲和即兴创作的关系。"使用噪音作为创造性活动的刺激，早在本文所述的工作之前就有了。然而，声音和噪音驱动的即兴创作技巧在随机性和音乐意向性之间带来了一种特别有用的平衡，为作曲家和演奏者提供了引人入胜的挑战。"[②]作者认为，声音技术让噪音得以运用，为音乐带来了前所未有的活力，并将在未来进一步与技术结合，更深入地探索音乐创作与演奏的多种可能性。金·卡斯孔(Kim Cascone)的文章《失败的美学》(*The Aesthetics of Failure*)和卡雷伯·凯利(Caleb Kelly)的《破碎的媒介》(*Cracked Media*)也对这种作曲理念进行了阐述。电子噪音音乐则以"节拍"作为使创作对称和循环的关键结构，以将噪音音乐作品整理为听众更容易聆听和接受的产物。"实际上，以自由的节奏形式表现排除了旋律、和声和'音乐音调'元素的音乐，确实会使不熟悉实验音乐的听众更容易听懂音乐。但这可能会让人后悔还是值得庆祝?"[③]通过这些声音制作方法上的更新，一方面扩大了音乐作品声音素材的范围，引起人们对日常生活中被忽略的噪音的关注，同时使艺术从纷繁的成品中脱颖而出，利用当前的数字技术使"所有声音都应被听到和欣赏"实现，并消除声音与噪音的分裂。另一方

---

① Joseph Tham, "Noise as Music: Is There a Historical Continuum? From Historical Roots to Industrial Music", in: *Resonances: Noise and Contemporary Music*, New York: Bloomsbury Academic, 2013, pp.257-272.

② Eric Lyon, "Using Noise Techniques to Destabilize Composition and Improvisation", in: *Resonances: Noise and Contemporary Music*, New York: Bloomsbury Academic, 2013, pp.222-241.

③ M. Zareei, A. Kapur, D. Carnegie, "Noise on the Grid: Rhythmic Pulse in Experimental and Electronic Noise Music", in: *International Conference on Mathematics and Computing*, 2013, pp.462-465.

面,以基于节拍的脉冲和公制节奏格式表示一些听觉上的“刺耳”能反向增强其艺术效果,这种修饰性的节拍重现了“音乐外”噪音的框架,而不是损害音乐的艺术价值。“使用这些混合的状态并不一定等于必须普及艺术和音乐。实际上,这可能是让流行文化‘艺术化’的令人鼓舞的机会。”[①]新的声音技术使声音制作不必受听觉效果局限,也因媒介的更新带来了新的声音,一旦通过可能不受限制的节奏网格模式呈现这些新声音,就可以使其更易于使用。公制节奏的脉冲使声音具有可塑性,有助于让艺术作品流行化,降低欣赏创意的门槛,使大众在惯于聆听“悦耳之音”的审美疲劳之后,也可以感受实验和艺术音乐的新声音,从而进一步弥合晦涩性、先锋性与大众文化之间的鸿沟。

从新的声音形式来看,声音技术细化区分并为我们提供了一份听觉难以精准捕捉的“礼物”:治愈系的噪音。在听觉文化视域内,这种听觉对象是难以识别的。它们在听觉上属于乐音吗?显然不是。而它们又与听觉对噪音“刺耳”“嘈杂”的感性标签存在明显区别。这一听觉难以解决的问题,被声音研究对声音朴素物质性的尊重所拯救。声音技术根据不同频段的能量分布,将一部分声音细化并区分为“白噪音”(white noise)、“粉红噪音”(pink noise)等,这些声音根据物理振动的非周期性而被划分为噪音,但在听感上并非刺耳和令人不愉悦的,常常与自然界的下雨声、海浪拍打声、人类的低语声相接近。在此基础上,越来越多的声学研究发现,这些噪音的合理运用对于人类的听觉神经受损和失眠及一些心理问题有着疗愈作用。在现代社会,世界上大多数人都生活在人口密集的城市,因此交通声音具有非常重要的意义。人们倾向于把交通声音归类为噪音,而可能会把大多数自然声音归类为积极的。有学者比较了在连续 90 分贝白噪音和失眠这两种情况下,经过适当控制条件后观察受试者的表现差异。研究结果表明,白噪音能有效帮助受试者缓解失眠。[②] 甚至对于音乐爱好者来说,噪音还可以成为他们更好地欣赏音乐的工具,比如使用白噪音来“煲耳机”(快速让耳机振膜进入稳定状态),以获得更好的听觉体验。粉

---

① M. Zareei, A. Kapur, D. Camegie, “Noise on the Grid: Rhythmic Pulse in Experimental and Electronic Noise Music”, in: *International Conference on Mathematics and Computing*, 2013, pp.462 - 465.

② D. W. J. Corcoran, “Noise and Loss of Sleep”, *Quarterly Journal of Experimental Psychology*, Vol.14, No.3, pp.178 - 182.

红噪音则是在低频段强在高频段弱的噪音，自然界背景噪音低频成分居多（如下雨声、人的窃窃私语声），与之类似的粉红噪音可以更好地模拟环境噪音，因此粉红噪音常被用来进行声学测试，同时可以完美还原耳机高频噪音，在耳机降噪方面也有很好的应用。“这些包括约束，阶段过渡、相互依赖和自组织的临界性——解决的概念系统组件之间的紧急协调。粉红噪音则是一种基本复杂的现象，反映了各成分之间的最佳协调单位和任务环境。”[1]白噪音、粉红噪音等的使用不是拒绝现代工业声音，把人推到所谓的自然界声音之中，而是通过技术模拟声音，将其应用于助眠、治疗听觉敏感等问题。通过声音研究提供的客观方法，噪音不再是技术环境的偶然副产品，也摆脱了负面和不被需要的标签，成为被主动生产、能促进人类社会进步、改善人类生活质量的工具。

四、“悦耳之外”：声音物质性的文化考量

技术发展与声音的密切联系决定了声音研究对物质性的强烈关注。同时，在“人”的维度，声音研究关注到了发声行为的表达自由和发声者强烈的自我身份认同。不同于聆听的被动和静默倾向，发声以主体表达而非接受效果为目的，拒绝一对多的权力意识形态，反抗在聆听模式下对发声权力的交付。在“聆听”向“静默”靠近，越来越抽象甚至带有神学导向的情势下，“发声”以声音的空间性原理做出最为实际的自我边界的维护。

考虑了发声行为方式的变化，发声者不同于聆听者的表达自由和彰显自我、而非取悦耳朵的主体性意识也需要被重点阐述。在技术不发达、杂音众多的时代，艺术家们已在不遗余力地表达着自我，粗糙的杂音成了过去的标志和怀旧的载体。而今声音技术和声音媒介的多样化发展，让平台门槛降低，人人都可做发声者，以声音维护个体的权力边界。“我思考了声音、权力和暴力之间的纠缠关系，让我们

---

① Van Orden, Guy C., Heidi Kloos and Sebastian Wallot, "Living in the Pink: Intentionality, Wellbeing, and Complexity", in: *Philosophy of Complex Systems*, Vol.10, 2011, pp.629-672.

来看看为主权、权力和利益而斗争的声学领域种族公平正在发挥的作用。"[1]在一篇讨论种族主义与声音表达的文章中,作者调查了围绕着澳大利亚足球运动员亚当·古德斯的公开争论。作者认为,对像亚当·古德斯这样的种族主义者来说,听到并大声说出他们的不同意见是一种行为抵抗和对主权与生存的争取。"通过注意声音是有意识地不均匀地被部署到目标受众,试图使其沉默或者被同化,这篇论文希望能够动摇白人的倾听逻辑和特权地位,暴露殖民者想要训诫平民的耳朵、规范注意的条件、固化他们意识的意图。"[2]这篇文章以对亚当·古德斯的"嘘声"为出发点,追溯了种族暴力的声音历史和政治倾听的概念。即便是本来就拥有"发声特权"的艺术家们,摆脱了单一的听觉效果导向之后,也更关注表达自我,而非取悦耳朵。声音艺术实践的领军人物约翰·凯奇(John Cage)通过预置钢琴、录音拼接等一系列的创作实践,大大丰富了音乐材料,也让"噪音"被音乐所接纳成为可能。这种接纳,不是将其作为音乐的色彩装饰或自然音效的接纳,而是使其真正独立地承担音乐的声音组织,将"音乐"内涵重构为一切声音的组织结果。20世纪下半叶,独立摇滚与电子音乐乐手们广泛地使用噪音,如声音采样生活中的背景噪音,或还原留声机和磁带里粗糙的丝丝作响,或者合成器展现独特的粗糙音色,以表现对传统的复古美感式怀念,或是恰恰相反,通过噪音的粗糙美学表达个人的激进精神和对精英主义的反叛。这些艺术实践使噪音成为一种新的音乐手段甚至音乐风格。在《共鸣:噪音与当代音乐》(*Resonances: Noise and Contemporary Music*)论文集中,编者展示了当代音乐的"噪音之路"。其中既有以摇滚、迷幻、朋克等不同的音乐风格为索引谈论噪音作为一种元素的加入,也有从技术角度谈论噪音音乐的创作与编曲。希拉·惠特利(Sheila Whiteley)以20世纪60年代的摇滚乐作品为例,谈论现代流行音乐历史中的噪音痕迹,并认为在音乐作品中,噪音元素的主动运用和播放媒介在失真中的噪音效果皆是改变音乐表现力、带来别样审美趣味的重要方式:"尽管自摇滚乐问世以来,噪音的运用一直是流行音乐的一大特色,但马歇尔放大器(Marshall amps)所产生的极端声

---

① Poppy de Souza, "What Does Racial (in) Justice Sound Like? On Listening, Acoustic Violence and the Booing of Adam Goodes", in: *Continuum* 32(2018), pp. 459 - 473.

② Ibid.

音、反馈、失真和过载与通常咄咄逼人的表演风格相结合,在声音作为物理力和声音作为象征性媒介之间提供了一种新的颠覆性的相互作用。"[①]尽管在声音艺术的发展历程中,很多参与其中的艺术家并没有运用学院派的乐理基础和高超的创作技巧,但是他们或忠于声音素材真实性,或极度专注于表达自我的先锋精神,为自由进行艺术创作的合法性提供了最声嘶力竭的呐喊。

除却众多音乐家,声音研究的成果还提供了对诗人与文学家的先锋性讨论。例如德沃金(Craig Douglas Dworkin)就分析了苏珊·豪威(Susan Howe)诗作中的"噪音特色"。根据作者的论证,诗人从语言实验主义的角度大量使用了"语无伦次,难以接近,听不清"的语汇,以这种不可知的混乱完成与政治边缘化之间的某种联系。作者认为,诗人这种举动的理论基础即是噪音与政治暴力的关系。因为其在自传中特别提到了政治斗争被称为"追求权力的噪音",这种边缘化、暴力和噪音的交叉点正是"噪音"所被赋予的高难度诗意:"噪音可能会破坏信息,扰乱现状,这便是为什么噪音比暴力记录更可怕。"[②]听觉角度的"悦耳"与"刺耳",让不同种类的声音之间并不仅仅呈现差异性,而是刺耳的声音变为"第二性",两种声音之间一定有个价值观上的先验的主次预设,那个少数派的次的声音才是噪音。而声音研究层面,即便是以人为主体,仍然保留对于声音客观、朴素、平等的认识,因为从最本质的发声原理——振动来说,声音没有"好坏"之分。"但正如阿塔利令人信服地论证的那样,噪音是新的社会和政治秩序的潜力。豪威的诗可以被看作是胡言乱语和叽叽喳喳的噪音的纠缠,同时也可能代表着一个富有战斗性的、批判激进的可见的地下世界。"[③]

技术发展直接影响了人生产和使用声音的方式。声音研究视域内媒介、技术的发展及研究成果为发声者提供了灵感,并非只有艺术家才能高高在上地发出声音,而听众只能在台下正襟危坐,每个人都是拥有发声权力的个体,这一权力不以接受效果的好坏为转移,亦不

---

① Sheila Whiteley, "'Kick Out the Jams': Creative Anarchy and Noise in 1960s Rock", in: *Resonances: Noise and Contemporary Music*, London: Bloomsbury Academic, 2013, p.23.

② Dworkin, C. D., "Waging political babble': Susan Howe's Visual Prosody and the Politics of Noise", in: *Word & Image*, 1996, 12(4), pp.389-405.

③ Ibid.

会在时间上有所拖延,个体从偶然性地、被动地聆听,变成主动地、有预谋地、策略性地生产、使用和编排。由于人自身感官的局限,听觉对于"不悦耳"的主观批判会让研究的方向和结论都显得有些枯燥,缺乏长久的生命力,而声音研究无论在客观标准的稳定性或价值判断层面,都比听觉文化提供了更多可能。声音研究明确了物质第一性,以此为展开研究路径的首要基础,较为稳定地区分不同的声音形式,并在此基础上维护听觉的在场,延伸探索听觉感知、声音的接受效果等不同角度,研究考虑声音的美学价值、思想价值、文化价值等。从上述的当代西方学术界的定义尝试、刊物范围和学术争论来看,存在着一个重要的共同点:听觉文化应当属于声音研究的一个分支,听觉文化沿着视觉文化的思路,以受众的考虑,反对视觉霸权,提出听觉复归,作为声音研究对象的内在界限之一,却不是研究的唯一路径。听觉文化强调人类感官对于声音的接受效果,但不能表达那些不以接受效果为发声目的的声音,以及实际存在于听觉阈值之内而由于听觉掩蔽机制暂时不被听到的声音,等等。与此同时,听觉中的人文精神,对于人类感性经验和感知方式的强调,对于声音研究也是一个不可分割的角度,因此,听觉文化或应内含于声音研究之中,对声音研究起构成性作用。声音研究所需要避免的,就是为了树立片面意义的主体性而将自己摆在听觉文化的对立面,或者对其避而不谈。

结语

基于对声音物质性的文化考量,近年还出现了"声音文化研究"(sound cultural studies)的相关讨论,作为"声音研究""听觉文化"等学术概念论争的调和。布莱恩·凯恩(Brian Kane)在《声音研究》(*Sound Studies*)这本杂志上对声音研究中的本体论倾向发表批评,并提出是否将"声音文化研究"作为一个"声音研究"和"听觉文化"的折中方案。国内学者张聪于 2019 年译介了两篇有关声音文化研究的文章,并据此提出了自己的声音文化研究论。值得肯定的是,凯恩对声音研究的批评提醒我们时刻保持自我审视:"声音研究中的'本体论转向'实际上是'本体论'的一种形式——对特定学科或群体的本体论承诺和信仰的描述——一种忽视听觉文化的构成作用(the constitutive role)而处于危险之中的形式。"①这说明以声音研究为中心时,并不应放弃、反对或割裂听觉文化,忽略听觉文化在对声音的情感反应和声音研究主张中重要的构成作用。不同领域的学者都已经认识到,当我们选择不同词汇时很多时候谈论的其实是类似甚至相同的事情,例如声音研究里的"声音"和听觉文化研究的"听觉对象",而最终的命名选择或许意味着研究思路的不同。声音文化研究和声音研究的共同点在于都明确了以声音为研究对象,关注声音的物质性。而具有强烈跨学科性质的声音研究不应直接被文化框定。声音文化研究如果作为声音研究在文化研究领域的分支,其与听觉文化之间还有另一场"仗"要打。为了与听觉文化开展同级对话而加上"文化"这一前缀,与为了和视觉文化分庭抗礼而提出的听觉文化一样,易被前者的思维模式所引导,而导致他山之石却难以攻玉的困难。

在提倡跨学科的今天,多学科、多领域合作共赢的成果常常展现一个有趣的现象:两个学科的距离看似越远,其合作产生的张力可能越大。这也为声音研究的发展提供了灵感。听觉文化由于视觉文化的影响,其因"视"而"听"、因"听"而"感"的思路看似顺理成章,却可能造成角度的局限和思维的惰性,从而"漏听"更丰富的可能。朴素的物质性定义声音,生动的感受力听见声音,二者共同构成了声音研究,这一"感"与"识"的辩证结合。

【本文为国家社科基金青年项目"中国新媒介文艺中的声音问题研究"(23CZW063)和上海市教育委员会科研创新计划人文社会科学重大项目"新媒体艺术理论基本问题研究"(2023SKZD15)阶段性成果】

(作者单位:杭州师范大学人文学院)

学术编辑:赵　靓

① Brian Kane, "Sound Studies without Auditory Culture: A Critique of the Ontological Turn", in: *Sound Studies*, Vol.1, No.1, 2015, pp.2-21.

设计美学研究

主持人语:设计美学的理论建构

梁　梅

在物质日益丰富的时代,设计作为人们生活的必需品无处不在,而且成为人们日常生活品味和生活审美的体现。随着中国经济的发展,物质生活水平也在不断提升,人们对日常生活品质的要求越来越高。作为新兴学科的设计美学,研究的是与人们生活密切相关的现象和事物,从城市设计到日常用品。随着学界对设计美学重要性的认识,从事设计美学研究的学者日趋增多,设计美学也开始被列入设计院校的必修课并进入人文学科的课程表。无论是人们期待的生活品质提升还是国家形象的塑造,设计的审美问题都已经成为美学界无法回避的课题。因此,设计美学理论构建的合理性、内涵的确定性、外延的区别性和意义的重要性都是值得学界探讨的问题。

工业革命后,随着工业产品的生产及在生活中的普遍应用,现代、机器、产品、设计、消费、时尚、潮流等概念及这些概念背后蕴含的意义就开始进入西方哲学家、美学家的研究视野。被工业生产和产品所改变的生活世界引发了哲学家们的思考,学者们试图从哲学美学的理论角度探讨现代产品的美学问题,讨论其对人们生活及思想的深刻改变和影响。但设计美学的理论建构并非易事,其本身是一个交叉性的学科,与技术、工程、艺术、人文等学科联系密切。因此,设计美学的研究不仅要与哲学美学、艺术、社会学等人文学科联系起来,设计作品、设计史,以及各个时代和不同地域的设计风格、设计潮流也是重要内容,日新月异的科技、材料和制造技术的进步是设计美学不可回避的大背景。除此之外,人们在日常生活中对情感的需求和审美化生存的渴望,都影响到不同时代设计在审美上的变化。这些庞杂又相互联系的内容都为设计美学的研究带来一定的难度。

在人们惯常的观念里,与设计联系最为密切的是艺术,但与艺术相比,设计渗透在衣、食、住、行各个方面,与人们的日常生活世界有着更为直接的关系。设计美学呈现出比艺术美学更为鲜活、丰富的内容和不同的阐述方式，也由此遮蔽了其对人类社会所具有的深刻的哲学美学意义。很多时候，设计美学往往与品味、时尚、流行等同起来，其美被理解为装饰和美化，成为日常生活中美观的点缀。在设计美学的研究中，美学向日常生活的转向不是为了重建艺术与生活的本源关系，而是要在人的生命活动的感性世界中去拓展美学应有的宽度与厚度。设计美学作为应用美学，应当建立怎样的书写范式才能实现自身的独立发展，一直都是设计美学学者探讨的问题。如果说设计美学确有可能发展成一门严谨的学科，在研究对象、语言建构、书写范式上都有自身的独特性，那么，与艺术美学、工艺美学、日常生活美学有着怎样的边界和联系，是探讨其知识特性需要思考的问题。

本辑发表的三篇有关设计美学的论文，关注了与设计美学相关的设计史、设计理论和美学理论，涉及现代、后现代到多元化时期哲学、美学界的理论家对工业化生产之下的设计的美学思考。文章从不同时期、不同哲学美学家的观念中厘清了有关设计、设计美学的概念，并分析了设计美学与艺术哲学、工艺美学、艺术美学、生活审美之间的关系和区别，有助于从概念到理论更为清晰地理解设计美学及其本质和审美属性。对这些概念的分析意味着设计不再只是美学理论中偶然出现的例证或分析对象，设计美学将成为围绕设计本质、设计实践、消费模式和生活方式等展开的美学方面的理论探讨。设计美学的独立发展需要建立在它与艺术美学、生活美学以及工艺美学区分的基础上，其知识生产特性呈现为具有社会性的多元主体话语模态，但它的发展在经过一定的累积后也会出现向学科化的元理论知识体系的回归。美学理论工作者作为设计美学诸多知识生产主体中的一个群体，研究策略可以是以设计的审美话语实践为研究对象，重构其观念史，揭示其背后的日常生活叙事、社会交互、文化认同等内容的深意，探究设计美学作为应用美学应当有的基本问题与理论范式。

无论是设计实践还是设计美学的理论建构，西方的工业生产、设计实践和理论研究都是我们可资借鉴和参考的对象。在西方学术界，工业化生产和产品设计不仅引发了哲学家们对人类生存的思考，学者们对设计美学的独立发展也做出了理论探讨的尝试，开启了设计美学的哲学化书写范式，设计美学本体论的合理性在他们的著作中也得以论证，让我们看到了设计美学在将来与艺术美学并行发展的可能性。

因此,从设计历史的发展规律中,从外国学者的理论探讨中获取有关设计美学的研究成果,了解这些学者在设计美学领域里的思考,学习他们的研究方式,将会为我们的研究提供更为成熟的理论和更具前瞻性的观点,也更有益于建构具有我们自身文化特点和地域特征的设计美学理论。

(作者单位:中国社会科学院哲学研究所)

学术编辑:赵彦芳

论设计美学的知识生产特性与研究策略

杨　林

内容提要　设计与美学相遇有三种情形，分别是美学进入设计、设计进入美学以及设计美学的独立发展，这三种情形下的话语现象有较大差异。设计美学的独立发展需要建立在它与艺术美学、日常生活美学以及工艺美学的边界区分基础上。其知识生产特性呈现为具有社会弥散性的多元主体话语模态，但它的发展经过一定的累积也会出现向学科化的元理论知识体系的回归。美学理论工作者作为设计美学诸多知识生产主体中的一个群体，研究策略可以是以设计的审美话语实践为研究对象，重构其观念史，揭示其背后的日常生活叙事、社会交互、文化认同等内容，探究设计美学作为应用美学应当有的基本问题与书写范式。

关键词　设计美学　知识生产　书写范式

在中国，设计美学近年来被频繁提及。人们不仅热衷于在现实空间与网络平台上谈论建筑、产品、环境、服装等各种被设计之物的美与丑，还热衷于细化设计的门类，描述产品设计、建筑设计、视觉传达设计、景观设计、环境设计、服装设计等各个不同门类的现象，总结风格或者勾勒审美物质文化的历史，并在此基础上以理论的方式去提出设计美学的概念、范畴与原则等。一时间，设计美学似乎呈现出比艺术美学更为鲜活、更为丰富的话语内容，因为设计与艺术相比确有优势，它明显与我们的日常生活世界有着更为直接的关系，而且渗透在衣、食、住、行的每一方面。

然而设计美学真的就此走向了一条学科独立的发展道路吗？实际上，设计美学正在经历一种悖论式的发展。一方面，伴随着各种设计实践枝繁叶茂的发展，一种宽泛意义上的设计美学的日常话语活跃且丰富，越来越多的人饶有兴趣地加入言说与争辩之中。另一方面，设计美学的思想性的语言却是贫瘠的，它在设计师经验性的个体描述和美学理论工作者艺术中心论视角下的理论话语中打转，要么缺乏深度，要么缺乏新意。这种悖论式的发展彰显了一点，即设计与美、美学之间的关系远比我们想象的要复杂。勾勒一门设计美学，不是简单地从建筑、产品、视觉符号等的设计历史中找出代表性的审美物质形态，建立起所谓线性或非线性的发展线索。值得深刻思考的问题是，设计美学作为一门应用美学，应当建立怎样的书写范式才能实现自身的独立发展。

一、设计与美学的相遇

设计与美学的相遇有三种情形。第一种最为普遍，即美学进入设计的领域中，被设计师、使用者、市场主体等不同的人群所谈论，其典型特征是口语化与多义性。德国设计学理论家迈克尔·厄尔霍夫(M. Erlhoff)与蒂姆·马歇尔(T. Marshall)对此有正确的判断——"由于在设计中缺少对美学的明确定义，这个词经常在设计语境中被用于口语化的情境，也就是说：在广告、市场化、品牌打造和基础设计批判中，它可以被大致用作'美''有品味''温和而不讨厌'的同义词。很多用这个词的人实际上是想表达造型或觉得某物漂亮或丑陋的意思。'美学'这个词也隐含了某件产品在它的材料、社会、政治、生态和象征性的语境下的影响力。"[①]这种口语化情境中发生的设计与美学的语词结盟造成了一种两难的局面。一方面，纷乱的口语化情境对设计美学来说，会让它处于一种表象化的、肤浅的状态。但另一方面，一种与口语化的语用情境完全割裂的设计美学同样也是无法想象的。想要把设计美学变成一种纯理论性的学问，如康德美学一样的关于判断力的美学，显然也是徒劳的，它必定阉割了设计美学自身植根于日常生活的鲜活力量。

设计与美学相遇的第二种情形是设计进入美学。推动这种进入的，多半是有一定的美学知识背景的理论研究者。而关于这种进入的

---

① 迈克尔·厄尔霍夫、蒂姆·马歇尔：《设计辞典：设计术语透视》，张敏敏等译，华中科技大学出版社 2016 年版，第 6 页。

合法性，随即引起了意见上的分歧，因为美学发展到今天已经不再是一门新学科，它已经有了自身的概念、范畴以及观念的历史。关于设计的进入，如果不加考量，直接用美学现有概念去加以讨论，那只能是草率的且值得怀疑。英国传播学理论家杰瑞·帕尔马(J. Palmer)就旗帜鲜明地反对设计与美学的任何草率对接，他认为"'设计'与'美学'在理解创造活动时指向不一样的传统"，设计指向人工制品的创造，与之相关的审美判断关涉人工制品的功能，而美学指向更具普遍性的美的创造，讨论的是一般意义上的审美判断，尤其是适用于艺术的审美判断准则。两者之间的这种冲突不能被忽略。[①] 设计进入美学还有另外一种形式，那就是加拿大美学理论家简·福希(J. Forsey)指出的，设计只是被"增补到当代美学逐增的现象名录中"，成为与艺术、自然、大众文化乃至饮食、建筑等并列的研究对象之一。[②] 这种增补固然是对美学研究范围的一种扩充，但被增补的往往只是碎片化的设计现象，它们服务于某一特定美学命题的推演，不会对美学的研究方法起到根本的拓展性革新作用。

设计与美学相遇的第三种情形就是设计美学的相对独立发展。如果这种独立确有可能，那意味着设计不再只是某一美学理论中偶然出现的例证或分析对象，设计美学将成为围绕设计的本质、行为特性、实践产物等展开的美学方面的各种话语实践。福希对设计美学的独立发展给予了厚望，她看到正是因为设计与美学的话语之间存在着矛盾与张力，设计将推动美学在方法论上出现质的裂变，新方法即将出现。她开启了设计美学的哲学化书写范式的一个先例，让我们看到了设计美学在将来与艺术中心论美学并行发展的可能性。厄尔霍夫与马歇尔则为我们打开了另一个思路，那就是让美学回到感官感知的原初意义上，与此同时扩展美学的使用范围，让它不再只是 18 世纪以来关于艺术的理论，这样艺术之外的其他对象才能进入美学。这种跳出康德美学的传统历史的视野为我们敞开了一条更为开阔的道路。如果说设计美学确有可能发展成一门严谨的学问，在研究对象、语言结构、书写范式上都有自身的独特性，那么它与艺术美学、工艺美学、日

---

① Jerry Palmer, Mo Dodson: *Design and Aesthetics: A Reader*, London & New York: Routledge, 1996, pp.3-4.

② Jane Forsey: *The Aesthetics of Design*, New York: Oxford University Press, 2013, p.4.

常生活美学有着怎样的边界，这是我们在探讨其知识生产特性之前要思考的问题。

二、设计美学与艺术美学、日常生活美学、工艺美学的边界

由于设计与艺术之间本身有着某种亲缘性的关系，所以设计美学与艺术美学之间的边界是我们首先要思考的问题。在中国，迄今为止，“设计”有时仍会与“艺术设计”混用，并且设计教育在相当长一段时间都被称为艺术设计教育。这种语言现象背后，其实也暗含着概念之间的区分，即“艺术设计”与“工程设计”。因为广义的“设计”，如果不作区分，确实可以既包括广告设计、海报设计、产品设计、环境设计、服饰设计等艺术设计现象，但它同样也可以指机械设计、计算机设计、电力设计、建筑工程设计等工程设计现象，甚至它的使用范围还可以扩展到城市规划设计、经济管理设计、人生设计等更为宽广的领域。于是一切带有人的目的性规划的活动都可以囊括进来，设计就成了显现人的本质存在特性的语词。可过于宽泛的结果就是取消设计美学的必要性，因为它完全可以被美学的一般理论所覆盖。如果我们坚持认为设计美学具有某种独立性，那它语词所指的“设计”就不能是“广义的”，而应当是一种与工程设计相区分的“狭义”概念，正是在这种情形下汉语中的“艺术设计”就成为彰显狭义设计之特殊性的最佳语词，因为它建立起设计与美的应然性关联。但实际上，“艺术设计”显然是一个含混的语词，因为狭义的设计与艺术也不相同。将设计变成“类艺术”的存在，研究博物馆、美术馆所展出的经典设计作品，谈论的仍然是超出日常生活感觉之外的审美愉悦感，它能够被艺术美学所覆盖。但是绝大多数的设计物是日常性的，存在于日常生活世界中，它们才是设计美学要研究的主体。

设计美学与艺术美学之间的区别在于，后者研究的重心是一种超出“日常生活性”之上的审美愉悦的特性与根据，而前者研究的重心是进入日常生活感之中的审美愉悦之特性与根据。“日常生活性”可以说是设计的基本属性，因为设计物充斥在我们寻常生活的每一个角落，出现在生活的方方面面，可它们往往又因为太过熟悉而被人遗忘。海德格尔（M. Heidegger）在分析艺术作品的本源时所说的“器具”

(equipment)之“器具性”(equipmental quality)充分揭示了这一点。[1]设计物的器具性即有用性,正因为其有用,在使用过程中我们并不会注意到它们,唯有当其有用性不再正常,器具的存在与人的身体活动不相适应,我们才会注意到它们的存在。所以这种被遗忘的状态是一切设计物(能正常使用)的器具本性所决定的。设计美学的使命即是让这种被遮蔽、被遗忘的设计之美得以显现。因此设计美学虽然与艺术美学一样,都要思考人的审美感知力与审美判断力的运行规律,甚至也都要探讨非理性的审美无意识等心理因素,但是它们之间确实存有边界。一者试图让我们超出日常生活去理解精神的愉悦的缘由与根据,另一者却让我们进入日常生活最为寻常而熟悉的领域去找到审美判断力的根据。所以艺术美学的既定体系、概念、范畴不能被直接拿来用于搭建设计美学的理论框架。

如果说与日常生活的直接相关性在艺术美学与设计美学之间形成了一条边界,那么设计美学是否就是一种日常生活美学呢?让我们再来看看这二者又有怎样的区隔。设计美学与日常生活美学之间的关系远比它与艺术美学之间的关系要更为复杂,因为两者确实有诸多相似点,并且日常生活美学的一些概念也确实适用于设计美学。首先,日常生活世界对两种美学来说都是规定性的,两者都否认艺术美学中的审美超功利性之说,并且都要反其道而行之,在实用性、功利性的身体实践活动中建立美与审美的根据。其次,日常生活美学的一些重要概念对设计美学来说具有相当重要的参考价值。比如,日本美学理论家斋藤百合子(Yuriko Saito)提出关于日常经验的判断是“道德审美判断”(moral-aesthetic judgement),是融入了深层道德内涵的感知经验。[2] 美国设计学家格伦·帕森斯(Glenn Parsons)与加拿大环境美学家艾伦·卡尔森(Allen Calson)在分析设计的功能之美时将触觉、味觉、嗅觉等感觉归纳在“近端感觉”(proximal senses)的新概念之下,与艺术更为倚重的视听等“远端感觉”(distal senses)相区分。[3] 又

---

① Martin Heidegger, *Poetry, Language, Thought*, trans. by Alfred Hofstadter, New York: Harper and Row Publishers, 1971, p.79.

② Yuriko Saito: *Everyday Aesthetics*, New York: Oxford University Press, 2007, p.6.

③ Glenn Parsons, Allen Calson: *Functional Beauty*, New York: Oxford University Press, 2008, pp.176 - 177.

比如,芬兰美学家阿尔托·哈帕拉(Arto Haapala)借助海德格尔的"向来我属"(jemeinig)这一语词提出,设计从根本上来说赋予人的生活环境以一种"向来我属性"(Jemeinigkeit),使日常生活世界成为具有熟悉感与亲切感的审美世界。① 法国美学家亨利·列斐伏尔(Henri Lefebvre)在批判日常生活的审美本性之异化时提出人的身体呈现出关于空间、时间与日常生活的"节奏的综合体"(multitude of rhythms)。② 这些概念对设计美学来说,具有重要意义,能推动其摆脱迄今为止对艺术美学理论的过于依附。

但是设计美学能否就此依附于日常生活美学呢?在找寻答案之前,让我们来看看日常生活美学自身的发展轨迹。日常生活美学并非只是在美学中反思生活的本质及其部分审美属性,而是要建立以日常生活为中心的关于美与审美的思想。它有两条看起来观念相似、实质却大相径庭的思想道路。第一条道路由19世纪中期车尔尼雪夫斯基的美学所开启,并且在东欧马克思主义理论中得到了进一步的发展。车尔尼雪夫斯基提出"美是生活"的经典美学命题,对生活的审美本质进行了高度肯定,并且认为生活是一切艺术之源且高出艺术。以列斐伏尔为代表的东欧马克思主义理论家们进一步对日常生活如何在熟悉的生活空间中背离自身审美本质的异化现象进行批判,并提出如何以艺术为载体重新感知日常生活的审美本性。第二条道路则是21世纪初以斋藤百合子、阿尔托·哈帕拉为代表,他们从名称到思想内容上试图建构起一种与传统美学有所区别的"日常生活美学"。他们赋予日常生活行动以审美体验的意义,并尝试建立新的概念去论证设计所引起的审美体验感觉的发生规律与合理性。

表象上看,这两条道路都是肯定日常生活的审美意义与价值,但是实际上两者是截然不同的。第一条道路中,车尔尼雪夫斯基之所以提出"美在生活",其目的指向艺术。他批判西方传统美学关于艺术的误解,提出艺术创造并非为了填补现实生活在美的方面的不足,而是要再现生活中让人感兴趣的东西并且解释生活,实现成为"人的生活

---

① Arto Haapala: "On the Aesthetics of the Everyday: Familiarity, Strangeness and the Meaning of Place", in: Andrew Light, Jonathan M. Smith(eds.), *The Aesthetics of Everyday Life*, New York: Columbia University Press, 2005, p.44.

② Henri Lefebvre: *Rhythmanalysis: Space, Time and Everyday Life*, New York: Contimuum, 2004, p.66.

的教科书"这一"高尚而美丽的使命"。[①] 他虽然转向了日常生活，最终却仍然回归到生活对艺术的意义问题上，因此并没有脱离艺术中心论美学的道路。与车尔尼雪夫斯基不同，列斐伏尔往前迈了一大步。他对资本主义的工业化进程带来的社会空间转向进行了深度反思，对工业化以来资本主义的发展、消费社会的膨胀给日常生活带来的异化提出批判。但列斐伏尔在其美学中同样赋予了艺术以重要地位，他提出让生活成为艺术品，去实现艺术的政治批判功能。与之相比较，日常生活美学的第二条道路就完全不同了，其起点是对艺术中心论美学的批判。不论是斋藤、厄尔文还是哈帕拉，他们在提出日常生活的美学意义的时候，都表达出共同的批判态度，即美学由于长期以来过于关注艺术尤其是纯粹艺术，它对人的现实生存应有的观照态度以及理论意义于是逐渐丧失。美学向日常生活的转向完全不是为了重建艺术与生活的本源关系，而是要暂且搁置艺术，在人的生命活动的感性世界中去拓展美学本应有的宽度与厚度。因为即便是艺术自身，也早已跨越了它自身与生活的界限，发展出诸如观念艺术、行为艺术、现成品艺术等多样化形态，向生活世界借力，让自身的定义变得模糊而宽泛，更何况现实生活中还有普遍存在的设计现象与其他日常生活行为，后者同样与审美之间有着千丝万缕的联系。不仅如此，日常生活行为不是要进入艺术领域、经过改造才能被赋予审美的意义，它自身的感性、体验性、情感性就已经敞开了一个审美的世界。所以日常生活美学不仅合理，而且还具有生存伦理的意义。

我们梳理日常生活美学是为了澄清它与设计美学之间的边界。设计美学所要探究的对象隶属于日常生活，并且分有日常生活的平常性与熟悉性。设计美学的理论热情（即便是形而下的）从某种程度上说，是伴随着人们对日常生活的审美反思而出现的，否则它与艺术之间的裂隙——亦即设计的功能性、设计美的功利性、设计对象（物/非物）的器具性会将其阻隔在美学的领域之外。但日常生活美学中，与设计美学有密切关联的，显然又不是车尔尼雪夫斯基、列斐伏尔的美学，而是斋藤百合子、哈帕拉等的美学道路，因为后者是在提出与艺术中心论的美学相区分的明确态度来论证日常生活中的审美体验的，在

---

① 车尔尼雪夫斯基：《艺术与现实的审美关系》，周扬译，人民文学出版社2020年版，第101页。

其论证中必然大量涉及设计的现象。

然而设计美学与日常生活美学仍然存有边界,从三个方面体现出来。第一,从作为研究对象的实践活动来看,两者虽然都要研究人在生活世界中的行为与活动,但设计美学研究的是人的有目的的创造活动,日常生活美学研究的日常生活行为并非都是有目的的,它也包含着大量的无目的的甚至是本能驱使的生理活动。第二,从人的实践活动的结果来看,设计活动通常会产生出设计观念、设计方案、设计产品(广义上的,包括空间、物、服务等),与之相对应的设计美学因此会构建出设计的审美物态史和审美观念史,并在此基础上发展自身的元理论。日常生活美学研究人的生活行为或事件,则是从行为的过程或事件的意义上去理解,它不一定伴随有特定的结果,也没有指向结果的必要性。而且它在有可能将设计覆盖其中的同时,会将政治、经济、宗教、文化等诸多的事情囊括进来,构建出相关的话语内容。第三,从人的实践活动与美的关系来看,设计美学所要研究的设计活动作为一种创造活动,是可以预设其美的价值性目的的,并且不被苛责。但是日常生活美学从产生开始就无时无刻不被人质疑它的琐碎性、审美虚无主义以及披着美学外衣的伦理学内核。

在设计美学与日常生活美学的边界区分中,设计美学的语言性向我们显现出来,即它的日常生活性与目的性、创造性不可分离,因此它必然包括自身的技术语言、身体语言和智慧语言。这样一来,设计美学又有可能被推向第三种美学,那就是工艺美学。因为在进入工业革命之前的漫长历史时代中,手工艺如同设计一样,是人们日常生活的重要实践,是人们在生活中的有目的的创造活动。不仅如此,为维系生活的和谐秩序,不同民族、不同时代的人们创造出了璀璨无比的手工文明。

那么工艺美学与设计美学能不能划归一处呢?工艺有一点与设计是相同的,即工艺中的审美实践虽然是不可否认的历史事实,但是相当长一段时间内,它都不是美学所重点关注的对象,也没有所谓的工艺美学。这是中国和西方美学共有的现象。中国之所以没有在历史上出现过工艺美学,是因为在中国固有的文化系统中,学科的分化原本就不明晰,美学本身也是受西方理论体系的影响才逐渐从近代开始慢慢走向学科化的发展道路。一直到 20 世纪 80 年代,在田自秉先生的倡导下,工艺美学的概念才出现在人们眼前,杭间的《中国工艺美学史》则是该领域的重要成果。而西方的情况与中国并不相同。西方在18世纪中期就有了美学学科的明确创立,但是受康德、黑格尔的理性主义美学的影响,工艺作为一种实用与审美相结合的实践活动,因为其非纯粹性而受到美学的排斥。什么时候开始有工艺美学的说法?这是到了20世纪60年代,以英国设计师大卫·派耶(D. Pye)等为代表,工艺美学开始被提出,因为工艺作为身体活动被赋予了拯救工业时代人的灵魂无根基状态的重要使命。到了21世纪初,美国艺术史学家格伦·亚当森(G. Adamson)提醒人们注意,手工艺作品已经开始在博物馆、美术馆中占据一定的位置,这是现代艺术发展的必然性,因为"现代艺术以自由为原则,潜在地追求对各种界限的跨越",其中必然包括对艺术与手工艺的界限的打破。这样一来,手工艺在传统艺术面前的劣势就消失了,它反而呈现出一种介入现代艺术的"强大生产性"。[①]

如此看来,工艺美学与设计美学都经受过不被传统美学所认可的窘境,并且都是美学发展到20世纪中期才开始出现的分支现象,又都是在审美与实用相结合的双重原则之下建立美的根据与意义,两者何其相似。可这种相似的表象背后,实则相反。在西方美学的知识分化中,工艺美学是在进入工业社会之后由于工艺被工业设计替代,失去其与日常生活的直接关联性,变成一种与机器时代的日常生活保持一定距离的存在现象之后,方才进入美学的视野。手工艺活动及其产品因为技术手段、生产方式的限制,必然在工业时代不再是人们日常生活的主要依靠,其萎缩现象在各个国家都引起了极大的关注。就人类文明的持续发展来说,手工艺是人与自然建立直接关系的身体活动,它的文明向度是其不应退出历史舞台的最主要原因,所以非物质文化遗产的保护与传承问题才会成为国际化的问题,成为人类命运共同体的共同文化举措。工艺美学得以提出的背景便是手工艺走向边缘化的工业时代。它沿着两个方向展开,一是找寻手工技艺活动的实践特性对人的感觉能力的重新塑造,解决工业时代人的身体异化存在问题,二是让工艺进入艺术的范畴,利用其在工业时代实用性弱化的特性,将其转化为艺术现象来加以美学分析。而设计美学对于这两个方向来说,都是格格不入的。

---

① Glenn Adamson: *Thinking Through Craft*, Oxford: Berg, 2007, p.4.

设计美学区别于工艺美学的边界在于，它的研究对象是人类当下已经进入的工业社会甚至后工业社会的设计活动，对应的是以批量化、标准化为自身根本属性的设计生产，是与当代人的日常生活有着最为直接、最为广泛关联的学科。批量化、标准化、机械化甚至数字化、信息化、人工智能化的生产模式与生产方式的转型，将诸如设计民主、大众文化、审美经济、服务设计等富有政治、经济色彩的问题带入设计美学，使得设计美学并不是一门仅仅与产品外观、装饰、形式相关的肤浅的学科。设计美学可以参照工艺美学的历史形态，亦即手工艺时代作为人们日常生活用品主要来源的工艺活动的审美实践，但是由于生产方式与生产组织模式的变革、审美感知能力在新技术手段支撑下的巨大变化、生产制度的历史更新等诸多因素的推动作用，它对工艺美学的话语体系实际上是拒斥的。当然，这并不意味着传统工艺的造物智慧不能转化为现代化、国际化的设计语言，但这是在理性认知设计美学与工艺美学之间的矛盾冲突的前提下才会衍生出的另一个问题。

三、设计美学的知识生产模式

如果说设计美学与艺术美学、日常生活美学、工艺美学都有着不同的边界，不能直接借用后三者的概念、范畴与理论框架，那么设计美学就应当具有自身的历史性，它不能被其他美学的历史所覆盖。我们不认为这种历史可以完全等同于设计创造活动及其物质成果的历史，后者是一种造物实践的历史，并不以“美”的追求为第一要义或者第一推动力。也许我们能够从一部设计史中去抽取不同时期的“美”的被设计之物，让它们构成一部审美的物态史，但那不是严格意义上的美学知识的历史，因为它背后的审美观念、思想处于被遮蔽的状态中。让它变成美学的方法，是要通过解释的行为使其具有可理解性，这是一种思想的重构。这种方法是可行的，但是对于勾勒设计美学的观念史来说，不应是唯一的方法。因为对于不同时期设计审美观念的研究来说，还有一种更为直接的观念表达，它以学术论文、批判性的文章、著述、策划文案、展评等文字形式出现，在设计美学的研究中更具有优先性。对于美学而言，想要从口语化的语用情境中得到提升，变成真正的一门学问，它就必须建构起一种思想性的表达。反观美学的历史，它也确实是这样逐步发展起来的。比如古希腊时期，有菲迪亚斯、米隆、波列克列塔斯等杰出的雕塑大师，有埃斯库罗斯、索福克勒斯、欧里庇得斯那样伟大的悲剧大师，他们创造出各种经典的作品，但我们认为这些构筑起的是希腊的艺术史，而不是美学史。要了解希腊的美学史，我们就得去读柏拉图的《大希庇阿斯篇》《会饮篇》与《理想国》，就得去读亚里士多德的《诗学》，因为思想家们的美学著述是对艺术及其创造规律的反思，以思想的语言形式对希腊人关于"什么是美"的看法进行了概念化的表达。设计美学也同样如此，它虽然要以设计史为参照，但更要关注关于设计美的批判与反思所形成的语言，这样所建构起的不同民族、不同时期的审美观念史才不至于陷入绝对主观主义的泥潭，不至于成为附庸于设计史的可有可无的存在，或被误解为模糊、多义的情绪化文字表达。

鉴于设计美学并不像传统的哲学美学那样有既定的理性化、学理化的语言表达与书写方式，我们将知识生产的概念引入设计美学研究中，也就是说，将设计美学作为一门正在不断被生产的新知识来看，将设计美学的观念史作为知识生产的历史来看待。这样做的目的，是为了避免用哲学意义上的美学学科的既定概念、范畴与体系去套接设计美学，因为前者并不完全适用于后者。美学作为一门独立学科，已经有了两百多年的发展历史，它有着自身的知识生产模式。从知识生产的角度来看，美学已经是较为成熟的学科，它的知识生产是偏传统的模式，即在相对独立的学科的认知语境中进行。英国社会学家迈克尔·吉本斯(M. Gibbons)将它称之为"模式1"，即知识生产的较为传统模式，同时提出了知识生产的"模式2"，亦即一种与传统模式有着较大分歧的新模式。这两种模式的区分从一定程度上说，也是设计美学与美学之间的分歧之所在。让我们一起来看看吉本斯是如何描述这两种模式的。他说，在传统的知识生产模式中，"知识生产主要在一种学科的、主要是认知的语境中进行"，而新的知识生产模式中，"知识则在一个更广阔的、跨学科的社会和经济情境中被创造出来。""在模式1中，设置和解决问题的情境(context)主要由一个特定共同体的学术兴趣所主导。而模式2中，知识处理则是在一种应用的情境中进行的。模式1的知识生产是基于学科的，而模式2则是跨学科的

(transdisciplinarity,或译为超学科的)。"[①]吉本斯的知识生产的两种模式比较帮助我们看到,设计美学的知识生产是按照模式 2 来进行的,它的跨学科性、异质性、社会弥散性是哲学意义上的美学学科所不具备的特点,而且它在知识生产主体方面的开放性与多元性以及对应用情境的依赖性,都与哲学美学形成分歧。尽管如此,吉本斯也不认为这两种模式是相互分立、没有联系的,他认为两种模式之间存在着依存关系与可转换性。美学与设计美学的关系也正是如此,没有哲学美学作为基础学科的指导,设计美学的应用性与社会弥散性也会变得漫无目的。

知识生产的视域介入设计美学研究中,能帮助我们打开思路。我们以西方现当代设计美学的研究现状的文献学分析为例,可以从中发现,它的知识生产具有双向维度。总体上说,它是模式 2 的知识生产方式,具有社会弥散性与跨学科性,由分化的知识与社会需求所决定,设计师、学者、社会学家、使用者等多元的主体都参与到设计美学的知识生产过程中,并且他们各自凭借对产品(或服务)的开发、消费、观察、剖析等不同的经验,提出不同应用情境下的美学知识。比如,19 世纪中后期,最开始从观念上对包括建筑、产品在内的设计实践进行审美反思的,不仅有约翰·罗斯金(J. Ruskin)、里奥·德·拉贝德(L. Laborde)那样的文论家与展评人,更有威廉·莫里斯(W. Morris)、路易斯·沙利文(Louis Sullivan)那样的设计师。随后,20 世纪初期像阿道夫·卢斯(A. Loos)、赫尔曼·穆特修斯(H. Muthesius)、亨利·维尔德(H. Velde)等设计师纷纷加入观念的论争之中,后继者更有沃尔特·格罗皮乌斯(W. Gropius)、勒·柯布西耶(Le Corbusier)、密斯·凡·德·罗(Mies Van der Rohe)那样的建筑大师,同时设计史学的研究也开始由尼古拉斯·佩夫斯纳(N. Pevsner)、齐格弗里德·吉迪恩(S. Giedion)等人推动。多元主体的多话语模态可以说从一开始就出现在西方现当代设计美学的观念论证之中。随着设计史研究的向前发展,有关装饰、功能与形式的关系、设计与艺术的分歧、设计的审美教育等一系列问题的争论纷纷涌现。

另一方面,确如吉本斯所说,知识生产的两种模式之间是相互作

---

① 迈克尔·吉本斯、卡米耶·利摩日、黑尔佳·诺沃提尼等:《知识生产的新模式:当代社会科学与研究的动力学》,陈洪捷、沈文钦等译,北京大学出版社 2011 年版,第 1 页。

用的，所以一定程度上西方现当代设计美学的研究中出现了向模式1的回归，回到最初的学科基础，探究设计美学的元理论。设计美学"元理论"要从哲学层面对该领域知识生产之合理性辩护。在西方学界，这条道路走得异常缓慢，几乎经过近50年的争辩才逐步走向学理化。英国设计师派耶原本撰写过一本《设计的本质》，后来在20世纪70年代，专门增补了"设计的美学"，原书就变成了《设计的本质与美学》。他从语言学的语词分析入手，细致地探讨设计美在语言的交流中究竟是对象的"可估量、可描述的某种属性"还是人所感受到的"某种体验"①。这种书写方式让我们有一种久违的熟悉感，一如当年瑞恰兹对美的语义学分析。尽管派耶最终将设计对人的生活环境的创造之价值与意义归为幸福问题的探讨，但他的书写方式是哲学美学学科意义上的，可以归为设计美学的元理论的一种建构尝试。到了20世纪90年代，帕尔马(J. Plamer)与莫迪森(M. Dodson)编撰了《设计与美学读本》，其中也大量引入哲学美学理论。21世纪初以来，设计美学元理论体现出与上世纪不同的趋势。设计美学本体论的合理性已经得到了论证，但像福希(J. Forsey)、福克曼登(M. N. Folkmanndeng)等人以审慎的态度提出，设计美学要与哲学美学的历史建立起根本问题的交集，在此基础上去发展自身独立的概念、范畴与话语内容。这包含两层意思。一方面，设计美学要在审美判断、审美鉴赏、审美趣味等根本问题上建立起它与美学理论的历史内容的连接点，这样它才能避免从伦理学的角度为自身建立存在根据的误区。另一方面，设计美学又要能够建立起自身的独立本体论与全新的概念、范畴与理论体系，因为设计美学的知识生产模式是区别于哲学美学的，它不再是单一学科认知领域内形成的理念、方法以及规范的共同体，而是在跨学科领域中生成新知识的过程，且同时其知识处理往往在应用情境中进行。设计美学作为一个全新的知识生产领域，充斥着喧嚣与热闹。尤其是文化工业在设计与创意之间几乎画上等号的情况下，经济上的支持者、文化上的反对者、伦理上的批判者等更是发出各自不同的声音。设计美学是美学诸分支方向中与现实生活世界联系最为紧密的领域，它彰显出美学可能介入现实生活的强大感性力量。

---

① David Pye: *The Nature and Aesthetics of Design*, London: The Herbert Press, 1982, p.99.

四、设计美学知识生产的研究策略

关于设计美学知识生产的研究策略，这是在我们弄清楚设计美学的知识生产特性的基础上，进一步需要思考的问题。我们首先要承认一点，那就是在多元主体的多元视角中，设计师的视角是最具优先性的，因为那是关于设计审美的直接经验。但是设计师视角的设计美学书写方式不可避免地具有美学概念上的混杂型、多义性、模糊性，因为设计师的直接经验是个体性的，其设计过程中的思维如果是跳跃性的、灵感迸发式的，甚至是非语言所能传达的，那也无可厚非。所以设计师视角下的设计美学研究范式与书写范式不能用单一的哲学美学的评判准则去评价，我们需要以包容的、兼收并蓄的态度，允许设计师视角下丰富的个体生命经验的直接表达。一定程度上说，只有当设计师视角下的审美体验的表达累积到一定程度，设计美学才有一种向设计美学元理论回归的迸发。

那么美学理论研究者介入设计美学的职责与方式又是怎样的呢？当我们谈设计美学研究策略的时候，主要思考的是这后一种知识生产主体。设计师视角与书写范式虽然具有优先性，但是其多义性、非概念性、个体性、偶然性的话语实践并不能将设计美学带向严谨化、学理化的学科发展方向。对设计师视角与书写范式的再研究，因此成为美学理论工作者有必要介入的空间，当然这不是唯一的空间。美学理论工作者借助语言学美学、现象学美学、符号学美学等多元的哲学美学方法，能够对话语实践的表象、立场、身份、权力关系进行揭示与还原。

总的说来，如果说设计美学有某种研究策略，它可以从三个方面逐层展开。第一，依循设计美学知识生产的跨学科性、社会弥散性、多元主体性等新特征，勾勒设计美学在话语实践方面的历史演变。对设计美学来说，这是一种话语实践方面的历史回溯。话语本身不仅只是语言学上的，它还具有实践的内容，这是福柯对话语概念的重建。他认为话语包含有语言与实践方面的双重内容，而且话语的概念无关乎事情本身是怎样的，而是意义来自何处。知识作为话语的系统化表达，它与话语一样，都是历史性的。我们对设计美学的知识生产的整理,从某种意义上说是对设计美学的话语实践的历史还原。它不能被称为一种严格意义上的思想史的研究,原因我们在前面已经提到过了,即设计美学作为应用美学,它的多话语模态并非都是纯粹思想性的,因此话语的历时性还原与严格意义上的思想史是有区分的。但尽管如此,这种话语实践的研究又确实具有历史学的意义,因为它的碎片化、非体系化、非学理化的呈现方式能反映出特定时代人对身体所处的自然环境、社会环境等的现实与理想的多元构想。

第二,通过对设计美学的话语实践的历史还原,揭示其背后的日常生活叙事、社会交互、文化认同、权力意志等内容。设计美学的话语实践的还原不是停留在话语的表象形式之上,即不是简单介绍不同年代的人们就设计的审美这一主题说了些什么,而是应当尽可能还原话语背后的内容。设计美学原本就植根于人的日常生活,所以它的话语实践背后必然包含着一种日常生活的叙事,而且这种叙事同时又会沿着多个方向,弥散到与政治相关的社会互动方式,与文化相关的身份认同,与经济相关的审美经济模式等。对这些内容的揭示,会让我们的研究朝着深入的方向进一步发展。

第三,通过对设计美学的知识生产谱系的研究,探讨设计美学应有的问题意识及它作为应用美学有可能建立的书写方式。黑格尔的名言"哲学就是哲学史"到今天还备受关注,其本意仍旧众说纷纭。不过其中的一种解释值得我们参考,即哲学史是哲学的自我展开。设计美学是一个新的学科,在我们尚未就它的概念体系、研究方法、语言结构与书写方式达成共识的情况下,对它的话语实践的历史回溯也将成为设计美学的自我展开。

这样三个方面是相互关联的,其中设计美学话语实践的历史还原与日常生活叙事还原的关系表现为,前者是后者的出发点与基础,而后者是前者的目标与内在根据。至于第三个目标亦即设计美学自身的展开,则是前两者共同的指向。我们希望思想层面的关于设计美学学科历史的建设工作能够得到推进,与国内外目前已有的设计审美物态史研究一起,形成两者相互参照、相互促进的积极发展态势。

【本文为江苏省高校哲学社会科学重大项目"西方现当代设计美

学的知识谱系研究”(2021SJZDA111)和江苏省教育科学“十四五”规划课题“面向新工科的设计美育方法与路径研究”(T-c/2021/29)阶段性成果】

(作者单位:南京工程学院艺术与设计学院)

学术编辑:张　强

解构共同体:后现代视野下设计美学的感性转向

曲康维

内容提要 进入工业时代,工业化对人的异化推动了早期设计对道德、艺术和美的追求。现代主义通过将"美的艺术"注入工业生产使设计初步获得了美学上的合法性。秉持功能主义信条的现代主义设计,通过全球化和统一审美的工业品逐步构造起全球性的审美共同体。与之相对,以反本质主义为特征的后现代主义设计,目标在于解构建立在形而上学美学上的现代主义设计,反对其将人的感官降格为获得美的教化的工具,并通过对人类的知觉方式和感性体验的塑造,提出一种建立在场域上的设计美学。

关键词 审美共同体 功能主义 后现代 场域

一、脱离艺术哲学的必要性

设计(design)可指通过一定的技术,将人的想法转化为具有一定审美属性的人工制品。① "设计美学",顾名思义,即从美学层面对设计品所提供的审美经验进行反思。在这一层面上,建筑、手工艺、机械制造等一切人类活动均可纳入"设计"的范围,其起源甚至可追溯至人类制造的第一件工具。这种定义忽略了几乎所有设计活动之间的区别,无法从一般意义上对设计进行分析。② 面对这一困境,学界大致采取

---

① Victor Papanek, *Design for the Real World: Human Ecology and Social Change*, New York: Pantheon Books, 1971, p.23.

② Terence Love, "Constructing A Coherent Cross-Disciplinary Body of Theory about Designing and Designs: Some Philosophical Issues", in: *Design Studies*, Vol.23, No.3, pp. 345 - 361.

了三种进路应对:1.暂时放弃对“设计”一词进行明确的概念限定,专注讨论工业生产中一种制造具有审美价值工业品的实践。此为当下应用最普遍的定义。2.主张设计的手法和现象在不同文明社会阶段不断发生变化,不存在哲学意义上对“设计”一劳永逸式的定义。3.将设计划归为艺术的范畴,将设计美学归为艺术哲学的一个子集。前二种路径以大工业生产为设计之本体特征,以生产力为经,时间为纬,人为地将“设计”纳入工业历史框架,认为工业生产使“先前紧密交织的生活方式所发生的分离和独立构成了现代性的本质”。[①] 第三种则取审美属性为设计的本体特征,决定产品是否成为设计品、制造者是否有资格称为设计师的根本标准在于制造者的趣味(taste)。前二种定义对工业制造和营销活动具有较强解释力,如网页设计师的产品与面包师的面包都具有实用功能,但可以通过提供额外的审美体验实现资本增殖。“趣味”化的设计在艺术性的实践活动和高端制造业中更为常见,这种设计的审美价值大多时候要高于其实用功能。在理论和实践层面上,无论是当下的“设计”概念,还是其实践者,都出现了对立而兼容的尴尬。

工业革命和现代化赋予“设计”这一活动不同于往昔的内涵。将设计视为一种建立在工业基础上,具有功能性和审美目的的生产活动在工业时代自有恰当之处,然而随着设计方式、目的和参与主体在后工业社会中的变化,设计不再局限于这一定义中。显然,“设计”应用范围的不断变化,必然导致曾经有效的概念架构出现不确定性和多元性,对“设计”这一概念的有效把握方式可能在于对这一词汇的使用方式上。因此,当现代设计运动的先驱将“设计”定义为一种社会性活动(social practice)时,他们比任何人都率先认识到“设计”的核心特征。生产力的提升,允许工业品将外在符号特征提高到与产品母体的实用价值和文化价值平行的地位。对批量生产的工业品进行区别的标准,逐渐转移到对产品的感受和所属亚文化团体的价值观上,现代化带来的“生活世界”的复数性就是其社会基础。随着“设计”内各种要素之间关联的不断重构,“设计”的概念和范畴也随着社会基础不断变化。如果将设计视为一种寻找问题和解决问题的方式,其内涵与外延的不

① 卡尔·米查姆:《设计中的伦理学》,理查德·布坎南、维克多·马格林等编:《发现设计——设计研究探讨》,周丹丹、刘存译,江苏美术出版社 2010 年版,第 183 页。

断变化实际上是以共时性的方式呈现出人类在理解设计上的历时性特征。

由于具有审美特征和对感性的诉求，设计常被归为艺术。艺术史研究也乐于把设计纳入其中，如瓦恩克（Martin Warnke）认为艺术史研究对象的范围在“20世纪还增添了第四种类型，即所谓的‘实用艺术’……将通俗艺术、设计、摄影等新领域都涵盖在内”。[①] 然而事实是，即使设计在现实世界中营造的审美现象远超出浪漫主义式的自由艺术，其在美学讨论中却仍处边缘地位。本雅明（W. Benjamin）在对政治审美化的批判中尝试将生活世界的审美化作为一种严肃的现象来讨论，这是一种视角性的转变，然而他并没有更深入研究日常生活中审美现象的制造，而是关注如何令已经远离俗世的艺术重新回归生活。杜尚也通过现代艺术作过类似的尝试，他的“现成物”（readymades）想通过祛除艺术的灵性让其重新回归到生活中，然而这一“现成物”最终并未进入生活中，而是在博物馆里成为康德式的静观艺术。以功能为导向的现代设计并不适用于这种自律性的限制，这导致设计活动及其审美功能在当下美学的理论架构中不仅得不到有效解释，反而愈加边缘化。现代艺术中类似“人人都是艺术家”的口号完全无法挪用到当下设计美学的研究中来，即使如帕帕奈克（V. Papanek）这样的先锋设计师已经喊出了“人人都是设计师”“（设计）是生命的矩阵”[②]类似的口号。事实却证明，当代艺术不断将“未设计”的原材料带回到生活中，是因为关于它们的印象和社会生活记忆在商品世界中被不断解构直至消弭无形。设计师则不断将“已设计”的新材料注入生活中，并随时根据需要调整其外观，以达到适当的效果。要解决设计在美学上的困境，首先需要将设计从“艺术”一词的禁锢中解放出来，承认设计与高雅艺术在审美价值的讨论中具有平等的地位。这种“平反”承认审美需求是现代人的一种基本需求，承认环境对人的感受具有直接影响，即使汲汲于生计的公众时常无法感受到这种影响。就此而言，设计不再是浪漫主义式的灵感产物，也不是仅仅作为审美活动的媒介，它的确具有审美功能。

---

① 汉斯·贝尔廷等著：《艺术史导论》，贺询译，北京大学出版社2021年版，第16页。

② Victor Papanek, *Design for the Real World: Human Ecology and Social Change*, p.23.

由于设计长期与艺术保持一种隶属性的关系,从美学层面讨论设计时,常采取一种与艺术哲学类似的途径和态度,即倾向于对设计进行一种哲学式反思,而不关注设计作为一种实践活动的发展史。以理论形态出现的审美阐释,关切的是以某种哲学理论(如物存在论、形而上学、认识论等等)来看设计应该是什么,而非它为什么是我们目前所见到的这种状态。这种黑格尔式的历史观,不理解无论多么深刻的形而上学都无法代替本已在实践过程中所获得的体验。但在艺术领域中,前一种方式在当代艺术作品的阐释中颇为有效,观者无须像早期鉴赏家一样花费巨大的精力、财力来获得对材料、技法和媒介的知识,仅仅通过媒介、惊奇效应和理论阐释便能有效地解读艺术品的新意,前卫的艺术品与艺术家自身就构成了一部自治的艺术史,因为他们的工作是建构、批判、解构和重构。在这种理论框架中,设计制作的实用品只能是阿多诺所批判的资本主义审美经济的装饰品,对设计的美学讨论局限于设计通过装饰化如何为一件功能性的物品赋予有限的审美价值,譬如一只粉笔的"造型和外观不仅要便于使用,而且要好看,要能引起我们的审美的感受"①。由于无功利前提的预设,艺术哲学化的设计美学被迫将"实在审美化知识作为庸俗艺术品、手工艺品或应用艺术来提及"②。这种理论曾是促进设计概念演变的基本动力,但时至今日,继续坚持这一理论无法满足当下设计学科的发展,大量审美现象超出其描述的范围。一种行之有效的替代方式是,尝试在多元的设计现象中探寻设计这种活动是否具有一般性的结构。现代主义者已经率先在理论上进行了这一尝试,他们极力缩小设计的指代范围并重新限定了其概念和作用,首次为这种预生产活动在美和功能之间的关系提供了解释。

二、现代设计中的功能趋向与审美共同体的建立

19 世纪早期工业生产的规模已经令世界产生了一种日新月异的

---

① 蒋孔阳:《什么是美学——美学研究的范围和对象》,《安徽大学学报》(哲学社会科学版)1979 年第 3 期。

② 格诺特·波默:《气氛美学》前言,贾红雨译,中国社会科学出版社 2018 年版,第 1 页。

不真实感。工业化为人类描绘了走向崭新世界的美好愿景,手工业的衰落和流水线生产的兴起使人与物、物与社会的关系逐渐出现错位。现代主义者对于从美学角度对设计品的功能、形式等概念和现实生活的思考,也正植根于这一背景中。由于设计活动在现代社会景观构建中具有愈加明显的作用,一种自觉意识从中逐渐生发。现代主义设计的先驱们思考的出发点是希望通过重新构建工业品的审美价值来拯救人类的异化,本质上可以称之为"美学救世主义"。关于现代主义设计最初的核心范畴也正是在这一过程中建立,并通过对彼此之间关系的构建与打破形成"美的标准",这些标准将通过物质世界的检验规定产品在"美"和"好"这种形上学层面的价值。

明确在理论上提出将"美的艺术"融入工业设计的尝试源自19世纪中期的英国。彼时英国上流阶层力图通过艺术提高工业品的审美质量,进而摆脱工业时代带来的道德困境。这种理论的尝试先导源于17世纪中叶的法国,这里的"趣味"(Gôut)作为一种表意味觉的术语,逐渐具有审美评价的内涵。这一术语在18世纪初传入英国,并被引申为一种有关审美判断力的表述,成为艺术批评的中心概念之一。[①] 19世纪40年代,伴随着城市化的加快和中产阶级的产生,第一批现代意义上的"大众消费者"在英国开始出现。虽然英国的工业水平不逊于法国,但英国产品在与高品质的法国工业品竞争时经常面临缺乏竞争力的尴尬局面。原因之一即在设计师的帮助下,法国产品能够在工业生产中具有更敏锐的市场嗅觉和更高的审美价值,英国工业则整体上缺乏一种"追求艺术(美)的环境"[②]。1835年,英国下议院成立了"艺术与制造业特别委员会"(Select Committee on Arts and Manufactures)在议会和民间讨论了扩充美的知识的最佳途径和相应的设计准则,并呼吁建立官方的设计学校。[③] 时任议员的艾华特(W. Ewart)认为,法国建立国立教育机构和官方资助艺术展览的同时,培养了"有教养的生产者和消费者"(informed producer and consumer),而法国在小学教育中

---

① 关于趣味在法、英两种语境下的内涵变化梳理,参见邵宏:《设计的艺术史语境》,广西美术出版社2017年版,第87—94页。

② Paul A. C. Sproll, "Matters of Taste and Matters of Commerce: British Government Intervention in Art Education in 1835", in: *Studies in Art Education*, Vol.35, No.2, 1994, p.107.

③ Ibid., pp.105 - 113.

增加的艺术教育课程,使无论多么偏远的地方都能看到居民在日常起居中"对于艺术趣味的追求"①。正是在这场讨论中,美、商业和设计逐渐被整合进工业化的背景中进行讨论。

罗斯金(John Ruskin)的理论在这一变革中发挥了重要的影响。在罗斯金看来,好的趣味"在本质上是一种品德……它只能是品德"。②人的品德能够决定其趣味,由个人组成的国家,其趣味以及由此产生的艺术无疑是"社会美德和政治美德的缩影",只有品德高尚的人和国家,才能创造高尚的艺术和世界。这与早年写作《现代画家》时的罗斯金坚持以无功利原则作为批评基础的观点相比已有明显转变。1870年之前的十年间,罗斯金几乎没有写作重要的艺术论著,而是专注处理政治和社会问题。正是在此期间,罗斯金的思想开始转变,放弃了对基督教福音派的信仰,并相信服务于社会和经济变革是产生伟大艺术的前提,③1870 年出任牛津大学斯莱德讲席教授的就职演讲是其理论修正的标志性转变。他重新论述了对哥特和希腊两种艺术传统来源的看法,"将自己深耕多年的两大领域——艺术和政治经济学——融合起来,形成了一种经济学视野下的审美价值观"④。这种理论上转变的关键原因在于他目睹英国流行的粗制滥造的工业品及工业社会对人的异化,正如莫里斯(William Morris)哀叹:"工业产品将会带来的后果,就是同时毁灭工匠和消费者双方的精神;机器本身没有灵魂,它会让人类也同样失去灵魂。"⑤

至此,罗斯金的美学理论与当时以科尔(H. Cole)为代表的一批设计实践者的观点并无根本分歧。科尔也希望用设计实践来说明每个人对日用品的选择都有自身的趣味准则,以实用为主要目标的设计品可能不像艺术品那样流芳百世,但也应当有自身的道德效用。真正区

---

① Paul A. C. Sproll, "Matters of Taste and Matters of Commerce: British Government Intervention in Art Education in 1835", in: *Studies in Art Education*, Vol.35, No.2, 1994, p.107.

② 转引自朱立元编:《西方美学思想史》(中),上海人民出版社 2009 年版,第 1098 页。

③ Kenneth Daley, "From the Theoretic to the Practical: Ruskin, British Aestheticism, and the Relation of Art to Use", in: *Prose Studies*, Vol. 20, No.2, p.91.

④ Linda Austin, *The Practical Ruskin: Economics and Audience in the Late Work*, Baltimore: The John Hopkins University Press, p.1.

⑤ 转引自弗兰克·惠特福德:《包豪斯》,林鹤译,生活·读书·新知三联书店 2001 年版,第 9 页。

分二者的，是将美的道德效用落实到实际操作层面上的方式。罗斯金深受经验主义的影响，他认可艺术屈从于某种自律性，但艺术具有符号实用目的和自由表达想象两重目标，这种实用性应当是艺术的根本属性之一。资产阶级泛娱乐化的艺术趣味，只能让他们营造并陷入“虚假的生活”，徒有其表地借用“虚假”的艺术，以掩饰工业品对于机器之类外部因素的屈从。“罗斯金式”的生活一方面是理想化的，他通过回归理想的中世纪式生活以拒斥机械生产的工业社会，同时又具有重视实践的一面，通过重新划分艺术家和工匠在劳动分工上的区分，罗斯金提出真正的艺术是应用性的艺术，它具有增强宗教信仰、完善精神状态、提供物质服务三大功能。只有当艺术具有实用性的时候，才不会落入虚假的陷阱。

在罗斯金理论的基础上，以莫里斯为代表的一批艺术家与设计师在英国发起了“工艺美术运动”。莫里斯本人来自中产阶级家庭，是拉斐尔前派的重要成员。在莫里斯公司的产品设计中，他主要负责的是图案的制作，这种带有中世纪风格的图案在市民消费者中极受欢迎。19世纪70年代开始，莫里斯在英国多个城市公开宣讲自己的设计理论，听众以艺术家、建筑师、各种手工业者以及艺术院校的学生为主，讲稿后来结集出版，即《对艺术的期望与担忧》(*Hopes and Fears for Art*)一书。稍晚，这场运动主要成员之一莱塞比(W. Lethaby)在莫里斯理论的基础上著成《文明中的形式》(*Form in Civilisation*)一书，进一步完善了莫里斯的理论，莫里斯主义(Morrisian)开始在工业设计实践上形成自身的理论体系。

莫里斯主义的新见之一是“佳作”(good work)理论。“佳作”观念落脚点在于“原真性”(authenticity)，这是不同于生产消费原则和审美自律性之外的另一个概念。只有在“佳作”的基础上，艺术才有栖息之地。一名不被异化的工匠，“必须被允许思考他的劳动，并能够根据工作情况的变化和心境对作品进行修改……如此，一名工匠才能被称作一个劳动者，而非一个执行者。”[①]从实践和理论两方面，罗斯金对莫里斯主义的影响是显而易见的，莫里斯本人亦承认这种影响。莫里斯主义与以“伦理-神学”为内核的罗斯金理论的区别之处在于：建立在“艺术-生活”关

---

① William Morris, “The Lesser Arts”, in: *Hopes and Fears for Art*, http://public-library.uk/ebooks/43/11.pdf, pp.1-12.

联上;发展式(developmental)而非反思式(contemplative)经验方式。[①] 它是一种建立在实践基础上的一般性思考,在方法上区别于传统美学的主要方面。莫里斯主义希望从设计功能出发,去寻找一种在理论和艺术中都具有合法性的实用艺术理论。这一理论的影响在设计史中受到的关注远大于哲学界,然而有研究指出实践美学、日常生活美学与莫里斯主义具有相似的理论基础,但莫里斯等人的理论在这一研究中并没有获得太多的关注与承认。[②]

需要注意的是,莫里斯本人对机器和大工业生产的拒斥常被视为在工艺美术运动中得到贯彻的根本原则,这一认识并不全面。佩夫斯纳(N. Pevsner)在《现代运动的先驱者》(*Pioneers of the Modern Movement*)中过度强调了工艺美术运动的先驱在理论上的激进,这一观点实际上把莫里斯主义的多元性简单化了,也忽略了这批先驱为了在工业社会中生存而不得不抛弃的部分空想与原则。[③] 一个典型例子是,工艺美术运动在首次展览会中将机制金属产品摆在手工艺作品旁一道展出。[④] 莫里斯的门徒,工艺美术运动展览会的创立者克里恩(W. Crane)含糊其辞地解释了展品鱼龙混杂的原因:"莫里斯主义的最大长处在于它既能简洁,也能华丽。"[⑤]面对与工业产品的竞争,坚持莫里斯主义的设计师也多受挫折,利伯提百货(Liberty. Co)之类的大型商业公司利用机械化和流水线生产迅速仿制了他们设计的昂贵的手工家具,以迎合新兴中产阶级的需要,对坚持手工业生产的行会造成了巨大冲击。而莫里斯、戈德温(W. Godwin)等工艺美术运动的代

---

① Paul Guyer, "History of Modern Aesthetics", in: Jerrold Levinson (ed.), *Oxford Handbook of Aesthetics*, Oxford: Oxford University Press, 2003, p.30.

② 佩兹较早地注意到了两者之间的关联,而生活美学运动大多将杜威视为理论的源头,极少提到莫里斯等人在理论上的贡献。见 Jeffrey Petts, "Good Work and Aesthetic Education: William Morris, the Arts and Crafts Movement, and Beyond", in: *Journal of Aesthetic Education*, Vol. 42, No. 1, p. 33. 关于杜威与生活美学,参见 Crispin Sartwell, "Aesthetics of Everyday", in: Jerrold Levinson (ed.), *Oxford Handbook of Aesthetics*, Oxford: Oxford University Press, 2003, pp. 761 - 770.

③ 伊丽莎白·卡朗,温迪·卡普兰:《艺术与手工艺运动》,胡天璇、胡伟立译,浙江人民美术出版社 2019 年版,第 7—8 页。

④ Mary Greenst (ed.), *An Anthology of the Arts and Crafts Movement: Writings by Ashbee, Lethaby, Gimson and Their Contemporaries*, London: Lund Humphries, 2005, p.2.

⑤ Ibid., p.1.

表人物甚至也曾应邀为利伯提百货公司设计家具。这些现象说明无论是罗斯金的“重归哥特”还是莫里斯主义，重心都在于借美学理论和实践提出一种革除工业社会弊病的方案，而不是对某种特定历史风格的怀念。将设计美学化的真正源头，是工业时代之后“一体化的生活”的逐渐解体与分化。从这种意义上说，设计作为一种工业性的社会性活动，其根本目标不是再现古代样式或创造某种取悦感官的风格，而是导向群体“适应哪种生活，表达哪种生活”。[①] 现代主义者第一次意识到了这一问题，正是在这一基础上，现代主义和后现代主义的设计师们才能生而即有一种匡救时弊的使命感和以设计引导生活的主动性。

到 20 世纪初，设计在群体伦理和个体日常生活中的重要角色已经在发达工业国家中获得普遍承认。穆特修斯(H. Muthesius)甚至开始对设计的这种过于沉重的负担表示担忧，他认为设计已经“担负了令人不安的教育重任……它们要变成一种文化教育的手段。各种应用艺术的任务，是对各个阶层再次传授敬业、诚恳、资产阶级的单纯这些品质……它们将持续影响一代人的品质。”[②]森佩尔(G. Semper)之流的激进技术主义者认为实现这一目标的最佳做法就是将设计师培养成兼具艺术和理性的工匠，将之作为开发机器生产潜力的辅助者，“形式服从功能”这一口号被现代主义设计师奉为圭臬。在实践上，穆特修斯的标准化图样经过德意志联盟的推广，将审美实用化的职能归于教育社会。而在理论方面，他们学习新柏拉图主义将古典美学的精神与准则融入工业生产中。柯布西耶(Le Corbusier)可能是其中最激进者之一，他鼓吹将机器转化为艺术品，通过机器和设计师来创造属于这个新时代的美学：“那些从事工商业因而生活在有魄力的气氛之中并在这种气氛中创造无可置疑的美的产品的才智之士，自以为跟美学活动相去甚远。他们错了，因为他们正置身于现代美学的最积极的创造者行列之中。”[③]这一理论与通用公司的总设计师贝伦斯(P. Behrens)的观点有异曲同工之妙：“什么时候、用什么方法，才能把我们这个时代的伟大的技术成就，变成一种成熟的、高级的艺术，这个

---

① 雅克·朗西埃：《美感论：艺术审美体制的世纪场景》，赵子龙译，商务印书馆 2016 年版，第 155 页。

② 同上，第 162 页。

③ 勒·柯布西耶：《走向新建筑》，陈志华译，陕西师范大学出版社 2004 年版，第 77 页。

问题至关重要。”[①]借助古典美学对机器进行审美改造的观点最终发展成以芒福德(L. Mumford)为代表的技术美学。对技术和功能的激进追求,通过去除装饰元素,现代设计在一定程度上比造型艺术中的现代主义更接近美学意义上的纯洁,从自身的功能和产品价值重新定位自身美学的范畴。

设计用了近半个世纪的时间,如现代艺术一样建立起了与道德的联系。在这一联系的基础上,现代设计在理论和实践上确立了理性和功能的主导地位,重新划分了装饰、象征和协调等因素,并建立起新的等级关系。现代主义设计运动的两大核心命题——“形式服从功能”和削减表现性元素也说明了这一点。这种生发于机器时代(Machine Age)的现代主义美学,取消了时代、文化、哲学等一切外因在物上的作用,专注于功能,演化成现代设计的基本原则之一。至此,一种立足于美学和伦理层面的理论思考通过全球化市场获得了前所未有的影响力,工业领域的国际化竞争导致欧洲各国争相修建本土设计学院和工艺美术博物馆,推广某种具有地域和文化特征的设计风格。人类生活的组织方式通过公认的设计经典标准进入千家万户。现代设计师的独特能力被定为为广大市场设计一种价格适中而又具有较强功能性和美学体验的产品,设计因而具有了一种前所未有的推动社会变革的能力。

全球性的审美共同体正是通过设计的推动建立起来的。工业化在恰如其分地满足现代生活的各种需求的基础上,通过批量生产迫使个体用感官学习最优逻辑带来的和谐形式,对人的精神进行教导。但同时标准化逐渐排除个人选择的可能,个人审美倾向虽仍然存在,这种差异却在使用设计品的过程中逐渐缩小,分化的个人精神领域被转变成为一种对共同生活形式的追求。这一审美共同体的塑造不以个人意愿为转移,而是以其所生活的环境为决定因素。主要原因是从早期罗斯金理论到技术主义者的新美学理论已经使设计的目标转向,在工业化时代为主体提供了一种特别的感受模式与可感环境。正是在这一机制和认识的基础上,新的美学理论预设的平等、自由、民主的“元政治”理想得以表现,其统治权从贵族转交至资本和技术掌控者的手中。在这个乌托邦中,设计扮演着深入主体间性关系中的中介形式(Form der Mitteilung)的角色。它确实让主体的日常生活审美化,但

① 转引自弗兰克·惠特福德:《包豪斯》,林鹤译,第16页。

这并非其根本目标。正如朗西埃(J. Rancière)所说,“审美的范式所形成的,是一种新的共同体……它可以终结之前让人总以各种手段去求其目的的共同体。”[①]无疑,设计在这个共同体中的重要地位是新的美学理论赋予的,它甚至重新发掘了已经作古的艺术品曾经具有的设计功能,如朗西埃分析希腊神庙和雕像的社会作用即可证明这一点。在这个乌托邦里,设计完全脱离于艺术,毫不犹豫地剔除了残留的古典精英审美,以其实用性作为构建自身美学价值的途径。在后工业社会中,以后现代主义为代表的一股强有力的解构力量以一种不同于现代主义设计的方式,反抗着现代主义的统治。

三、后现代设计的三种解构进路

从现代设计与后现代设计的关系来看,后者建立在对前者的反叛上。这一反叛以两种路径实现:一方面追求重塑大众体验社会的消费需求,另一方面依靠科学成果实现形式语言的更新。后现代设计的起步以解构性的面貌出现,建筑师文丘里(R. Venturi)在 1962—1964 年间为母亲设计的一所民用住宅常被视为后现代主义建筑的开端:倾斜而非平整的屋顶、具有强烈装饰意味的正立面、开裂的山墙,都体现出了样式主义(mannerism)的特征。使用大量的装饰元素是后现代主义的典型特征之一。曾经被现代主义抛弃的装饰似乎又重新回归了,“少即乏味”(less is bore)成为一条对现代主义法则的宣战口号。文丘里在其《建筑的复杂性和矛盾性》(*Complexity and Contradiction in Architecture*)中用诗一般的抒情语言宣布现代主义建筑在方法论层面上的死亡,其“死因”是对建筑“整体”(totality)属性的排斥。[②]这里的“整体”不同于包豪斯的“整体”(unity),文丘里的整体指的是一种侧重异质性的整体,它既不排斥未解决的因素,也注重对于多样性的保存。这股始自建筑领域的后现代浪潮在 20 世纪 70 年代蔓延开来,迅速形成新的设计追求。后现代设计实际上是“某种意义上超越了现代

---

① 雅克·朗西埃:《美感论:艺术审美体制的世纪场景》,赵子龙译,第 8 页。

② Robert Venturi, *Complexity and Contradiction in Architecture*, London: Architectural Press, 1977, p.23.

主义精神的文化现象而作出的一种非限定性的概括”。[①] 它从未呈现出某种统一的形态或风格,复数性(multiplicity)和自由是其标志,具有明显风格的国际性设计运动逐渐消失,作品、理论和现象被归入“后现代”这一时髦但范畴不明的术语之中。这种“后现代状态”(la condition postmoderne)以多样性和不可通约性为特征,又以其纯粹反现代、反美学的姿态常被诘责为一种“快乐的虚无主义”。这意味着无法再用“穷举-归纳”的方式来书写一部具有风格演进式的设计史。如果说现代主义设计是以结构的确定性和整体性来确保功能和理性的地位,后现代设计则是通过回归形式和装饰以诉诸感性,从而实现对现代主义的“反中心和反固定化”[②]。

新的诉求带来的是形式语言的更新。后现代设计经常通过使用新材料和剪切、拼贴传统的视觉母题以形成一种不同的审美体验。当代美国艺术家/设计师阿沙姆(D. Arsham)的“未来考古”系列作品利用混凝土、石膏、乙炔喷枪等现代材料和工具,对球鞋、建筑和汽车等当代日常生活用品进行了形式上的重塑,同时呈现出一种古典和未来的面貌,日常生活用品借此获得了一种未来主义的特质,同时又在一定程度上保留了实用功能。阿沙姆对日用品的处理,不同于工程师和雕塑家,不妨称之为一种解决实际问题的“设计的方式”(designerly ways)或设计的实践智慧(prudence)。[③] 美学价值正是在这一过程中融入设计品中。同样,现代主义并不否认产品的审美价值,只不过这种价值在功能至上理念下处于次要地位。“形式追随功能”的原则确实能创造审美体验,只是这一原则在设计一件吸尘器或电视机上的美学效果,要远超一把椅子或茶壶。通俗地说,这种原则应用在“躯—壳”(body-shell)类物品(电视机)比“功能—形式”一体化的物品(椅子)上更为有效。后现代主义者在切断了功能与美的这种联系后,必然要通过一种新的方式重新建立起设计品中美的价值取向和欣赏方式。问题在于这一目标是如何实现的。

使用装饰(ornament)和材料是其中应用最多的两种手法。在确

---

① 梁梅:《现代主义之后的设计》,华中科技大学出版社 2017 年版,第 120 页。

② 沃尔夫冈·韦尔施:《我们的后现代的现代》,洪天富译,商务印书馆 2004 年版,第 158 页。

③ Bruce Archer, “Whatever became of Design Methodology?”, in: *Design Studies*, Vol.1, No.1, p.17.

保功能的前提下，后现代主义设计师不排斥通过花纹和色彩来装饰产品，如文丘里的《母亲之屋》中的鲜花山墙和格里夫斯（M. Graves）的俄勒冈公益大厦，古典主义的痕迹显而易见。另一种典型的方式则是借用材料科学和工业技术的突破。丹麦设计师坎贝尔（L. Campell）的作品《浑圆》（*Very Round*）使用了厚度仅有 2 毫米的激光切割钢材，使一件体积巨大的椅子制作得看起来像剪纸一般轻盈，看似脆弱的构件与实际坚固的材质，厚重的体量与轻盈的视觉效果，这些在现代主义中对立的属性同时出现在由 260 个单一圆形复合构成的双层中空结构，具有极强的美感。虽然中空的结构、钢材的选用、腿部不直接落地的外形设计，都影响了椅子的实际功能，但这把椅子仍以限量编号发售的形式在国际高端市场上流通。对立的形式引起了一种诗意的体验，取代了实用功能而成为其商业价值的基础。对于装饰和材料的依赖，使后现代设计排斥对自然材质及其功能的审美。现代主义认为材料和审美价值的关系取决于材料的效用是否符合功能的要求。《大希庇阿斯》篇中苏格拉底对金制搅拌勺和木制搅拌勺在美学层面上的比较是功能论的典型例证。苏格拉底认为金制勺虽然材料贵重，但不便于使用因而不美，而橄榄木勺轻巧易用且与粥的味道协调，这种功能上的简明以及如是显现更接近真，故而更美。然而现代材料技术的进步已经使苏格拉底对于金属和橄榄木两种材料性质对立的预设失效，现代化学镀和仿木纹技术已经可以对材料表面进行金属化或仿木纹涂装，从而在视觉上达到以假乱真的效果，并具有更好的耐磨、防腐和装饰作用。[①] 就功能而言，伦敦大学近年的材料学研究表明，金属制勺在品尝某些食物时能够提升味觉，如特制的铜勺和锌勺在食用海鲜时效果不佳，但在品尝芒果类酸甜性食物时能够产生一种美妙的味觉，因为酸能够置换出表面涂装的金属，且少量摄入对人体有益，而用金勺食用甜品则会产生出一种绵密柔顺的味觉。[②] 后现代设计通过使用新的技术赋予物以某种质感的尝试是如此成功，在部分后现代的设计中已经取代了功能的地位。

最后一种方式，则作用于主体与主体、主体与物之间的交互过程。

---

① 刘玉寒：《现代家具创意设计》，吉林美术出版社 2019 年版，第 185 页。

② Fuchsia Dunlop, "Spoon Fed: How Cutlery Affects Your Food", in: *Financial Times*, 2012(5). accessed June 7, 2023, https: //www. ft. com /content /776ba1d4-93ee-11e1-baf0-00144feab49a.

以两件作品为例:Nick Verstand工作室设计的视听装置《光晕》(*AURA*,2017年荷兰设计周首展)代表了这种方式,体验者通过佩戴多个可穿戴式生物传感器,记录脑电波、心率变化和皮肤电化学反应,机器分析情绪"数据"后将人的情绪具象化为一种可感知的有机脉冲光线。随着播放音乐的变化,体验者的情绪变化具象为一种象征性的光罩,所有在场的观众均可见到。《光晕》象征着(内部)形而上空间到(外部)物理空间的物质化,设计者希望通过这种装置,探寻这种感知过程如何影响我们对自己和彼此的理解。另一件类似的设计作品是丹麦设计师潘顿(V. Panton)的前卫室内设计作品《幻象2号》(*Vision II*,1970)。潘顿用自己标志性的一体化手法,把空间内所有的家具、灯具,在材质、形式和颜色上进行统一的设计,打造出供人生存的"整体环境"(total environment)。所有用具在外形上采用贴合人体的轮廓线,材质上则使用聚氨酯等硬质泡沫塑料。由于所有的家具都是可以挪动拼合的,厨房、卧室之类的功能分区被打破,随着主体的移动会随之出现不同的空间视角。

这种以形式语言突破束缚的进路,使后现代设计与当代艺术呈现出某种相似的特征。需要注意的是,二者在审美价值上有根本性的不同。艺术作为一种媒介,始终以将给定他者具象化为目标。如果要将艺术把握一种无法表现或无法推论事物的能力概念化,可称之为制造"意义盈余"(surplus of meaning)的能力,如熟悉现代艺术的观众都清楚卡特兰(M. Cattelan)的《二十世纪》通过展示一件吊起来的动物标本,能够何等有效地产生超越性的意义。在当代艺术中这种意义不通过媒介直接具象化,而是通过艺术作品结构传达却又与之分离的"他者"(ein Anderes)来传达。这种超越性意义的审美价值是否被庸俗化为资本主义审美共同体的一种元素,关键在于它的功能和位置。譬如美术馆中展览的75厘米×30厘米的哈林漫画和一件胶印的哈林漫画T恤衫之间的区别。但艺术品要保证"盈余"或"他者"的结构稳定,在美学基础上依靠审美自律,在体制上则存活于博物馆、画廊和拍卖行等"艺术世界"之中。虽然后现代设计在很多情况下也能传达出类似的"盈余"(如《浑圆》中的椅子),但彻底取消功能原则的设计品是否还属于设计的范畴则要打上一个问号。

如前文所言,后现代设计前所未有地接近和背离着当代艺术,直观体现在设计品在传达"盈余"的方式上。最有效的方法是,设计师需要有意识地通过对"盈余"的增加或削减来构建一种"可控"的审美经验。这种可控性保证一件后现代设计作品使用装饰手法或新型媒材时，与使用了完全相同装饰图样的古代作品或未来艺术存在根本差异，这种差别在于，形式仅仅作为一种手段，即形式的目的不是为了装饰而装饰，而是创造出一种推动交互场域与感知方式的必要条件。使用者把握这种审美效果时必须接受这个场域的限制，对于对象的把握，取决于设计师希望他们看到的内容。设计师开始有义务，也有能力设定主体获得美的经验的诸多条件，这种条件的集合形成了一种新的经验领域和感知方式。这种感知方式改变的终极目标，在于推动使用者对已经庸俗化了的商业世界产生一种新的知觉，就像塞尚的《圣维克多山》生产了一种新的观看世界的方式那样。[①] 一件真正可以被称为"后现代"的设计品，其审美体验也建立在这种场域之上。

这种场域审美经验的过程常常是无意识的。现代设计对功能的强调，已经令使用者习惯于使用理性来评定这种审美感受。比如在看到最新的一台智能手机时，对它的美学评价常建立在屏幕尺寸、重量、机身材质等上。于是，反功能主义的后现代设计用矛盾的形式来"迫使"使用者困惑、思考其使用方式，从而使场域生效。坎贝尔的椅子、潘顿的空间以及情绪可视化装置，都是在技术和材料更新的基础上，赋予设计师无限地在场域中营造审美效果的能力。场域中可产生审美体验的要素不再是某个限定的有形客体，还可以是出自某个人、某个场景、某个产品或某座建筑一瞬间的"印象质(Anmutungsqualitität)"[②]。"迫使"使用者放弃对功能的唯一追求后，通过光线和视角，使椅子、空间和人的情绪在一个不确定的背景中无目标地移动，在此时这种移动开始对美的经验负责，它将纯粹形式的吸引力通过物表现出来。气氛、空间、肉身和情绪一同构成审美经验获取的必要途径。如果我们不再将在网络游戏或虚拟世界中的经验降格为一种幻觉，这种基于场域的审美感受或许有资格成为一种真实存在的经验。在这一过程中，技术手段的作用在于消除幻境与现实的隔膜，装饰手法既不是从古代图像

---

① Bernard Stiegler, "The Tongue of the Eye: What 'Art History' Means", in: Jacques Khalip, Robert Mitchell (eds.), *Releasing the Image: From Literature to New Media*, San Francisco: Stanford University Press, 2011, pp.222 - 236.

② 格诺特·波默:《气氛美学》，贾红雨译，第 289 页。

中习得,也不服从功能的规范,而是从产生场域的要求中获得。在这一过程和场域中,由于我们只能涉及认知的形式所决定的先验对象,我们仍在与自身打交道。但设计的目的在这一过程中已经发生了变化,它不再是服务于功能的需求,而是由外而内地营造整体,成为自身形式语言的来源。

(作者单位:中国社会科学院哲学研究所)

学术编辑:胡　镓

工业、科学与艺术
——机器美学背景下的工业设计研究

唐静菡

内容提要： 美国于20世纪20年代率先发展了工业设计，并将其职业化。此时的美国洋溢着一种对人造美的痴迷，工业、科学与艺术在工业设计领域内合流，通过现代都市景观的营造形成了前所未有的机器崇拜。赫伯特·里德、谢尔顿·切尼和玛莎·坎德勒·切尼、瓦尔特·本雅明、小阿尔弗雷德·H.巴尔等众多知识精英对此新现象作出了回应，他们从历史、美学、策展各个层面对机械时代的艺术进行了解读。在经济发展、技术进步和现代主义的影响下，工业设计产品的普及改变了以往艺术品的阶级属性，从而成为该时期理论家讨论的对象，形成了该时期独特的机器美学思想。

关键词： 工业设计　机器美学　社会-文化

1935年，赫伯特·里德（Herbert Read）在其著作《艺术与工业：工业设计的原则》（*Art and Industry: The Principles of Industrial Design*）中反复问到："机器能生产艺术吗？"[①]这是一个看似简单的问题，因为规模化生产的日常生活用品与追求"灵韵"（aura）的"此时此地"（hier und jetzt）的艺术品是完全对立的两种事物，因而机器不能生产艺术。但是，在技术呈现爆发式发展的20世纪30年代，这个看似只有唯一答案的问题却产生了不一样的回答。"机械时代"（Machine Age）[②]是一个全新的时代，摩天大楼、汽车、飞机、家用电器

---

① Herbert Read, *Art and Industry: The Principles of Industrial Design*, New York: Harcourt, Brace and company, 1935, pp. 33 - 39.

② "机械时代"于1927年首次出现在《纽约时报》上，是该时期被普遍使用的自我指涉概念。机械时代这一概念的出现帮助此时期的人们理解美国是如何从一个以农村为主的新教社会向一个由汽车、收音机和电器组成的现代城市社会的转变。详见 Alan （转下页）

等新事物出现在生活中的各个方面，大都市景观创造着美好生活的神话，这些都完全改变了人们的知觉经验，而艺术家、知识分子对机器产生近乎宗教般的崇拜也就不足为奇了。[①] 此外，20 世纪 30 年代也是广告和宣传兴起的时代，虚拟的图像和简洁的语言使这个时期的大众相信广告所塑造的现代生活，由此大众与精英在这个时期产生了某种程度上的合流，共同畅想着机械时代所带来的改变。因此，由消费所产生的日渐美化的机器产品开始得到了理论家的关注，里德才会在其著作中不断询问机器是否能生产艺术并寻求解决方案，试图将工业产品纳入艺术或者说美学的范围之内。

研究"机器能生产艺术吗"这一问题可以让我们重新思考现代性的学术批判与实际历史中现代生活的关系。在今天看来，工业化所带来的"现代"是一个备受学者批判的对象，以阿多诺（Theodor W. Adorno）为代表的法兰克福学派对资本主义消费社会持质疑态度，认为这种伪文化预示着个体及自由可能性的消失，阿多诺直言："工业化是艺术走向消亡的终点。"[②]但是，这种反思性的理论构建并不是在机械时代就已经形成，我们谈论"机器能生产艺术吗"这一问题时必须回到当时的语境中，以及考虑处于不同"现代"下的现实大众生活，正如米瑞尔姆·汉森所言："对霸权现代主义有些过度的批判性修正削弱了关于现代主义（来自艺术家和知识分子的运动所造成的先入为主的偏见）的讨论，同时也削弱了把后者与现代性和现代化政治经济的进程（包括大众与传媒文化的发展）分开理解的努力。"[③]

本文所立足的是 20 世纪 30 年代的大众生活，研究对象是机械时代的部分学者对于工业设计的思考，试图从更广阔的视角去分析 20 世纪 30 年代有关机器和艺术的问题，更全面地去理解和把握当时这些理论提出的意义，以及工业设计所带来的观念上的改变。

（接上页）Trachtenberg, "The Art and Design of the Machine Age", in: *The New York Times*, Sep. 21, Section 6, 1986.

① 大卫·瑞兹曼，若斓达·昂：《现代设计史》，李昶译，中国人民大学出版社 2013 年版，第 229 页。

② 阿多诺：《美学理论》，王柯平译，四川人民出版社 1998 年版，第 372 页。

③ 米瑞尔姆·汉森：《美国、巴黎与阿尔卑斯——克拉考尔（和本雅明）关于电影和现代性的研究（1995）》，《现代性的视觉政体》，唐宏峰编，河南大学出版社 2018 年版，第 614 页。

一、工业设计的审美化

在20世纪30年代的美国，虽然“工业设计”(industrial design)在市场经济的推动下发展得已经很成熟，但并没有受到学术界的太多关注。1936年，谢尔顿·切尼(Sheldon Cheney)和玛莎·坎德勒·切尼(Martha Candler Cheney)指出：“(工业设计)表现形式是如此之新，以至于几乎没有人尝试去评估它，追溯它的起源，或确定它的边界。在这十年内，新的艺术职业和新的艺术产品都没有得到命名。‘工业设计’是一个没有具体含义的术语。”①

如切尼所说，此时还没有出现一个公认的对工业设计的定义，美国于1927年出现了“工业设计师”，但这一称谓直到1944年才被美国政府接受为合法的职业名称。② 在职业名称合法化的过程中，工业设计产品已经全面进入美国家庭的日常生活中：“当欧洲同行们还将自己的眼光局限在建筑和装饰艺术范围内的时候，美国人已经戏剧化地让全世界的电冰箱、吸尘器、厨房电器、相机，以及汽车面目一新。……汽车在欧洲仍是富裕阶层专属的奢侈品的时候，在美国却已经成为普通民众可以担负得起的家庭交通工具。”③这种生活中可见的变化是由一系列力量合力完成的，工业产品的普及只是这些力量推动下的社会表象。20世纪20年代，得益于标准化、劳动分工、大规模生产和兼并，美国的工业产出已经翻倍，国民生产总值以及人均工资也得到了可观的增长。大规模的生产通过广告刺激了大规模的消费，甚至是超前消费，“到1927年，国家的广告费用自1920年以来翻了一番，达到15亿美元”④，广告费用的增长直接反映

---

① Sheldon Cheney and Martha Candler Cheney, *Art and the Machine: An Account of Industrial Design in 20th-century America*, New York: McGraw-Hill Book Company, Inc., 1936, vii.

② Amy Baker Sandback, “Industrious Art”, in: *Artforum*, 1990, Vol. 29, No. 4, pp. 104 - 107.

③ 王受之：《世界现代设计史》，中国青年出版社2015年版，第195页。

④ Arthur Marwick, “The Great War, Mass Society and Modernity”, in: Charlotte Benton, Tim Benton and Ghislaine Wood (eds.), *Art deco 1910 - 1939*, London: Bulfinch Press, 2003, p. 32.

出消费者需求的扩张。此外，城市化也在迅速进行着，“1920年的美国人口普查显示，1.06亿人口中的51.4%生活在2500人以上的社区，……四分之一的美国人居住在68个10万人口数以上的城市”①。大都市的发展，如摩天大楼，增强着公民的自豪感以及对经济转好的信心，虽然有大萧条的阴影，但消费主义和大众广告却是不断增长的领域。

设计行业兴起于此背景之下，从行业内来看，其繁荣得益于以下多方面的因素：首先是标准化的生产。第一次世界大战后美国迅速将兵工生产转型投入各个行业，推广了流水线的大批量生产，特别是在汽车行业；其次是新技术与新材料的运用。新材料、新技术带来了完全不同的形式与使用体验，比如空气动力学带来的流线型或铝合金的器皿；再次，市场竞争推动了设计的发展。不论是在大萧条之前还是之后，设计师的地位都十分重要，摩天大楼的内部设计以及橱窗展陈离不开设计师，为了促进消费而大量投放的广告以及令人耳目一新的产品外形也是设计师的功劳；最后，现代艺术的影响。抽象艺术，即艺术家对纯形式的探索，启发了设计领域内的改革，最为著名的例子是包豪斯在教学上的尝试，康定斯基(Wassily Kandinsky)、保罗·克利(Paul Klee)的形式探索直接与设计工作挂钩，这对后来世界范围内的设计活动产生了影响。此外，现代艺术展览与博览会直接作用于设计领域，比如1934年纽约现代艺术博物馆的“机械艺术”(machine art)展览(图1、图2)，或是1939年纽约世界博览会“建造明日世界”(Building the World of Tomorrow)，都是在向设计师和大众证明，设计与美好生活息息相关，并且与传统艺术一样，设计品也可以放在博物馆被当作欣赏的对象。

由此可见，工业设计不仅成为日常生活、经济发展的重要内容，也开始在艺术领域大展身手，不断美化的工业产品已经不止于实用和装点，更成为当下的审美对象，此时的学者们已经注意到了这一非同寻常的改变。

---

① Arthur Marwick, “The Great War, Mass Society and Modernity”, in: Charlotte Benton, Tim Benton and Ghislaine Wood (eds.), *Art deco 1910 - 1939*, p.32.

图 1　苏利文造船股份有限公司(Sullivan Shipyards, Inc.)制作的大型船用螺旋桨,展出于纽约现代艺术博物馆的“机械艺术”展,1934 年。图片来自纽约现代艺术博物馆艺术档案(The Museum of Modern Art Archives, New York. IN34.7),摄影:威廉·莱曼(William O. Lyman)

图 2　艾默和阿门德公司(Eimer & Amend)的实验用玻璃器皿,展出于纽约现代艺术博物馆的“机械艺术”展,1934 年。图片来自纽约现代艺术博物馆艺术档案(IN34.1),摄影未知

二、作为艺术的工业设计

切尼于 1936 年注意到了工业设计这一新兴领域,此时关注该领域的还有里德、刘易斯·芒福德(Lewis Mumford)、瓦尔特·本雅明(Walter Benjamin)、尼古拉斯·佩夫斯纳(Nikolaus Pevsner)、瓦尔特·格罗皮乌斯(Walter Gropius)、勒·柯布西耶(Le Corbusier)、弗兰克·劳埃德·赖特(Frank Lloyd Wright)、拉兹洛·莫霍利-纳吉(Laszlo Moholy-Nagy)、诺尔曼·贝尔·盖迪斯(Norman Bel Geddes)、小阿尔弗雷德·H.巴尔(Alfred H. Barr, Jr.)、菲利普·约翰逊(Philip Johnson)等等,他们分别从历史、设计、美学、策展等各个层面对机械时代的艺术进行了解读。

总体而言,这些见证新时代到来的知识分子有将传统所认为的非艺术品纳入艺术范围内的倾向,只是各自的论证路径以及论证对象有所不同。从工业设计这一刚兴起的领域来看,切尼是持完全支持态度的,并认为工业设计带来了新文化与新审美,他写道:“工业设计是一种独立于手工时代的新的艺术形式,是根据一种新的审美而产生的独立力量。”[①]

为了论证工业设计的艺术性，切尼提出了一组概念来区分手工艺术（传统艺术）与工业设计（新艺术），即“三维设计”（three-dimensional design）与“二维设计”（two-dimensional design）。切尼的观点较为明确，他认为新兴的工业设计是三维设计，传统的手工艺术是二维设计。从今天的角度来看，三维设计或二维设计并不是一组令人耳目一新的术语，工业设计或是其他艺术门类，比如雕塑、建筑、家具等，都需要三维而不是二维（平面）的创作。但值得注意的是，在 20 世纪 30 年代之前的美国，或者说在欧美国家，占据主流地位的还是以二维为主的艺术创作，比如绘画。设计领域中更是如此，一方面，在工艺美术运动、新艺术运动以及装饰艺术运动的影响下，图案设计或者广告设计占据着时代主流，装饰艺术家成功加入艺术家行列[②]；另一方面，为了吸引大众的目光，企业寻找艺术家绘制写实的技巧性广告或直接使用现代艺术作品当作广告。因此艺术和平面创作有了更多的联系，此时的“博物馆（甚至）鼓励工业家模仿工匠的装饰图案，使机器或其产品‘艺术化’”[③]。“艺术化”一词暗含了两层意思，第一层是工业产品的非艺术性，也就是说，只有通过优美且适当的装饰图案才能使工业产品成为具有审美价值的艺术品，其本身的形态不具备审美价值；第二层则是肯定了装饰图案的艺术价值，即装饰艺术与其他传统艺术类型具有同等地位。这与 19 世纪威廉·莫里斯（William Morris）所提倡的“小艺术”（lesser arts），约翰·罗斯金（John Ruskin）的“自然之美”，以及欧文·琼斯（Owen Jones）的“自然法则”[④]都有相通之处。需要我们注意的是，即便装饰艺术家和传统艺术家享有同等权利，也并不表明整个设计领域都与艺术相关，在工业革命的洗礼下，工业化或机械化

---

① Sheldon Cheney and Martha Candler Cheney, *Art and the Machine: An Account of Industrial Design in 20th-century America*, vii.

② 19 世纪末，在法国出现了“装饰艺术”（英语 decorative art，法语 l'art décoratif）一词，装饰艺术家与艺术家享有同样的权利。详见 Stéphane Laurent, “The Artist-decorator”, in: Charlotte Benton, Tim Benton and Ghislaine Wood (eds.), *Art deco 1910 –1939*, pp. 165 – 171。

③ Sheldon Cheney and Martha Candler Cheney, *Art and the Machine: An Account of Industrial Design in 20th-century America*, vii.

④ 详见 E. H. 贡布里希：《秩序感：装饰艺术的心理学研究》，杨思梁等译，广西美术出版社 2014 年版，第 33—63 页。

并不令大多数学者赞赏，机器不仅带来了效率也带来了批判，从马克思到芒福德，从罗斯金到里德，他们对于机器都保持着谨慎的态度，在艺术领域更是如此。①

纽约现代艺术博物馆的创始人小阿尔弗雷德·H.巴尔则从另一个角度直接表明了工业设计和艺术的关系，他首次将传统艺术与工业设计放在同一个框架内讨论。19世纪末，西方艺术界内部已经发生了巨变，过去占据主流的写实绘画受到了现代艺术的挑战，立体主义、未来主义、至上主义、达达主义、超现实主义、抽象艺术等风格或运动的兴起，都在不断改写艺术的定义，白色的画布是艺术，小便池也可以是艺术，从此对于"什么是艺术"这一问题有了无数激烈的探讨，传统艺术的边界已经变得脆弱不堪，因此属于大众生活的工业设计才有机会和艺术发生关联。

1934年，巴尔策划了以工业产品为主的"机械艺术"展后，于1936年再次将工业设计放到美术馆的场域中，与把工业产品放在展示架上欣赏不同，新展览进一步拉近了工业设计与艺术的关系，因为此次展览把传统的绘画、雕塑和设计作品放在同一个框架——抽象艺术——之下，由此将工业产品纳入了现代艺术中。图3和图4展示了该展览"立体主义和抽象艺术"(cubism and abstract art)的现场，也是在这个展览上，巴尔绘制了现代艺术起源和影响的图谱，并作为该展览图录的封面。"立体主义和抽象艺术"是一次奠定西方现代艺术脉络的重要展览。巴尔在展览上不仅陈列了塞尚、毕加索、杜尚、康定斯基、马列维奇、博丘尼、蒙德里安等艺术家们的一系列重要的作品，还挑选了当时新一代的艺术家，如亚历山大·考尔德、贾科梅蒂、亨利·摩尔的作品，更为重要的是，巴尔策展的视野并不局限于传统艺术领域，而是把当时正在兴起的现代建筑与家具、字体设计、海报、电影和戏剧设计都放入"立体主义和抽象艺术"的考量下。图谱清晰表明了巴尔对抽象艺术的思考，他归纳了两条线索来解释50年来的艺术发展现状，可总结为：

---

① 这些学者都或多或少强调艺术家的作用，即对机器生产表示一定程度的怀疑。比如罗斯金与里德都认为机械化的程度越高，人性就越丧失。详见E.H.贡布里希：《秩序感：装饰艺术的心理学研究》，杨思梁等译，第44—46页。值得注意的是这些理论家并不是完全否定机械生产，而是在寻找新的美的标准，比如里德。见Herbert Read, *Art and Industry: The Principles of Industrial Design*, pp.33–40。

图 3 “立体主义与抽象艺术”展览现场，纽约现代艺术博物馆，1936 年。从左至右分别是贾科莫·巴拉（Giacomo Balla）的《雨燕：运动路径 + 动态序列》（*Swifts: Paths of Movement + Dynamic Sequences*, 1913），翁贝托·博丘尼（Umberto Boccioni）的《空间中独特的连续形式》（*Unique Forms of Continuity in Space*, 1913），吉诺·塞维里尼（Gino Severini）的《行动中的装甲列车》（*Armored Train in Action*, 1915）。图片来自纽约现代艺术博物馆艺术档案（IN46.11A），摄影：博蒙特·纽霍尔（Beaumont Newhall）

（1）**新印象主义—立体主义—至上主义/结构主义—包豪斯/纯粹主义/新造型主义—几何抽象艺术**

即：塞尚—立体派—几何—笛卡尔、毕达哥拉斯和阿波罗—理性

（2）**后印象主义—野兽派—抽象表现主义/未来主义—达达主义—超现实主义—非几何抽象艺术**

即：高更—表现主义—非几何—卢梭、普罗提诺和狄奥尼索斯—感性

总的来看，巴尔看到了现代主义艺术中的两种抽象表现形式，一种是几何抽象艺术（geometrical abstract art），另一种是非几何抽象艺术（non-geometrical abstract art），这两种抽象艺术都起源于印象派，区别在于一个偏向理性，一个偏向感性，也就是今天我们所说的冷抽

图 4 "立体主义与抽象艺术"展览现场，纽约现代艺术博物馆，1936 年。从左至右分别是马歇·布劳耶(Marcel Breuer)的椅子(1925 年前)，柯布西耶的油画《静物》，萨伏伊别墅模型(Model of Savoye House, Poissy-sur-Seine, 1929—1930)以及椅子。图片来自纽约现代艺术博物馆艺术档案(IN46.37)，摄影：博蒙特·纽霍尔(Beaumont Newhall)

象和热抽象。按照巴尔的解释，第一种是"理性的、结构性的、建筑性的、几何的、直线的和古典的，因为它的严谨性以及对逻辑和计算的依赖；(第二种)是直觉的和感性的，而不是理性的；在形式上是有机的或生物形态的，而不是几何的；是曲线的而不是直线的，是装饰性的而不是结构性的，是浪漫的而不是古典的，是对神秘的、自发的和非理性的赞颂。"①理性的抽象艺术和西方哲学有着内在联系，而机器美学(machine aesthetic)则直接影响了几何抽象艺术的发展。巴尔在图谱中用红色字体和箭头表明了机器美学对未来主义、立体主义、至上主义、新造型主义、包豪斯和纯粹主义的影响，这种影响可以分为两个方面，一方面是在艺术作品中表现现代社会才出现的机械之美(如里维拉的壁画)，另一方面则是在创作中直接运用机械之美(如精确主义和纯粹主义)。当然这两个方面不是分离的，而是具有内在的联系，正如巴尔所写：

① Alfred H. Barr, Jr., *Cubism and Abstract Art*, New York: The Spiral Press, 1936, p.19.

机器的运动、速度和现代性让1909年的未来主义者兴奋不已。机器充满力量感的造型影响了雷蒙·迪尚·维永(Raymond Duchamp-Villon)创作于1913年的《马》;机器的复杂、奇异和非人性(inhuman life)让1916年的达达主义者们着迷[马塞尔·杜尚(Marcel Duchamp)和弗朗西斯·毕卡比亚(Francis Picabia)的作品无疑预示着纯粹主义的到来];机器的颜色,钢印字以及其构造中出现的管子和活塞的圆柱形,在1917年至1922年间激发了费尔南·莱热(Fernand Léger)的创作;但最重要的是机器的精确性,线条的简洁性以及不带人类色彩的优雅(impersonal elegance),影响了纯粹主义和后来勒·柯布西耶的建筑。①

在巴尔的分析下,机器美学对艺术的影响让设计——特别是现代建筑与现代家具设计——成功进入现代艺术的范围。但是,值得商榷的是,巴尔在这里所分析的设计是在几何抽象艺术的范围之内的设计,也就是说,大部分生活中的工业产品以及同时代的装饰艺术风格的作品都不在巴尔所构建的抽象艺术体系之内,正如图3和图4所展示的,这场非同寻常的抽象艺术展览将传统艺术与现代设计放在一起,但它们并没有处于一个空间之内,艺术家与设计师的分野依然存在。

通过对切尼和巴尔的观点的解读,我们可以看到工业设计和艺术生产的内在关联。切尼通过维度的转变来解释当时工业设计的独特性,其描述的三维设计和二维设计之差别在于器型和装饰纹样上,即形状本身所具有的审美价值属于三维设计,纹样或者图案具有的审美价值属于二维设计,从而切尼认为工业设计是新时期出现的新艺术。巴尔则从艺术史的角度分析和总结了当时正在蓬勃发展的抽象艺术,将具有精确性、抽象的现代设计和现代艺术放在同一个线索中进行思考,同样将设计纳入新时期的新艺术之中。但是,从根本上来说,切尼所总结的三维设计领域中的机械化规模生产的工业产品并没有真正地被纳入艺术的范围之内,虽然此时的知识精英已经注意到了机器对现代生活以及艺术的影响,但正如"立体主义和抽象艺术"展览一样,能够被选入的工业产品只是少数。

---

① Alfred H. Barr, Jr., *Cubism and Abstract Art*, p.163.

三、从手工艺术到机器美学:三种工业设计理论

切尼和巴尔对于传统艺术和工业设计做了区分,但对于现代生活中的工业设计来说,切尼的欠缺在于对工业设计的绝对艺术化,巴尔则局限于狭义现代主义的抽象中。因此,需要进一步分析这个时期有关工业设计艺术化的理论。

工业设计艺术化的前提是"工业"与"艺术"的结合,因此首先要明确的是该时期两者结合的基础。和切尼与巴尔一样,本雅明同样敏锐地察觉到了新艺术的出现,只不过他考察的重点是电影与摄影,而不是工业设计,但我们还是能够从其著名的《机械复制时代的艺术作品》一文中寻找某些支持。本雅明之所以能够总结"灵韵"这一传统艺术中的关键特质,是因为他所处的时代环境的根本改变,现代社会的形成、现代大众的出现以及现代生活的普及,让本雅明意识到了现代艺术之于古代艺术的嬗变,正如他在开篇所引用的保罗·瓦莱利(Paul Valéry)的论述:

> 近20年来,无论是物质还是时间和空间,都不再是自古以来那个样子了。我们必须看到,如此伟大的革新将改变艺术的全部技巧,从而影响艺术创新本身,最终或许还会导致我们的艺术概念本身发生令人无比瞠目(merveilleusement)的变化。[①]

20世纪30年代是一个技术改变生活的时代,第二次工业革命的成果已经在生活中普及,而正是带来便利的现代技术造成了"灵韵"的衰竭,距离的拉近让本雅明看到了艺术品的膜拜价值已经丧失,取而代之的是展示价值的增加,从而艺术品成为"具有全新功能的创造物"[②],也就是说技术的发展让大众对艺术的崇拜近乎消失,艺术的概念发生根本性的改变,新艺术由此诞生。当然,本雅明所说的新

---

① 瓦尔特·本雅明:《机械复制时代的艺术作品(1935—1939)》,《艺术社会学三论》,王涌译,南京大学出版社2017年版,第43—44页。

② 同上,第60页。

艺术主要是电影，但其论述的“新技术产生新感知从而产生新艺术”这一线索是十分重要的，因为工业设计就是这样一个时代背景下的产物。

其次需要说明的是“工业”与“艺术”在话语上的结合。美化生活环境的愿望让“工业”与“艺术”组合成为一个新词，并在欧美流行，如“机械艺术”展，以及大都会艺术博物馆在 1917 年至 1940 年期间举办了 15 届名为“美国工业艺术”(American Industrial Art)的展览，试图提高美国工业产品的地位以及大众的审美，这个系列展览的确起到了作用，仅在 1934 年第 13 届展览上就接待了 139261 名观众观看，打破了当时类似长度的大都会艺术博物馆展览的记录。① 与巴尔策划的纽约现代艺术博物馆展览不同，大都会艺术博物馆的系列展览并没有展出当时最为先锋的设计，而是设计的“中间地带”②，因此从展品上来看是比较保守的，符合当时美国大众所接受的现代设计，但是策展人还是坚持使用“艺术”一词来描述这些日常生活用品，旨在体现该博物馆的章程——“将艺术应用到生产中”③。

此时对于机器和艺术关系的看法可大致分为三类：第一种是反对，认为机器无法制造艺术；第二种是折中，认为部分工业产品是艺术品；第三种是赞赏，认为工业设计就是一种新艺术。工业产品转换为艺术品的最大障碍之一来自非手工生产，大多数理论家也是从“手工一非手工”——也就是其“独一无二性”——进行分析，如前文所及的本雅明。需要说明的是，对于手工的价值以及手工和艺术的关系可追溯到 19 世纪末，即莫里斯等人的思想，其理论对后世产生了较大的影响，因此有必要纳入分析框架中。

首先是第一种，可以概括如下：

手工(艺术)	机器生产(非艺术)
生命	死亡

① Amy Baker Sandback, “Industrious Art”, in: *Artforum*, 1990, Vol. 29, No. 4, pp. 104 - 107.

② Ibid., pp. 104 - 107.

③ H. E. Winlock, *Contemporary American Industrial Art 1934*, the Metropolitan Museum of Art, 1934, p. 3.

英国工艺美术运动的带领人罗斯金和莫里斯都是反对机器生产的代表。虽然莫里斯在后期肯定了机械化的制作可以减少单调的劳动[①],但对于机器生产艺术来说是持否定态度的。对机器的指责最常被引用的是罗斯金的论述:

> 所有经过机器冲压的金属,所有人造石、所有仿造的木头和金属——我们整天都听到人们在为这些东西的问世而欢呼——所有快速、便宜和省力的处理,那些以其难度为荣耀的活计的方法,所有这一切,都给本来已经荆棘丛生的道路增设了新的障碍。这些东西不能使我们更幸福,也不能使我们更聪明,它们不会使人因懂得判断而自豪,也不会给人享受的优越感。它们只会使我们的理解力更肤浅,心灵更冷漠,理智更脆弱。[②]

同样,莫里斯在充斥着粗制滥造的工业品的环境下,认为机器是艺术的死敌,"作为生活的一个条件,由机器所生产的产品是邪恶的"[③],和罗斯金一样,莫里斯将手工活动当作艺术完成的首要条件,因为"真正的艺术必须由人们所创造,对制作者和使用者而言都是一种快乐"[④]。

在对于为何手工是艺术的而机器制品是非艺术这一问题而言,罗斯金将其理解为生与死的对立:

> 使得某种东西毫无价值的不是其材料,而是缺少人工。……此处我将谈一谈活的与死的手工制品之间的差别。……倘若人在干活时心到手到,一切都会各得其所,各个部分就会相得益彰;其总体效果倘若与通过机器或毫无生气的手所生产的同一设计产品的效果相比的话,就会形成如同声情并茂地朗读诗歌与机械

---

① 大卫·瑞兹曼,若斓达·昂:《现代设计史》,李昶译,第91页。

② 转引自E. H.贡布里希:《秩序感:装饰艺术的心理学研究》,杨思梁等译,第48页。

③ 转引自尼古拉斯·佩夫斯纳:《现代设计的先驱者:从威廉·莫里斯到沃尔特·格罗皮乌斯》,何振纪等译,浙江人民美术出版社2019年版,第17页。

④ 同上,第15页。

地背诵韵文的差别。[①]

罗斯金用生动的语言表达了他对于机器制造的深恶痛绝，在此可以总结为“生—手工”与“死—机器”的对立，其观点出于两个层面上的考虑，首先，罗斯金强调艺术要出于自然，不是自然的就是丑的，比如直线；其次，人作为生命的存在其制品是具有人工痕迹的，即不是完美的，而机器制品的完美性恰恰抹杀了艺术的生命力。正如贡布里希的总结，罗斯金指出了手工创作中的“有机节奏”，这和机械时代所赞赏的精确美完全是两种对立观点，罗斯金认为“机器的存在导致了一种新的对立。这一对立比过去的昂贵和便宜之间的对立更为重要。他把机器产生的单调看成是死亡的东西，而把与之相反的东西看成是生命的表现”[②]。

其次是第二种观点，可以概括如下：

手工（艺术）	机器生产（生活艺术）
人文艺术	抽象艺术

机器美学的兴起让精确化、抽象化以及平面化成为一种新的审美风尚，并且这种审美趣味同时出现在20世纪早期的建筑、绘画和设计中。里德在《艺术与工业：工业设计的原则》一书的开篇就明确说道：

一百多年来，人们一直试图将审美价值强加给机械产品，这些审美价值不仅无关紧要，而且通常成本高昂，对效率有害。这些审美价值与以前盛行的手工业生产方式有关，但这些审美价值甚至对手工生产来说也不是必不可少的。实际上，它们来自文艺复兴时期装饰传统的风格和手法。尽管如此，机械产品起初还是以这一传统的标准来评判的，而且尽管有一些尝试，特别是由罗斯金和莫里斯领导的尝试，试图将手工艺带回到更根本的层面——也就是说，回到装饰品背后的形式——但这个问题在本质上仍然没有解决。因为真正的问题不是让机器生产适应手工艺

① 约翰·罗斯金：《建筑的七盏明灯》，张璘译，山东画报出版社2006年版，第45—151页。

② E. H. 贡布里希：《秩序感：装饰艺术的心理学研究》，杨思梁等译，第48页。

的审美标准，而是为新的生产方式想出新的审美标准。[①]

里德在分析古今艺术之差别时并不只是看到了全新的时代造就了全新的审美，而是从艺术史的发展来解读现代艺术的根基，即今日的现代艺术来自古希腊以来的对理念（形式）的追求，并认为形式的法则依然在当下存在，“即便是最现代的艺术家和建筑师也在运用这些法则。”[②]里德如同巴尔一样，将抽象与古希腊的哲学连起来，形成艺术史上的连续，其原因不仅在于为抽象艺术寻找理论依据，更在于解释抽象艺术和自文艺复兴以来的“艺术”(fine art)一样，也具有悠久的传统，不仅是当下的流行。因此，里德的观点不像罗斯金和莫里斯那么绝对，而是看到了当下艺术与过去艺术的联系，认为以应用为主的工业设计和以个人情感表达为主的纯艺术是一样的，只是历史的发展让艺术的侧重不一样了。

为了更好地区分二者，里德提出了一组概念来总结古今的艺术，即人文艺术（humanistic art）和抽象艺术（abstract art）。人文艺术关注的是以造型形式表达人类的理想或情感；抽象艺术或非造型艺术（non-figurative art）是只用形式引起审美快感的物品，而没有任何其他附加东西。手工艺术属于人文艺术，以表达内容为主；机器艺术属于抽象艺术，以体现形式为主。和巴尔的抽象艺术不同，里德所提及的抽象艺术并不在巴尔所总结的现代艺术谱系当中，并且其抽象艺术的范围更为广阔，里德认为不属于人文艺术的都是抽象艺术，“一件‘抽象’艺术作品中的各种元素——材料、颜色、质地和尺寸——实际上是‘具体的’，但它们在被赋予智力组织（intellectual organization），之前并不构成一件艺术作品”[③]。从而，工业设计也可以被纳入抽象艺术中，比如桥梁、轮船等，因为工程师在设计时，让对称、比例等形式理想充分融入物的功能性要求中，就这一点而言，里德称工程设计师为“抽象艺术家”[④]。

在机器是否能生产艺术这一问题上，里德进行了分析：

---

① Herbert Read, *Art and Industry: The Principles of Industrial Design*, p.1.

② Ibid., p.19.

③ Ibid., p.13.

④ Ibid., p.35.

> 抛开所涉及的经济和伦理问题不谈(如人类劳动力的迁移和强迫使用休息时间劳动等问题),我们目前剩下的唯一问题是:机器能生产艺术吗?我们可以不那么粗暴地提出这个问题,例如,我们可以问,机器是否可以满足审美冲动,而我们认为满足审美冲动是一种生物需要。或者,我们可以问,人类是否能在机器生产中找到足够的锻炼机会,让他的构形能力得到锻炼,因为结构科学是所有艺术中的一个要素。或者从另一个角度,人们可能会问,在机械时代,艺术家的功能是什么?然而"机器能生产艺术吗"这个简单的问题就包括了所有这些附属和相关的问题。①

那么机器作为非生命物能够提供生物需要的审美吗?里德的回答是可以的。和罗斯金所强调的艺术的"有机节奏"不同,里德的出发点是以毕达哥拉斯和柏拉图为代表的古希腊哲学,即世间万物都是由数构成的,因此是可以被计算和被复制的,从而也是可以被机器生产的。这种数学上的精确性恰好和机械时代的机器生产以及机器美学吻合,里德写道:

> 艺术中的理性抽象是可测量的,并可转化为数字规律,那么很明显,按照调整和测量工作的机器,可以产生这样的作品,其精确性无懈可击。我们在希腊艺术中欣赏到的这种美,以及地中海艺术中普遍存在的未加装饰的形式,无疑可以用机器来制作,而且材料比古典或文艺复兴时期的艺术家所能获得的任何材料都要合适。②

此外,里德并不是把所有的工业设计都当作艺术,因为只有操作机器的设计师或艺术家能够掌握比例的法则时(即理性抽象),或具有直觉形式(intuitional form)时(即直觉抽象),这样的生产品才能被称作艺术。在里德看来,艺术是被机器生产还是被手工生产并不是最重要的,是否是大批量的标准化生产也不是重要的,问题的关键在于生产的人是谁,即艺术家或设计师的能动作用,他是否创造出了具有审

---

① Herbert Read, *Art and Industry: The Principles of Industrial Design*, p.33.
② Ibid., p.35.

美价值的形式。在"为艺术而艺术"以及商业僵化之间，里德强调需要艺术家投入现实生活的改革当中，运用技术来尽可能地改善人的生活环境，正如里德所说："在(现实生活中的)每一个阶段，我们都需要抽象艺术家，能将物质的实用经济发挥到最高程度，并且与最高程度的自由精神相结合的艺术家。"①

第三种观点可以概括如下：

手工(艺术)	机器生产(新艺术)
二维设计	三维设计
传统文化	新的国际文化

切尼的《艺术与机器：20世纪美国的工业设计》和里德的《艺术与工业：工业设计的原则》有所不同，首先，切尼将考察的重点放在美国的工业设计，因为其他国家对于机械化的依赖程度远比美国低，而里德作为英国人，其思考必然与英国的现代主义运动萌芽有关(和佩夫斯纳类似)。但总体而言，工业设计的发展在美国显得更加无束缚。其次，与里德相比，切尼的观点显得更加绝对，在书的前言中，切尼写道：

> 里德最近在其他地方记录了这样的观点：'世界变得越是机械化(不仅是可见的世界，而且是实际的生活中)，在世界的表象中能找到的精神满足就越少。'相反，我们认为，我们已经看到了一种新的、真正具有创造性的艺术的开端，以及一种新的国家和国际文化的基础，这种文化是机械化世界的产物，并富含精神资源。……我们正处于一个新的外观世界的开端，具有机器的独特的美。②

切尼对工业设计，特别是其在美国的迅猛发展感到振奋不已，并将工业设计的普及定义为新的时代的新艺术，是他所处时代的"经济和文化生活的表现"③。这一观点和佩夫斯纳类似，切尼在书中也强

---

① Herbert Read, *Art and Industry: The Principles of Industrial Design*, p.40.

② Sheldon Cheney and Martha Candler Cheney, *Art and the Machine: An Account of Industrial Design in 20th-century America*, xi.

③ Ibid., p.6.

调了“时代精神”的作用，认为机械时代的艺术家与设计师应当创作体现他们这个时代的作品，也就是用机器创造能够真正改善大众生活的作品，切尼充满激情地写道：“实用的日常产品被用来证明一种新的世界风格的出现，一种新的艺术注定要像希腊或哥特时代的艺术一样，成为产生它的经济和文化生活的表现。任何其他时期都不可能产生这种特殊的美，而我们正开始将其视为新事物的原初表达。”①

切尼和里德、巴尔一样，也强调了抽象艺术的作用，只不过较为概括。切尼认为工业设计的兴起得益于两方面，一是美国的工程建造，另一就是抽象艺术。② 切尼花费了大量篇幅描述了自塞尚以来的现代主义艺术，认为正是毕加索等人的立体主义、拼贴和雕塑建立了他所认为的至关重要的三维设计，因为这些画作中直接呈现了形式、颜色以及材质，即他们创造了一套新的视觉模式，是对传统文化的彻底告别，而这种“超凡脱俗的美感”正是机器美学的最佳表达。

切尼认为美国工业设计作为一种新的艺术表现形式，其诞生是在大规模生产的技术和抽象艺术结合的地方。火车、飞机、汽车和摩天大楼无疑改变了过去对机械化生产以及毫无美感的低廉商品的刻板印象，正如弗兰克·劳埃德·赖特(Frank Lloyd Wright)所认为的，“机器作为丑陋的传播者的观念之所以盛行，是因为创造性的艺术家们未能接受机器作为生产其自身合法和重要艺术的工具。机器是人类无与伦比的创造工具，挑战艺术家对机器的理解和对机器的忠诚，使之成为新的开端。”③而工业设计正是对抽象艺术以及功利主义这两个极端的结合，切尼写道：“人类智慧的两个明显不可调和与对立的极端在这个新事物身上(指工业设计)得到了调和：沉重的、商业的、系统化的技术和理论的、抽象的、纯艺术的。”④

因此，在三维设计和二维设计的基础上，切尼将工业设计理解为区别于传统文化的新文化，而这种新文化是在美国发扬光大，并形成

---

① Sheldon Cheney and Martha Candler Cheney, *Art and the Machine: An Account of Industrial Design in 20th-century America*, p.6.

② Ibid., p.4.

③ Ibid., pp.30 - 31.

④ Ibid., p.39.

向世界蔓延的趋势,成为一种国际文化。

结语

机器的出现以及新技术的普遍运用对 19 世纪末 20 世纪初的大众和知识精英产生了根本性的影响。大众的出现让艺术不再成为贵族才能消费的对象,而工业设计的兴起正好满足了这个时期大众对美的需求,现实生活的改变完全扭转了知识精英一直以来对机器的排斥。因此,这个时期理论家的观点显得格外与众不同:19 世纪末的罗斯金和莫里斯认为机器是艺术的死敌,20 世纪 60 年代的阿多诺认为工业化是艺术走向消亡的终点,而处于他们之间的机械时代的学者们却认为工业化产生了新的艺术,机器成为创作艺术作品以及新艺术的最佳工具,造成如此不同的原因与他们所处时代的真实体验相关。在机器美学背景下研究“机器能生产艺术吗”是回到其语境中的历史性考察,并通过这一具体考察重新思考了两个层面上的问题,即如何在一元的现代性批判和多元的个体之间寻找平衡,以及如何把握实际生活和历史写作之间的间隙。在今天这样一个奇点即将降临的时代,人工智能对我们生活的改造也许会像机械时代一样剧烈,而具体生活在这个时代的我们又该如何书写属于我们时代的艺术理论呢?也许这些机械时代学者的研究会对我们今天的艺术研究有借鉴意义。

(作者单位:武汉理工大学艺术与设计学院)

学术编辑:张　强

主持人语：海岛科幻——一个新的美学议题

江玉琴

文学想象地理并书写其地缘政治。古今中外的文学作品不乏海岛想象，现代文学中的海岛叙事成为大航海、大发现时代理解全球空间的一种想象模式。但总体而言，海岛因其与大陆隔绝或疏离的地理空间，在文化上被描摹为一种边缘存在，文学上呈现为一种乌托邦或恶托邦想象，观念上被认知为中心与边缘、自我与他者二元关系中的他者对照物。这种二元性认知也导致了文学中的海岛研究与海岛美学研究较少或处于边缘位置。

科学技术日新月异的发展让人们能更多进入海洋深处并进行深度的海岛、海洋发掘与探索，地缘政治与区域研究热潮也让文学中的海岛研究走向前沿，全球海洋经济、海洋政治与海洋文化建设日益成为当前学术讨论的热点。海岛科幻作为科幻文学的亚类，聚焦海洋与海岛主题，讲述以海洋、海岛、海岸为发生场所的生物与科技探险、历险等故事，在思想认知上探索海岛文明与大陆文明的关系、人类在海洋世界中的生活与存在、海岛在人类文明中的作用等，甚至以海岛为隐喻，探索人类未来。海岛科幻也由此成为人们日益关注的对象，它引领人们重新认识全球空间与地缘政治，理解其潜藏的文化内涵与文明洞见，人们也进一步发掘其中的地缘诗学与海岛美学。因此可以说，科幻文学以海岛作为前沿科学的探索场域，聚焦海岛的科技、政治、经济、社会、文化、人文等层面，呈现各种思想在此的交锋与碰撞，并试图构建出全新的、复杂的现代与传统、中心与边缘、技术理性与人文自然的网状关系与结构。这为当代学术界严肃观照科幻文学中的科技发展与人文未来提供了一种新的视角。为此，我们特别组稿了海岛科幻专题，立足于中国学者的科技人文观念，从不同角度、不同层面审视科幻文学的美学表征与海岛观念。

江玉琴的论文《海岛异托邦与赛博格美学：论 H. G. 威尔斯〈莫罗博士岛〉的他者想象》聚焦海岛科幻的文学表征与美学特性，以科幻作家威尔斯的《莫罗博士岛》作为具体文本，阐述了莫罗博士的岛作为一个科技探索前沿，创生了赛博格生物，呈现出极具实验特性又充满悖论的赛博格美学，即怪诞、混杂的人物美学特征，变形的生命认知与走向革命的政治美学。论文还强调《莫罗博士岛》的赛博格美学特征本身也反映了西方技术文化发展过程中基于“传统边缘-中心二元”观念的矛盾与背离。

林叶的论文《科幻中的“元海岛”——论亚特兰蒂斯的乌托邦叙事》溯源了史前文明的海岛传说——亚特兰蒂斯，梳理了其在西方社会中的经典化并成为科幻海岛文学经典主题的过程，指出这一海岛乌托邦观念中的理想社会主义一方面推动了中国近代政治历史的生成，反映在孙中山先生建构了以陆海交融的“文明境界”——檀香山为基地的政治抱负与政治主张，从而在思想上拓展了中国现代海岛科幻的创作观念；另一方面，在全球范围内继续大力推动西方科幻创作，将海岛乌托邦从孤立的政治想象中解放出来，催生了跨越时空的关于人类历史、现实和未来的不同思考。

苏娉与王梓钰的论文《殖民与去殖民：科幻文学中的岛屿》则与前面两位学者的论文形成一种对话。这篇论文立足于岛屿的政治观念，梳理了西方文化中的岛屿他者化想象及其建构的“大陆—海洋”的二元化观念，聚焦后殖民岛屿研究，勾勒了岛屿土著作家的后殖民群岛想象与二元观念的消解，提出要以岛屿殖民地与前殖民地兴起的群岛诗学与后殖民科幻文学颠覆西方传统的岛屿观，以多元化、动态化的群岛网状关系思维模式代替西方文化中大陆与岛屿、陆地与海洋的二元对立思维模式。后殖民群岛想象多以恶托邦的世界想象，消解并对抗传统的西方乌托邦想象，试图重塑本土性知识并抵制西方知识界以西方中心主义建构的岛屿他者化及其随意性解释。这篇论文让我们从一个全新的角度认识到科幻岛屿的后殖民诗学模式，突破了西方固有的二元岛屿观，提出要以群岛网状关系模式形构新的世界观。

总而言之，海岛科幻目前尚是一个新颖、前沿的议题，任重道远，希望本专题的讨论可以抛砖引玉，生发更多的探究与争鸣。海岛科幻的进一步研究也必将产生更多的洞见与新知。

（作者单位：深圳大学人文学院）

学术编辑：赵彦芳

海岛异托邦与赛博格美学：论 H. G. 威尔斯《莫罗博士岛》的他者想象

江玉琴

内容提要 《莫罗博士岛》以异域他乡的海岛作为实验场及拼合肉身的兽人形象生成了当代赛博格想象，构建了西方文学在技术发展与文化未来中的他者想象。海岛呈现为技术乌托邦与文化异托邦，以西方价值试图构建诉诸四海皆可行的普世文化，但其内在的他者想象与他者观念阻碍并最终让这场文化实验表达为其充满悖论的赛博格美学。通过梳理兽人形象的历史演变与当代赛博格表征可以发现，《莫罗博士岛》以拼贴特性建构的赛博格美学特性，如怪诞的混杂形象与美学特征，变形身体的新生命认知，以及走向革命的政治美学，反映了西方技术文化发展过程中“边缘—中心”定位的矛盾心理。地理他者与技术他者构建的文化他者正在成为西方文化发展的最大阻力，而科幻彰显出文化开放的重要性。

关键词 《莫罗博士岛》 异托邦 兽人形象 赛博格美学 文化他者

引言

“赛博格”(cyborg)在当今流行文化中已经是一个常见词语。当代人工智能、假体技术、神经科学和生物遗传的研究成果已成为人类进步的突出见证，人类肉身肌体混杂着各种机器元件，身体构成也日益复杂与多元，我们正在成为一种赛博格存在。作为“机器与有机体的混合”[①]，一种“控制论有机体”[②]，赛博格也与人类自我认知的发展紧密结合在一起，“我们都是赛博格”[③]。从事计算机系统与人类神经系统直接交互研究的机器人专家沃维克教授（Kevin Warwick）直接宣称“赛博格时代已经来临”，我们应该应对使用机器人带来的生命期待和人类能力的影响问题。[④] 但也正如克拉克（Andy Clark）所发现的，赛博格这个词尽管产生出网线与移植的技术想象，但实际上聚焦它本身的更多是“承认古老的生物学的皮囊”，“它们用权力来改变我们的自我感、地方感和具身感，以及我们对自己头脑能力的感觉。它们影响了我们是谁，我们是什么，以及我们在哪儿的认知。”[⑤]赛博格既处于我们自身之中，催生我们的肌体发生内在演化，同时也成为我们认识世界的一种新方式。这种赛博格特性也正是科幻小说力图呈现的东西。

本文试图回归现代科幻小说的开端，以 H. G. 威尔斯（Herbert George Wells）《莫罗博士岛》所构建的赛博格生命（拼贴缝合的人工生命——兽人）为研究对象，探讨小说文本对这一赛博格特性的探索及其美学构想。赛博格在技术上作为一种肉身的缝合与拼贴，在观念上作为对人工生命与人类主体性二元关系的重新思考，早在 19 世纪开启的科幻小说中初见端倪。这种思考本身还贯穿了人类文明发展长河中的人兽变形史。因此，赛博格既是一个当代的新名词，也是一个古老的词汇，是人类自我的映像，它本身就构建了人类认识自我的深层结构。威尔斯奇妙地将两者结合，深刻呈现了技术理性带给人类从身体到社会政治建构的挑战。

---

① Manfred E. Clynes and Nathan S. Kline, “Cyborgs and Space”, in: *Astronautics*, 1960 September, p.26.

② Donna J. Haraway, “A Cyborg Manifesto: Science, Technology, and Socialist-Feminism in the Late Twentieth Century”, in: *Manifestly Haraway*, Minneapolis: University of Minnesota Press, 2016, p.5.

③ Andy Clark, *Natural-Born Cyborg: Minds, Technologies, and the Future of Human Intelligence*, New York: Oxford University Press, 2003, p.198.

④ Kevin Warwick, “Foreword: To Cybernetic Beings”, in: Ivana Greguric, *Philosophical Issues of Human Cyborgization and the Necessity of Prolegomena on Cyborg Ethics*, Hershey, Pennsylvania, IGI Global, 2021, p.viii.

⑤ Andy Clark, *Natural-Born Cyborg: Minds, Technologies, and the Future of Human Intelligence*, p.198.

一、赛博格与"人—兽"二元性的话语演变

人兽混合形象是各民族神话中的一种基本形象。很多民族起源神话中都有以人头兽身或人身兽头的合成体为主导的形象,如中国古代的伏羲,《圣经》中的夏娃(人头蛇身),希腊神话中的美杜莎、喀迈拉等,这既表明人类与动物在起源上的同源性,更折射出人类文明深层本质中的混杂性与不确定性。但语言文字与理性思维的发展及其对秩序的要求遮蔽并异化了这一混杂特性,因此也持续引发了后世的人兽之辨,即探讨人类与动物的区别在哪里,以彰显人类的优越性与独特性。

人何以为人,这一问题曾是哲学家们的核心关注。亚里士多德强调了人与动物的根本区别在于人类具有伦理道德,或者说,人的本质在于人天然的政治性。[①] 但也有学者质疑基于这一道德的人兽之辨。"中西哲学有关人兽之辨的核心理念可以概括为:第一,片面关注人区别于其他动物的本质特征,甚至主张'人性在于兽性所不是';第二,特别强调人比其他动物优越,甚至主张'人性善兽性恶'。也正是以这两个核心理念为内涵的人兽之辨,长期以来在中西哲学的人性观中占据着主导地位,深刻地影响到人们对于人性内容及其善恶优劣的具体理论探讨。"[②]但当人们聚焦在"兽性之不是"上,就会出现悖论,即那些人与其他动物共同拥有的属性,无论在人们的生活中扮演了怎样重要的角色,都将仅仅因为人兽共有的单薄理由,而被称为"假人性"或"非人性",甚至可能被说成"兽性",尽管它们真实存在于人身上。因此应该摒弃人兽之辨,而直面人自身,回到人之身,坦然面对人身上所具有的兽性与人性。"人性就是人的属性,哪怕再深层地植根于兽性,都不会因此变成兽性,而我们也不大可能从中分辨出哪些是纯然的兽性,哪些是与兽性对立或无关的纯然人性。一言以蔽之,人们在现实中具有

---

① 亚里士多德认为,"与蜜蜂以及其他任何群居动物相比,人更是一种城邦(政治)的动物……人是唯一具有逻格斯(语言)的动物……与其他动物相比,人的独特之处在于他具有善和恶、正义和不正义以及其他类似的感受"。亚里士多德:《政治学》,颜一、秦典华译,中国人民大学出版社 2003 年版,第 4 页。

② 刘清平:《"人兽之辨"可以休矣》,《湖北大学学报》(哲学社会科学版)2020 年第 3 期。

的所有属性都是如假包换的真实人性，无论我们怎样看不顺眼或深恶痛绝，都没有理由在实然性描述分析的层面上偷换概念、混淆语义，非要依据扭曲性的人兽之辨把它们说成是假人性或真兽性。”[①]这个观点本质上赞同人兽特性的辩证统一。而如果以达尔文主义建构的进化论来看，人类来源于动物，却在进化道路上超过了动物，由此出现了“人—动物”的等级关系，这本身反映的是人兽关系认知实质上是人类知识体系的建构。它本身是一种话语建构并呈现为意识形态特性。因此“人—兽”的高低贵贱构成了一套话语体系和知识性二元项范式。

但被遮蔽的人兽混杂性与内在性并未因此消失。它反而内化成小说故事中的人兽形象。这种人兽关系的话语建构在科幻小说叙事中往往还充斥着人类与其他物种之间的权力关系论述，人兽等级关系进一步延伸为边缘与中心的关系。克莱蒙特(Jennifer Clements)发现，科幻小说处于流行表演的前沿并探索了各种功能的“贱民”群体，包括非人类的动物。因此他把玛丽·雪莱(Mary Shelley)笔下的怪物、H. G. 威尔斯笔下的兽人、菲利普·K·迪克(Philip Kindred Dick)笔下的仿生人都称为斯皮瓦克(Gayatri C. Spivak)分析的“贱民”，即主流中心社会排斥的边缘群体，如虚构的外星物种、女性、少数族群、同性恋以及非人类动物等。[②] 人类对于种族纯洁性的追求由民族、国家、区域、地球扩展至宇宙，力图以此建构自身的独特性。

社会主义女性主义批评家哈拉维(Donna J. Haraway)在1985年基于女性社会身份的束缚而呼喊出“赛博格宣言”，强调指出“赛博格是一种控制论有机体，一种机器和有机体的混合，社会现实的创造物，一如虚构的创造物。社会现实是活生生的社会关系，我们最重要的政治建构，一种世界正在发生变化的虚构”[③]。这开启了人们对人类身体和文化混杂性的重新认识。显然哈拉维一方面看到科技对人的身体的革新，另一方面更意识到人类基于科技变革产生的身份革新。因此

---

① 刘清平：《“人兽之辨”可以休矣》，《湖北大学学报》(哲学社会科学版)2020年第3期。

② Jennifer Clements, "How Science Fiction Helps Us Reimagine Our Moral Relations with Animals", in: *Journal of Animal Ethics*, Vol. 5, No. 2, 2015, p. 181.

③ Donna J. Haraway, "A Cyborg Manifesto: Science, Technology, and Socialist-Feminism in the Late Twentieth Century", in: *Manifestly Haraway*, p. 5.

她将赛博格宣言指向的是女性的处境与新身份建构。“20 世纪晚期，我们的时代，神话的时代，我们都是喀迈拉，理论化和纤维化的机器与有机体的混合物——简而言之，赛博格。”[①]哈拉维由此强调赛博格是我们的本体论，我们都是混合体。赛博格是一种想象与物质现实的压缩形象，表征了历史转变的任何可能性。因此哈拉维的社会主义女性主义文化理论冲击了种族主义的、男性统治的资本主义权力和进步传统，以此试图构建出新的社会秩序与性别主体。哈拉维的“赛博格宣言”一方面冲击当代科技发展的“钢铁-男性”意识形态的性别权力，另一方面也将这一科技发展形态纵深延伸至历史的开端，重新认识人类混杂的、双性的、人兽的整体性，以此辨析人类的未来。

而赛博格作为种族纯洁性的对立面，本身也裹挟在技术增进人类肉身的自我进步中，呈现出矛盾形态。一方面，赛博格呈现为中心与边缘的混合物，是弗兰肯斯坦制造的人类肉身拼贴，是莫罗博士创造的人兽，是根据人类需要制造的高科技产物仿生人等等；另一方面，赛博格呈现为一种混杂性的新主体诉求，如克拉克所指出的，“赛博格”不仅代表的是系统论有机组织或系统论控制的有机组织，“它也是一种艺术的术语，指向“人类-机器”的融合甚至正在融合的想象物的特殊天性”[②]。这意味着赛博格作为一种人兽混合体的升级版，表征了一种新的身体主体，一种新的本体论，彰显了叙述自然与自然的所有可能性。这也是人类的文化体系正面临的一种两难选择。

二、《莫罗博士岛》的赛博格美学建构

《莫罗博士岛》出版于 1896 年，被认为是威尔斯早期创作的优秀作品，其中表征了威尔斯科幻小说的这样一种美学形式，即“迟疑不决，充满暗示，而且包含着矛盾的令人不安的奇异性”[③]。就如凯斯·

---

① Donna J. Haraway, “A Cyborg Manifesto: Science, Technology, and Socialist-Feminism in the Late Twentieth Century”, in: *Manifestly Haraway*, p.7.

② Andy Clark, *Natural-Born Cyborgs: Minds, Technologies, and the Future of Human Intelligence*, p.14.

③ 达科·苏恩文：《科幻小说变形记：科幻小说的诗学和文学类型史》，丁素萍、李靖民、李静滢译，安徽文艺出版社 2011 年版，第 245 页。

布克(Keith Booker)所言,“《莫罗博士岛》产生了一种悲观的结论,它批判了科学探究的滥用,被描绘为极权主义国家的莫罗博士岛成为20世纪反乌托邦小说的一个重要的先驱。此书的主题预言了后来的作品,诸如《我们》《美丽新世界》《1984》的出现,同时其关于人类在荒岛上回归兽性的主题也预示了戈尔丁的《蝇王》的出现。”①小说中莫罗博士创造了兽人的怪物形象,并以疼痛屋作为规训法则,由此形成一种怪异的混合,即野兽被人为地进行了活体解剖并接受人类的道德法则,试图被提升为一种完美的混合造物,但正如很多学者指出的,这种提升是以类似于基督教里地狱之火的恐吓来实现的,因此这些被制造的兽人也就类似于生活于基督教中的人类自身,每一个被迫进行道德完美化的人兽都是迫使自己走向文明并遵循文明法则的人类自我进化的一部分。“《莫罗博士岛》消解了技术理解物种变化的认知,并消解了人类进步的进化阅读以及基督教启示的承诺。”②这本身彰显了人类中心主义的意旨。兽人被建构在人类等级关系中,稳固的人类道德成为引导兽人前行的灯塔。但这种道德完美的期待本身就是怪诞的。因此作为动物与人类混合特性的兽人,在被动追求这种完美道德中,呈现为一种赛博格美学特性。

1. 怪诞的混杂特性

怪诞的混杂特性既表征在叙事层面,也呈现为人类的身体外形层面,更呈现为其道德哲学。小说以人类海难为开篇,人类内部的争夺与冲突本身就充满了怪诞性。普洛狄克作为海难幸存者讲述他的历险故事。他乘坐的“虚无女士”号船只失事,在水和食物严重不足的时候,救生艇上的人们遭遇了最严酷的人性挑战。犹如拜伦在《唐璜》中所描述的那样,人们抓阄开始了人吃人、人摧毁人的游戏。普洛狄克成为那个被救生艇放弃的人,直到他被莫罗博士和助理蒙哥马利所救。这显然呈现了人类最残忍的天性,同类相食,没有任何的怜悯与同情。而普洛狄克被救到经过的这艘船上后,船长仍然表现出其残忍无情的天性,将普洛狄克抛弃在他之前的救生艇上任其在大海上自生

① M. Keith Booker, *Dystopia Literature: A Theory and Research Guide*, Westport, Conn: Greenwood Press, 1994, p.282.

② E.E. Snyder, “Moreau and the Monstrous: Evolution, Religion, and the Beast on the Island”, in: *Preternatrue: Critical and Historical Studies on the Preternatural*, Vol.2. No.2, 2013, p.213.

自灭。人类在这里并没有展现其高贵品性,而是怪诞可怕。

小说开篇的怪诞性还体现在普洛狄克在船只上遇到的怪异面孔。“看得出,他是畸形人,个子粗矮墩胖,笨头笨脑,驼背,脖子上毛茸茸的,一头黑发又粗又密,脑袋深深地缩在肩膀里,身穿深蓝色哔叽衣服……他碰到了我的手时,立刻像动物一样敏捷地转过身来。”[①]“他那张突然出现在我面前的黑面孔真的让我大吃一惊。那是一张异常畸形的脸。脸向前凸起,形成狗或狐狸的鼻吻。一张大嘴半张半开,龇着我从未在人嘴里看到的白花花的大牙齿。他眼角充血,只有一丝白眼圈框住两颗淡褐色的瞳仁,脸上怪模怪样地闪耀着兴奋的表情。”[②]这样的人物面貌让普洛狄克惊骇:“我从来没有见过这么恶心、这么怪异的脸。可是,如果人们相信‘矛盾’这一说法的话,我同时又有个奇怪的感觉,好像在什么地方确确实实见过眼前这种让我非常吃惊的表情和动作。”[③]这就是小说呈现的怪诞美学。它一方面以与人类通常不同的生活方式来呈现人性的残忍,以及以外表的丑陋来彰显事情的怪异,但另一方面又让人感到熟悉和认同,让人试图去找到可以与其沟通的地方。苏恩文认为,《莫罗博士岛》开篇的明显古怪性呈现为兽人身上的动物与人类的混合特性,这本身就揭示了一种深层的怪物特性,也即莫罗博士的混杂哲学,即“将达尔文的进化论与直接的、被设计的自然神学的世界结合起来”[④]。动物被改造成为具有人性的创造物,遵守人类的法则,表达人性的道德与爱。

而小说的怪诞性还体现在莫罗博士采取的对待兽人的法则,即道德规训与疼痛威吓。道德规训意味着莫罗博士以人类的方式对待兽人,引导兽人的道德完善。但另一方面他又完全凌驾于兽人之上,并未以人类的模式对待兽人,而是完全以暴力与强制手段对之改造与惩戒。这也导致了兽人必然的“服从—反抗”“人性—兽性”的刻意建构,从而呈现为似是而非的面貌。而且就莫罗博士的态度而言,也呈现为人类处理人类与野兽关系的含糊性。一方面,莫罗博士采用活体解剖的方式,无视野兽的痛苦,强行改变动物的特性,甚至以疼痛屋作为惩

---

① H.G.威尔斯:《莫罗博士岛》,唐岫敏译,大连理工大学出版社 2018 年版,第 11 页。

② 同上,第 11 页。

③ 同上,第 12 页。

④ 达科·苏恩文:《科幻小说变形记:科幻小说的诗学和文学类型史》,丁素萍、李靖民、李静滢译,第 213 页。

戎的手段迫使动物遵从文明的规则，另外一方面他又呈现了威尔斯的观点，即“疼痛的终点，如我们看到的结果，是保护，这里看起来很少或没有绝对必要的或非理性的疼痛”①。威尔斯以达尔文的进化论来实施莫罗博士的实验，但这个实验本身就违背自然法则。因为自然选择的进化需要人类从动物身上延承下来的认知，由此来探讨人类是什么以及如何区分人类与动物的问题。但在《莫罗博士岛》中，威尔斯将他的怪物的讨论强行加入了基督教宗教和进化，而且最终导致的是基督教宗教和莫罗博士作为法律的制订者都变成“兽性的”，进行可怕的压迫和惩罚。人类变成了失去怜悯与道德的动物。因此人不像人，动物不像动物，所有的人性呈现为一种怪诞的混杂状态。这本身就是赛博格美学的特质。赛博格身体成为一种矛盾联合体，联结了机器的机械世界与有机身体的“自然”世界，打破了人类历史中的“人类—机器”、“文化—自然”、“主体—客体”二分法。赛博格话语融入自然中，打破了固有的认知论二分法，人类与机器的边界也消失了。

2. 变形身体的新生命政治

诚如迪安斯(Ollivier Dyens)敏锐指出的，变形身体的现代概念源于威尔斯的中篇小说《莫罗博士岛》。威尔斯在小说中阐述了身体的物质性和本质如何可以从根本上被改变，他其实是想告诉读者，身体没有绝对的完整性，它只不过就是一种可塑、可变的材料。② 在莫罗博士的岛上，没有什么可以阻挡一个物种变换成另一个物种。实际上对莫罗来说，动物身体只是实验人或动物变形所需的生物材料，他的变形动物们可以说是活着的莫罗理念，变形动物按照莫罗的意愿不断发生变形。威尔斯在这个引人入胜的故事里指出，这些活体可以被看作不断变化的、在生物意义上独立的和可复制的身体形式——用现在的话说就是克隆体。但其实这种人工嫁接的克隆体变形的不只是身体，还指向其矛盾的生命政治，即一方面，生命是一种被管制与被教化的存在，而且作为低级的社会生命，目的是致力于建设并完成莫罗博士心目中人类的社会法则与道德规范。这里变形身体/赛博格被建构在

① H.G. Wells, “The Province of Pain”, 转引自 E. E. Snyder, “Moreau and the Monstrous: Evolution, Religion, and the Beast on the Island”, in: *Preternatrue: Critical and Historical Studies on the Preternatural*, Vol.2.No.2, 2013, p.214.

② 奥利维耶·迪安斯：《金属与肉体：技术如何接管人类进化》，朱光玮译，中国工人出版社2020年版，第93页。

人类中心观念的二元机制中，实现从兽人到人的转向。但另一方面人兽界线的模糊也导致这部小说走向含混身体政治，它不断将人拉回到兽人的坐标系，甚至最后实现“人—兽人”无法辨识的政治形态。

首先，莫罗博士彰显出生命政治自产生以来最本质的、对赤裸生命的劫掠。技术成为人类控制生命的手段。生物性本质地表征人类隐藏的身份与人格。莫罗博士尽管采用的还只是粗糙的技术，他以肉体拼贴的方式改造各种动物的肌体，以温顺服从的程度作为岛上动物地位高低的分层。正如莫罗博士自己所说，他毕生精力都用在研究生命形式的可塑性上。通过活体解剖，采用催眠科学，进行肌体移植和思想替换，莫罗博士对动物身体的改造呈现了莫罗博士对笛卡尔身体观念的延续。笛卡尔的身体观贯穿西方的生命政治发展史。在 17 世纪欧洲理性主义哲学那里，以笛卡尔为代表的学者，对身体表现出一种鄙视。“我把人的肉体看成是由骨骼、神经、筋肉、血管、血液和皮肤组成的一架机器一样，即使里边没有精神，也并不妨碍它跟现在完全一样的方式来动作，这时它不是由意志指导，因而也不是由精神协助，而仅仅是由它在的各个器官的安排来动作。”[①]因此，如同机器的身体并不具备人类主体性意义。“在肉体的概念里边不包括任何属于精神的东西；反过来，在精神的概念里面也不包括任何属于肉体的东西。”[②]这也是莫罗博士告诉普洛狄克他的合成原理以及麻烦，“我可以合成人形，几乎不费吹灰之力，躯体或者柔软优雅，或者虎背熊腰，可往往在手和爪子上会遇上麻烦。那是对疼痛很敏感的器官，改变这些东西的形状，我不敢过于随心所欲。”[③]基于肉体与灵魂的分离，莫罗博士可以通过改造野兽的身体并灌输以人类的道德与精神以实现兽人的升华。正如普洛狄克逃入窝棚看见兽人们的吟唱，“一个可怕的设想浮现在我的脑海：莫罗将这些人动物化之后，又给它们并不发达的大脑注入神化他的观念。”[④]似人非人的兽人吟唱着人类的法则，这本身也呈现出福柯阐释的生命政治。

在福柯那里，人是知识的对象，同时也在努力摆脱异化控制。福柯在《规训与惩罚》中详细阐述了身体与权力的关系。他将身体看作

---

① 笛卡尔：《第一哲学沉思集》，庞景仁译，商务印书馆 2011 年版，第 92 页。

② 同上，第 234—235 页。

③ H.G.威尔斯：《莫罗博士岛》，唐岫敏译，第 92 页。

④ 同上，第 69 页。

一个场所，现代化的体系改进了权力的功能，创造了“某种详细化的对身体的政治投资模式，一种‘新的权力的微观物理’”。[①] 而规训体系创造了社会规范，在规训权力统治下，惩罚跨过了所有点并指导规训机构每一个事件，进行比较、差异化、等级化、同质化、排他化。简而言之，是实施标准化。[②] 身体与技术政治学的结合可以使统治者塑造“驯化的身体”。当代人类的知识与控制已成为一种政治性的“身体科技”，更重要的是，对身体的规训控制不仅仅在于对身体的限制，而且在于对身体“执行细微的胁迫，甚至到了机械的水平，包括身体的运动、姿势、态度和速度”[③]，权力的执行形式表现为一种有效率的作用于身体之上的威吓式政策。福柯将这种对身体的规训称为“政治解剖学”或者“权力的力学机制”，它可以使人按照自己的意愿来操控身体。

莫罗博士正是凭借他以技术对动物的控制，任意规训身体，要求野兽如人一般直立行走，并在它们的大脑中灌输人类的行为举止规范，以此将它们改造为低等人类。“身体政治是社会权力调节人类身体的斗争实践。身体政治中的权力既是消费过程的自由裁决和亲密关系的个人协商，又是以政府和法律表达出来的制度力量，还是经济生产（包括技术的研发、生产、使用和消费等）等规训权力。”[④]因此，莫罗博士塑造的变形身体也由此构成了由人类权力宰制与凝视下的生命政治，即一种人类中心主导的对生命的规训与教化。

其次，变形身体的不确定性与反抗走向一种新生命政治。显然变形身体并非稳固的、确定性的，它本身就指向对已建构的生命政治的反抗。因此，莫罗博士一方面以人类中心建构生物等级制度，另一方面又无法控制变形身体的本能及其意识欲望，从而只能被动地让新的生命政治超越人类中心，进入含糊的新生命认知进程中去。

这种新生命政治源自身体的内在呼唤。从哲学上看，这个观念也是产生自尼采，途经巴塔耶和梅洛-庞蒂等人的发展，进展到德勒兹的茎块观，生成混杂性与新生命意识。尼采的口号是“一切从身体出

---

① 福柯：《规训与惩罚》，刘北成、杨远婴译，生活·读书·新知三联书店2003年版，第182页。

② 同上，第182页。

③ 同上，第183页。

④ 李三虎：《技术与身体政治：现象学视角》，《华南师范大学学报》（社会科学版）2013年第2期。

发”,抛弃人的精神一元性,还原人是动物性与精神性统一的二元性。形而上学从来不愿意将身体看成是人的本质,因为身体是动物性的东西,是人和动物共同分享的东西。人要摆脱自身的兽性,就必须以最大可能性摆脱自身的兽性基础即身体。人类的意识让身体进行克制,实现意识对身体的控制。尼采解放了身体,认为身体的冲动、驱动力和激情都具有生命意志,而这种身体化的生命意志就是权力意志本身。梅洛-庞蒂强调了人类肉身与现象世界的交流与互动,身体对世界的感知成为他一切意识的出发点。而在德勒兹(Gilles Deleuze)那里,“无器官身体”指向一种无固定组织的身体,“即一种从它的被社会地连接起来、规范化、符号化和主观化了的状态中逃离出来的躯体,一种拆散了的、分解了的、非地域化的,故而能够以一种新的方式重建的躯体”[①],同时也指向活生生的、富于生命躁动的、自由的、充满积极欲望的与生成适当强度的身体。身体由此成为一股积极升腾的生产力量,是一部永不停息的生产机器。

从第一个猿人的反抗,杀死土人,到最后莫罗博士和蒙哥马利也都丧命于兽人之手,这也意味着旧有生命政治的终结。如果无视新生成生命的欲望与内在意志,人类最终会遭到反噬,并命丧于此。因此,当莫罗博士建构起一个封闭的世界与社会,以此让兽人模仿人类生存模式,建构人类的理性与道德,他的这一行径本身就具有极端的理想主义色彩。而且莫罗博士忽略了文化是人类在与世界的不断进化与融合中历经漫长时间生成与发展的,没有哪一种文化可以直接强制性地诞生并内化成人类的美德。因此莫罗博士一方面建立社会场域,实施人类的身体政治,进行权力的规训与惩罚,另一方面又以人类道德进行教化而无视教化本身就需要漫长的共同发展。这也注定了博士实验的失败。这一失败原因在于莫罗博士并未认识到混杂的兽人正在走向一种新的身体政治诉求,这一诉求源自混杂身体的内在欲望与自主生产。

3. 一种可能的含混政治美学

《莫罗博士岛》昭示了作为兽人的赛博格与人类的斗争革命。正如威尔斯自己所言,莫罗博士对动物的活体解剖是实施一个动物人类化的过程。但他从来没考虑过他正在改造的生物群体被掩藏在他所

① 李震、钟芝红:《无器官身体:论德勒兹身体美学的生成》,《文艺争鸣》2019 年第 4 期。

预设的"罪恶"下的痛苦。这些野性生物只是为了实现莫罗博士所谓的人性而奋斗,目的是为避免回到疼痛屋,而非真正具有人的道德属性。一旦野兽族群开始冲破人类道德法则,杀死非人类动物,它们最终也只能以革命的方式来避免回到疼痛屋。如果说人类以理性来驱动,而动物通过疼痛来驱动,那么人类本身貌似也没有满足自己的"理性存在"的理想,甚至他自己也是被疼痛所驱动。普洛狄克也最终带着恐惧逃离这个海岛。因此达尔文主义的进化论在这里变成了一种无用的自我欺骗,只是导致了更多痛苦和苦难。队伍日益壮大但又为恐惧包围的赛博格群体在以莫罗博士为代表的支配者的恐吓威胁中难免加剧冲突,最终走向革命的道路,小说中莫罗博士和蒙哥马利的死亡也昭示了这一结局。因此《莫罗博士岛》的赛博格生命走向一种可能的政治美学,即走向权力宰制的政治结构最终在冲突中成为无政府主义的混乱形态。

莫罗博士强行灌输人工生命以人类道德观念,以此推进它们的精神进步,但因为它缺乏自然选择的过程,进化反而变成了一种威胁。威尔斯是赫胥黎的学生,赫胥黎也被称为达尔文主义的守护者。赫胥黎反对社会达尔文主义者赫伯特·斯宾塞(Herbert Spencer)的适者生存的哲学,认为自然选择的身体进化和通过社会变化产生的道德进化之间是不一样的,社会进步必须保存这些道德上表现最好的人。但显然自然选择未必就是指向道德进化。这也反映了超越自然法则的人工技术未经时间的检测与进化,也为这种技术革命埋下隐忧。换句话说,兽人表征的赛博格挑战现有秩序引发人们的焦虑。当赛博格被刻画为受到他们的技术控制来剥离人性与尊严。他们通常被表现为一种统一的怪物,在什么是人类、什么是机器之间的清晰疆界之间制造了混乱。美国神学家埃德加(Brian Edgar)解释说:"赛博格——'人类-机器'——因此被看作更本能的东西,正如两者都是非人类化的,是对世界秩序的威胁。这种想法产生了不安全和没有秩序的存在感,这使得社会结构和构成好像都处于它的威胁之下。"[①]而现代赛博格技术导致身体越来越多地呈现出混杂特性,更让人们对此产生忧虑。如克拉克担心人类掉入技术的物理陷阱,最终丧失最后的身份,失去控制,信息过载,过度依赖工具,可能最终走向抛弃肉身的境地。因此我

---

① Calum MacKellar, *Cyborg Mind*, New York: Berghahn Books, 2019, p.12.

们要小心这样的未来境况。[①] 厄斯特(Rinie Van Est)也警告我们赛博格技术创造的人类与技术的亲密无间本身也危机重重。在这场“亲密技术革命”(由智能手机、社会媒体、感官网络、机器人、虚拟世界和大数据分析驱动)中,我们正在变为“技术-人”或者赛博格。[②] 技术越来越掌控我们的生活,掌控我们的身体和思想。尽管失聪、失衡、崩溃、焦虑创伤、心律不齐,以及无数的其他疾病现在都可以通过移植、药丸、机器维护和表演等方式获得解决,但我们同时也要认识到,我们正在变成新技术的原料。因此人类本身始终抱有对赛博格的警惕与防备,而赛博格生命居于社会等级底层,也必然会随着他们深度介入社会生活而产生突变,与人类形成对立的矛盾冲突,从而爆发革命。

但从另一个层面来看,赛博格似乎又并非完全不利于人类本身,它与人类共存。正如“古老人类—非人类”的神话学怪物产生的启示,如喀迈拉(Chimera)、米诺陶(Minotaur),它们被认为给人类与非人类疆界带来了无序感。因为这样,这些怪物都甚至被认为是危险的、边缘的,必定带来毁灭。但正是这些怪物的概念生成推动了道德疆界建立,它们成为道德疆界的制造者。正如英国社会科学家和神学家格拉汉(Elaine Graham)指出,“怪物站在未知的中心,作为走向可能接受的事物的守门人……对怪物的恐惧可能足以让他们的观众远离他们反对的领域。”[③]换句话说,怪物产生了一种特殊的作用,它表征了人类无法超越痛苦,也无法形成完整的人性标准的处境。因此,以这种方式,怪物颠覆了人性已有的边界有限性。这也是格拉汗所说:“它们对于人类、自然和道德标准的他者性,就是它们必须重建表达以保护相同的疆界。然而与此同时,通过展示二元对立的错误线——人类/非人类、自然/非自然、品德/邪恶——怪物成为差异性本身并使差异性变得不稳定。”[④]因此赛博格的反抗本身也彰显了赛博格政治美学的似是而非与边界含糊。我们每个人都是赛博格,我们都身处“人类—非人类”二元对抗之中,我们本身也都包含非人类成分。针对这种困境,

---

① Andy Clark, *Natural-Born Cyborg: Minds, Technologies, and the Future of Human Intelligence*, p.198.

② Rinie Van Est, “A Survival Plan for the Wild Cyborg”, in: *Issues in Science and Technology*, 2014. Vol.30, No.3, p.67.

③ Calum MacKellar, *Cyborg Mind*, p.12.

④ Ibid.

后人类批评家巴德明顿(Neil Badmington)给出建议，如他把外星人、赛博格等异常现象看作他者文化，认为要解决这个问题，就要承认“他者是我们自身的一部分，是从我们自己中分离的我们的部分”[①]。因此赛博格政治美学本身也指向其混杂与多元特性。

三、《莫罗博士岛》的赛博格美学价值与意义

人类与动物之间千丝万缕的联系总是引诱哲学家、文学家与科学家们乐此不疲地探讨人兽的变形。从古希腊时期米诺斯神话中的牛头人、俄狄浦斯故事中的狮身人、美杜莎的蛇发，到中世纪的狼人传说、吸血鬼故事，以及随着现代科学兴起达尔文进化论观念下科学家尝试来寻找人与动物的内在关联，如好莱坞电影中的蜘蛛侠、蚁人，兽人形象在文学史中是一个古老又新鲜的建构，它既具有传统观念上的人们对世界与自我的认知，更具有现代科学意义上对人之为人的本质探索。19 世纪兴起的科幻小说在人兽形象异变上引入科学探索，并由此生成贯穿 19、20 世纪科幻小说的赛博格美学。在此过程中，威尔斯起着先驱性作用。他于 1896 出版的《莫罗博士岛》中的人兽形象不仅呈现出赛博格的交互形态，更反映出它们混杂、矛盾以及充满创造力的赛博格美学特征。威尔斯前瞻性地呈现了人机交互的赛博格概念产生之前，深刻的人工生命思考与文化后果。

《莫罗博士岛》塑造了拼贴缝合的人工生命兽人形象，以此彰显其赛博格式合成的怪诞叙事风格，内在化的生命意义探讨也指向超越灵肉分离、“人—兽”二元对立的生命政治而走向新生命欲望与自主生产，同时“人—兽”关系超越“自我—他者”的道德教化指向无法分辨的“自我—他者”一体化的赛博格政治美学。因此《莫罗博士岛》所表达的赛博格美学最终指向对人类漫长历史上的人与技术关系的思考。

技术与人类发展如影随形。技术既是人类智慧的物化形式，也是驱动人类智慧成长与扩张的方法与策略。“无论是感官或神经，还是假肢或机械，就算是从本体论意义上讲，技术都可谓是我们的延伸，技

---

① Neil Badmington, *Alien Chic: Posthumanism and the Other Within,* London and New York: Routledge, 2004, p.155.

术与人类自己的生态位融为一体;技术是一种渗透,智能物质早已深深植根于人类,并和人类完全纠缠在一起。”[①]迪安斯持技术乐观主义,相信技术推动人类的发展和进步。“我们会变成文化人类。每一项新技术的出现,等于人类世界积聚了更多的智能资产,很多新的文化领域也会应运而生。”[②]同时他也发现,一种机器文化正在被创造出来。我们创造了它们,它们却有自己看待宇宙的方式。人类用自己的眼睛永远看不到的东西,机器可以做到。而且围绕着机器创造出无数的现实,并由此呈现了新的特性,如界限呈动态发展,人们始终在面临着新的现实层面,无论物质、形态还是环境无一例外都在超越。人们始终在接受新的技术发明和使用。另一方面,人类与机器技术的结合产生了永无终点的指向。身体、智慧、意识、死亡等所有伟大的存在现在都不是以生命具体形态为终结结果的现象。“身体只是这些现象的载体,一种更具活力、短暂的和不稳定的推动力,而不是现象的终极表现形式。”[③]因此根据技术本体论,生物体不再是一种终结结果,而只是现象间一系列不稳定和暂时的、阶段性的相互作用。但迪安斯也发现,技术已经导致人类世界的所有现象都在相互传播、互动和感染。所有的事物都交织在网状链条中,而且技术现实让我们意识到有机生命只是生命的一种可能,有机生命体只是生物学无数选择的可能性之一。因此,我们都是赛博格,无论我们如何解读世界,建构世界之现实与根本,技术与我们同在,机器引导着我们迎接太阳。既然如此,那不如让我们拥抱赛博格,以更包容更开放的心态理解与认识赛博格,建构全新的赛博格美学,共同进入后人文主义时代。在此进程中,威尔斯为我们开启了智识思考的曙光。

【本文为国家社科基金项目“赛博格叙事与21世纪科幻诗学建构研究”(22BZW75)和中国国家留学基金委资助项目阶段性成果】

(作者单位:深圳大学人文学院)

学术编辑:胡　镓

① 奥利维耶·迪安斯:《金属与肉体:技术如何接管人类进化》,朱光玮译,第8页。

② 同上,第9页。

③ 同上,第16页。

科幻中的“元海岛”

——论亚特兰蒂斯的乌托邦叙事

林 叶

内容提要 亚特兰蒂斯作为“元海岛”具有科幻的典型特质，这一乌托邦叙事及其发展演绎可溯源自柏拉图的《对话录》、培根的《新亚特兰蒂斯》和托马斯·莫尔的《乌托邦》，这些乌托邦想象之间的关系从技术伦理、空间想象上影响了科幻小说的创作。亚特兰蒂斯的覆灭同时蕴含着恶托邦(反乌托邦)的元素。《荒潮》《复眼人》反思科技后遗症，《蝇王》《莫罗博士岛》聚焦兽性/人性/神性的不可僭越，对达尔文进化论有延续和质疑。《未来水世界》《星际之门——亚特兰蒂斯》从灾变的角度溯洄非人类中心主义的“共生发源”的海洋和星空。“元海岛”叙事指向了人类演化面临的现实选择：悲观的退化或乐观的进化。

关键词 亚特兰蒂斯 元海岛 乌托邦 科幻特质

一、“元海岛”的叙事源头与发展演绎

“虽然从最严格的角度讲，现代意义上的第一部科幻小说是玛丽·雪莱出版于1818年的《弗兰肯斯坦》，但科幻小说史可以追溯至柏拉图和古希腊的航海故事与乌托邦故事。自苏文开始，科幻小说才真正与其亲缘性最强的幻想小说或奇幻小说区分开来，科幻文学被最终确立为一个独立文类，科幻文学研究由此完成了乌托邦转向。”[①]亚特兰蒂斯(Atlantis)又被称为大西岛，关于它的描述最早见于柏拉图的《对话录》，在论述宇宙的构成、蒂迈欧的自然哲学中，柏拉图引入了

① 王峰、陈丹：《科幻乌托邦批评的兴起：以詹姆逊为中心》，《福建论坛》2021年第10期。

亚特兰蒂斯这个由梭伦从古埃及人那里听说和记录下来的传说。“这个岛屿曾经比利比亚和亚细亚加在一起还要大。但是后来由于地震而整个儿沉没到海底，成为不可航行的浅滩暗礁，阻碍着人们从希腊的水面进入大洋。”[①]“且说在这座大西岛上，当时有一个强盛的帝国，统治着全岛和其他许多岛屿，还有这个大陆的某些部分。”[②]在柏拉图的阐述中，亚特兰蒂斯不是一个边缘海岛，而是大西洋中心的宝岛和帝国，拥有古代人类最精华的文明与技术。亚特兰蒂斯拥有巨大的物质财富和先进的科学技术。这体现出柏拉图区别于纯唯心理念的唯物主义和科学主义的异质性象征。

亚特兰蒂斯作为“元海岛”，关于它的叙事具有科幻的典型特质，充分契合了小伊斯塔万·希瑟利-罗奈（Istvan Csicsery-Ronay Jr.）总结的科幻“七美”（the Seven Beauties of Science Fiction）的特质：“1. 虚构的旧词新义（fictive neology）。2. 虚构的新奇（fictive novums）。3. 未来历史（future history）。4. 虚构的科学（imaginary science）。5. 科幻的崇高（the science fictional sublime）。6. 科幻的奇异怪诞（the science fictional grotesque）。7. 科技化（technologiade）。”[③]亚特兰蒂斯不是一座孤岛，其构造是呈圆环状相互连接的、四面环海的中央岛屿，利于抵御外敌入侵。最为引人瞩目的是它强大的能源系统，这个能源系统的中心是磁欧石，根据预言家埃德加·凯西（Edgar Cayce）的预言记载，这是一种“‘火石’，或一种产生能量的装置。它的声音很像一个裂变或聚变过程，其中热量最直接转化为电能。这种能量的应用听起来好像是当时的亚特兰蒂斯人已经解决所产生的能量的无限传输问题。”[④]其为六面体（横断面是六角形）的巨大柱体状的玻璃样物质。“石头上面的建筑是椭圆形的；或者那里可能有一个地方。回滚的一部分，使恒星的活跃、集中能量来自自由自身的物体，以及在地球大气中发现和没有发现的元素。”[⑤]磁欧石能吸收阳光并将其转变

---

① 柏拉图：《柏拉图全集》（第8卷），王晓朝译，人民出版社2017年版，第236—237页。

② 同上，第168页。

③ Istvan Csicsery-Ronay Jr., *The Seven Beauties of Science Fiction*, Connecticut: Wesleyan University Press, 2008, p.5.

④ Edgar Cayce, *Edgar Cayce on Atlantis*, New York: Warner books Press, 1968, p. 88.

⑤ Edgar Cayce, *Edgar Cayce on Atlantis*, p.88－89.

为能源,设置在波塞迪亚(亚特兰蒂斯首都)太阳宫中央能源所内,将其集中、增强,以不可直视的强光向世界传播和辐射。“众神用抽签的方式把整个大地划为几个区域,……波塞冬得到大西岛这块领地,把他和一位凡间女子所生的儿子安置在大西岛的某个地方,……那位当了国王的大儿子叫阿特拉斯,也就是大洋和整个大岛的名字;这个岛之所以被称作大西岛,乃是因为它的第一位国王是阿特拉斯。”[①]亚特兰蒂斯为海神波塞冬及其子民所统治,亚特兰蒂斯人因贪婪、自私的人性僭越了神性,因而受到了宙斯的处罚。在米诺斯锡拉岛火山爆发引发海啸的一天一夜的大洪水中,亚特兰蒂斯沉入海底,从此消失。“就亚特兰蒂斯之谜而言,另一位希腊哲学家所下的定论仍将会被质疑——亚里士多德认为亚特兰蒂斯只不过是柏拉图创造的一个诗体虚构,它警示人类命运将因人类的自大而遭遇堕落。柏拉图把亚特兰蒂斯放在人类不可知的世界里,并使之沉人海底以保存神秘所产生的力量。‘把它想象出来的人破坏了它’,亚里士多德这样解释亚特兰蒂斯之谜。”[②]对于柏拉图建构的具有神性和礼法的理想国来说,“事实上,由于与礼法本身构成张力的本来就是自然哲学,故苏格拉底式政治哲学的内核本身正是某种自然哲学,且可能接近于蒂迈欧的自然哲学”。[③] 这种唯物的异质性在弗朗西斯·培根(Francis Bacon)晚年写作的《新亚特兰蒂斯》(*New Atlantis*, 1626)中得到了发展和演绎:新亚特兰蒂斯——本色列——一个科学理想国。“由于柏拉图在西方文化中无与伦比的地位,他笔下的亚特兰蒂斯古国已经潜移默化为西方人乌托邦意识的一部分,成为西方人的一种海岛乌托邦情结。我们可以将这种情结称作‘亚特兰蒂斯情结’。这种情结毫无疑问也存在于培根的心中。……‘新亚特兰蒂斯’的用意至少有两层。正如他之前以‘新工具’来命名自己的著作以区别于先贤亚里士多德的《工具》一样,通过以‘新亚特兰蒂斯’来称呼他笔下的本色列,培根一方面旨在强调自己的乌托邦与柏拉图乌托邦思想的密切联系,另一方面则要突出自己的乌托邦超越柏拉图的乌托邦之处。培根在文中对应用科学

① 柏拉图:《柏拉图全集》(第8卷),王晓朝译,第241—242页。

② 魏小娟编译:《传说中的亚特兰蒂斯在何方?》,《世界科学》2004年第4期。

③ 叶然:《柏拉图〈蒂迈欧〉写作意图探究的重要性》,《北京社会科学》2015年第12期。

的鼓吹也确实超越了柏拉图式西方传统乌托邦以政治为主的诉求。”[①]培根对新亚特兰蒂斯的想象建立在政体、宗教之上的物质财富和科学技术，体现了培根“知识就是力量”的理念。这部未完待续的小说《新亚特兰蒂斯》给后人留下了想象未来的开放空间，“未知”的结尾恰恰就是科幻小说的一大特质。

二、“元海岛”的空间想象与文明境界

让人好奇的是，亚特兰蒂斯是否真实存在过仍旧是个谜。理查德·埃利斯(Richard Ellis)的《想象亚特兰蒂斯》(*Imagine Atlantis*, 1999)认为亚特兰蒂斯是个虚构的神话传说，是源于人类对未知的海底世界的想象。被称为“科学性的亚特兰蒂斯学之父”的伊格内修斯·唐纳利(Ignatius Loyola Donnelly)发表了《亚特兰蒂斯——太古的世界》(*Atlantis: The Antediluvian World*, 1882)，坚信亚特兰蒂斯的确存在。托马斯·莫尔(Thomas More)所创造的“乌托邦”一词原意是“没有的地方”，正对应着亚特兰蒂斯的真实性问题，或者说，这种对海岛的科学幻想正是近代“乌托邦”思想的源头。这促成了一个“陌生化”的文学类型，“严格而准确地说，乌托邦并不是一种类型，而是科幻小说的社会政治性的亚类型(subgenre)……科幻小说一方面比乌托邦更加宽泛，另一方面又至少是间接地从乌托邦衍生而来。它即便不是乌托邦的亲生女儿，也是乌托邦的一个侄女。”[②]托马斯·莫尔受柏拉图《对话录》的启示，创作了游记对话体小说《乌托邦》(*Utopia*, 1516)，将航海家偶然发现的一个位置偏僻遥远的海岛描述为理想国：“这儿是世界上粮食最丰产、牲畜最兴旺的国家，它的人民也是体格最健和生病最少的。”[③]这儿的君主“竭力使其繁荣昌盛，爱臣民并为臣民所爱，和他们一同生活，政治宽而不严，不觊觎别的王

---

① 牛红英：《科学·宗教·神话：〈新亚特兰蒂斯〉的乌托邦思想解读》，《北京第二外国语学院学报》2013年第6期。

② 达科·苏恩文：《科幻小说变形记：科幻小说的诗学和文学类型史》，丁素萍等译，安徽文艺出版社2011年版，第68页。

③ 托马斯·莫尔：《乌托邦》，戴镏龄译，商务印书馆2012年版，第81页。

国。"[①]他们都描写了一个真实性未知的海岛,也同样注重对科学文化的发展。莫尔和柏拉图的相似之处还在于,重点书写的都是个人的政治主张,阐述对社会观点和改造社会的设想。这是社会型科幻的原型,乌托邦海岛承载着莫尔的理想社会主义,给引领社会重大变革的思想领袖马克思带来了启迪,并为俄国十月革命和中国近代民主革命埋下了伏笔。

晚清政府闭关锁国,在被西方列强瓜分侵略的民族危难之际,"师夷长技以制夷"的洋务运动、戊戌变法等效法西方的改良运动欲使中国达到"文明境界"。"认识世界关联着改造世界,在最初的震惊、困惑和惶恐之后,晚清中国的有识之士很自然地以新知为基础,绘制新世界的蓝图。除渴求化解列强鲸吞蚕食的危机之外,他们还期待蕴藏伟力的科技改变整个社会的面貌,造福国人以至全人类。这既源于'天朝上国'尚未磨灭的自信心和责任感,亦合乎'为万世开太平'的儒家理想。"[②]鸦片战争用象征工业革命的坚船利炮打击了晚清政府,同时唤醒了中国科幻小说。科幻小说作为文化的舶来品,并非消遣之物,承担着"西学东渐"和"中体西用"的使命。梁启超在《少年中国说》中云"少年人如大洋海之珊瑚岛",孙中山就如同太平洋中的少年,为新中国带来了改革的希望。近代中国需要一座乌托邦海岛作为沟通"文明境界"的桥梁,近代历史选中了太平洋的夏威夷群岛的心脏——檀香山(火奴鲁鲁)。在夏威夷语当中,火奴鲁鲁意为"屏蔽之湾",幸好并未阻拦中国开化的东南沿海地区少年孙帝象(孙中山的幼名)从广东香山县漂洋过海来此读书受教育。孙中山在此真正认识了中国与世界之关系,就像少年派在虎狼环伺和大风暴雨夹击的海上漂流中发现了食人岛,他为近代中国抓住了"救亡图存"的救命稻草。檀香山孕育了孙中山及兴中会同仁们的政治乌托邦理念。五权宪法是孙中山对于宪法的创见,五权宪法的基本原则是以欧美资本主义国家宪法的基本原则——"三权分立"原则为基础,结合中国封建时代的考试、监察二权而成,具有防止封建专制的意义。在这之后提出的"三民主义"政治理念,更是深得人心,是符合近代中国先进政体建制的理念。可以说,近代中国最先进的政体建制和社会革命思想在这座太平洋中央

---

① 托马斯·莫尔:《乌托邦》,戴镏龄译,第35—38页。

② 李广益:《科学、技术与晚清的世界秩序想象》,《中国比较文学》2015年第3期。

的海岛诞生、发展并成熟了。孙中山成立兴中会，同梁启超保皇党斗争，成立中华革命军和同盟会夏威夷分会等，都在夏威夷群岛的檀香山完成。

“民国时期屡屡撰写的‘科学小说’里，试图借小说形式普及科学知识的作品很多归类于以后所谓的‘科普文艺’，有时它是伴随着‘科学救国’的使命而创作的。而且，这种状态基本上没有得到改变，一直持续到20世纪80年代。”[①]1980年，时间来到改革开放时期，由童恩正的小说改编而成的我国第一部科幻电影《珊瑚岛上的死光》，激活了中国科幻。近现代和当代中国的科幻海岛叙事的主要特征是呼应现实，立足于对现实世界的反思。这是一个关于报效祖国的“钱学森式”的科学家海岛求生的故事。科学家赵谦教授倾注了毕生心血成功研制了高效原子电池，当他准备奉献给祖国之时，却遭人暗杀，护送电池回国的任务落到了青年科学家陈天虹的身上。在特务的追杀中，一道神秘的激光救了陈天虹。那道激光来自马太博士研制的激光器。陈天虹经过几天的海上漂流来到了马太博士做科学实验的珊瑚岛上，意图利用发明实行不轨的维纳斯公司头目也来到了海岛，企图夺取资料并将海岛炸毁。陈天虹和马太博士联手，和敌人展开了激烈的对抗。这是一部政治和科学结合得较为紧密的科幻小说。当时的中国科幻创作在历史语境下具有政治性和国家属性的倾向，表达了亟需掌握尖端科学技术的海外科研人才报效祖国的诉求。值得注意的是“光”这个意象，“光不仅意味着闪亮耀眼的直观感受，也意味着智力与精神上的开化。”[②]这非常符合培根在《新亚特兰蒂斯》里对先进科学知识的阐释，“本色列人将包含各领域科研成果的知识统称为‘光’，并认为‘光’是上帝最早、最重要的创造物。这意味着，没有科学研究的明灯指路，就没有人类前行的方向，人类会生活在代表无知、愚昧的黑暗之中。”[③]“《新亚特兰蒂斯》的地理背景为东方，而本色列是位于秘鲁至中国、日

① 武田雅哉、林久之：《中国科学幻想文学史》（上卷），李重民译，浙江大学出版社2017年版，第181页。

② 段义孚：《浪漫地理学：追寻崇高景观》，陆小璇译，译林出版社2021年版，第180页。

③ 牛红英：《科学·宗教·神话：〈新亚特兰蒂斯〉的乌托邦思想解读》，《北京第二外国语学院学报》2013年第6期。

本的南海上的一个东方乌托邦。”[①]因此可以说，马太博士专门研究科学实验的珊瑚岛对应的就是科学乌托邦——本色列。

“作为当代生态批评领域一个日渐受人关注的对象，科幻文学具有两个现实主义文学创作无法替代的优势：第一，科幻小说可以站在具有超越性的宏大时空视角中思考人类社会的问题……第二，科幻小说拥有构想乌托邦世界的能力。”[②]当代的中国科幻海岛书写，更是在一半是海水一半是火焰的焦灼现实中展开，是科幻现实主义风格。陈楸帆的《荒潮》里的“硅屿”对应着广东汕头附近的贵屿，吴明益的《复眼人》背景设定是瓦忧瓦忧岛、垃圾岛和台湾岛。这里呼吁的是对海岛生态环境的保护和防止科学技术的滥用，人类应反思科技后遗症。

三、“元海岛”的灾变与反乌托邦元素

欧洲航海家哥伦布凭借着西班牙女王的财力支持和《马可·波罗游记》的指引，踏上了大航海的征程，并在 1492 年 12 月 5 日第一次踏上了伊斯帕尼奥拉岛，在进行四次海上航行后证明了新世界——美洲大陆的存在。西方科幻早期的主流风格符合大航海时代探索、冒险的社会发展需求。如科幻之父儒勒·凡尔纳的《海底两万里》(*Vingt mille lieues sous les mers*, 1870)中的“鹦鹉螺号”依靠用之不竭的电力维持船体的正常运行的设定就与亚特兰蒂斯磁欧石转化能源相呼应，“鹦鹉螺号环行世界，让阿罗纳克斯他们见识了无数的海底奇景，有关于海洋生物学的，也有关于如消失的古大陆亚特兰蒂斯的废墟等等。”[③]“海洋的范围在 18 世纪末最终得到确定。尽管它确有边界，而远方的地平线也并没有想象的那般遥远，然而海洋在人的心理层面上仍能唤起浩瀚的感觉。能唤起这浩瀚的是未知，而未知使人感到失控和威胁。”[④]柏拉图描述的亚特兰蒂斯因岛民的僭越而被洪水淹没沉入

---

① 牛红英：《科学·宗教·神话：〈新亚特兰蒂斯〉的乌托邦思想解读》，《北京第二外国语学院学报》2013 年第 6 期。

② 王茜：《从“生态乌托邦”到“可能世界”——对厄休拉·勒古恩科幻小说〈一无所有〉的一种解读》，《学习与探索》2018 年第 4 期。

③ 亚当·罗伯茨：《科幻小说史》，马小悟译，北京大学出版社 2010 年版，第 149 页。

④ 段义孚：《浪漫地理学：追寻崇高景观》，陆小璇译，译林出版社 2021 年版，第 52 页。

海底，科幻作品中的海岛则因为科技泛滥而异化成恶托邦，人类不遵循自然规律遭到惩罚，最终自食恶果。

威尔斯笔下的《莫罗博士岛》(*Island of Doctor Moreau*, 1896)中，莫罗博士通过实验手术让四足动物变成两足动物，让它们具备人类的习性，养成社会习惯，并实现人类的某种功能——有的搬运重物，有的建造简陋的住宅，等等。他甚至给动物们做了声带手术，并教它们讲话。莫罗利用野兽们的恐惧心理使之服从，野兽们有它们的宗教，莫罗本人就是它们崇拜的神、岛上的暴君。莫罗拥有优秀科学家的才智，但他毫无人道的理智使得他在试图通过科学手段制造出人类的同时完全丧失了人性。在把动物改造成为更像是人类的兽人之后，莫罗博士把自己变成了这个岛屿的最高统治者，但并没有真正上升到神的位置，因而在兽人反抗将其杀死后，这个海岛就处于无序当中，随时会被兽人杀死的恐怖气氛笼罩了整个海岛。与之相对的是，威廉·戈尔丁(William Golding)《蝇王》(*Lord of the Flies*, 1954)设定的背景是在未来第三次世界大战中的一场核战争中，一群六岁至十二岁的儿童在撤退途中因飞机失事被困在一座荒岛上，在非理性的本能驱动下，少年们变成了兽人，嗜血打猎、互相残杀，表现的是人性退化成兽性。“从质疑经典文学叙事出发，戈尔丁在海岛上展开文学实验，通过小说《蝇王》生态寓言的形式给予人类警示。通过他的文学想象，戈尔丁也表达了他深深的忧思。他的海岛文学叙事提供了海岛历险的另一种可能，让人们正视危机四伏的现实，重新看待自身文化及所处的环境，从而召唤人类文化的反思及重构。”[①]和威尔斯的《莫罗博士岛》把动物变成兽人相反，但造成的结果都是海岛生存环境的失序。人类在“兽性—人性—神性”之间的倒退或僭越，会像亚特兰蒂斯人一样受到宙斯的惩罚，可能面临的大洪水/世界末日无不警示着人类。“如果要分析从‘乌托邦蓝图’向‘恶托邦’的转变过程，应该追踪的是权力如何运作，即如何将各方面的意识，包括科学和艺术，编织成为意识形态，去创造一个‘秩序的世界’，而不应将视角局限于对技术的警惕上。”[②]威尔斯的老师赫胥黎是达尔文进化论的拥趸，威尔斯对于人类

① 李道全：《〈蝇王〉：海岛文学实验与生态寓言》，《重庆工商大学学报》2011年第1期。

② 郁旭映：《中国当代反乌托邦和恶托邦科幻小说比较研究》，《扬子江评论》2019年第4期。

在海岛上做实验改造生命体产生的结果有何寓意呢?“威尔斯的科学传奇故事和乌托邦小说是从小说角度对进化论进行的阐释。假如进化是适者生存,假如生命不去适应环境就得灭亡的话,这对于个人及其构建的越来越复杂的社会意味着什么呢?人会不会也被环境选择呢?他们会不会无法改变或是无法适应环境呢?别的生物会不会突然发展起来,威胁到人类的统治呢?”①

科幻设定的悲观的一种可能是“退化”:未来人类长出了鳃,像鱼类一样在海洋生存。在已经面临碳排放导致的气候变暖、海平面上升、极端高温和技术滥用导致生态破坏的人为灾难以及不可抗力的自然灾害的严峻考验下,未来世界留给人类的选择并不多。科幻电影《未来水世界》(*Waterworld*, 1995)中几乎整个陆地都沉入了海底,海洋占地球面积的71%,我们生活的陆地也可以被看作一个大海岛/亚特兰蒂斯。人类当下创造的文明有可能在一夜之间消失在突发的大洪水或者大灾害中。陆地变成了失落的世界沉入了海底,唯一存在的海岛只剩下曾经是陆地最高峰的珠穆朗玛峰。人类也成了后人类传说中的亚特兰蒂斯人。科幻设定的乐观的另一种可能是“进化”:未来人类成为多行星生物,移民其他星球。科幻美剧《星际之门——亚特兰蒂斯》(*Stargate: Atlantis*, 2004)中的古人并没有被大洪水淹没,而是通过南极洲岛的星际之门移民飞马星座繁衍生息,前往飞马星系的动力同样来自古老的带有神秘色彩和高科技的能源系统,并留下全息影像给后人,通过虫洞前往更浩瀚的宇宙(乌托邦或平行世界)。当代科幻电影以高端科技重新激活和演绎了亚特兰蒂斯的传说,这是科幻未来探险剧创造的一个新类型。亚特兰蒂斯从未真正在现实世界中出现,却带给人类无限的想象,加上现代科技的星际穿越,无疑是引人入胜的科幻未来探险类型片的好素材。

“生命是在海洋里进化的。只有内部生活(interliving)——共生发源——才使得生命在干燥的新陆地上有生存的可能。”②海岛是连接海洋和人类的介质和缓冲地带,当它消失之时亦是人类文明在地球消失之时,人类的命运只能是漂浮于无所依靠的太空宇宙。“我们需要

---

① 詹姆斯·冈恩:《交错的世界:世界科幻图史》,姜倩译,上海人民出版社2020年版,第121页。

② 林恩·马古利斯:《生物共生的行星:进化的新景观》,易凡译,上海科学技术出版社2009年版,第96页。

从我们种系的特殊性的狂妄自大中解放出来，没有证据说明我们是被‘选’出来的，我们不是专为其他生物制造出来的独一无二的物种。我们也不因为我们数量众多、力量强大和充满威胁而最重要。”[①]莱姆的《索拉里斯星》描述了一个被胶质海洋环绕的有生命存在的星球，存在着会模仿人类的无形的海洋生命体，映射出人类内心的幽暗与记忆。“人类不是生命的中心，任何其他物种也不是。人类甚至并不靠近生命的中心。我们只是这个古老的巨大整体中的一个新近的迅速成长的部分。”[②]在非人类中心主义的海洋镜像里，索拉里斯星出现的巨婴幻想是一个隐喻——人类不是这个宇宙的中心，生命存在的形式和特征也不以人类为标准。

号称“永不沉没”的巨大工业革命产物、奥林匹克级的邮轮——“泰坦尼克号”在驶向象征现代文明的纽约的处女航即撞上大西洋冰山，酿成海难，大自然展示了它神秘的毁灭性力量；《阿凡达 2：水之道》(*Avatar: The Way of Water*, 2022)中纳威家族为保护森林家园，躲避“太空人”的复仇，寻找到的最终避难所是蓝色海洋，似乎已经预示人类未来不得不适应重新回到海洋中生存，甚至将面临更糟糕的残酷环境；在科幻作家韩松的《红色海洋》中退化的未来人类——水栖人，以互食为生，在被鲜血染红的海洋中艰难求生，时刻面临着灭顶之灾。这无不警示着，“我们人类正像我们的地球伙伴一样。我们不会将自然推向末路，我们只会给自己带来危险。”[③]人类如何面对下一次的大洪水或极端自然灾害，我们能否不重蹈亚特兰蒂斯的覆辙？

结语

柏拉图记录的亚特兰蒂斯是乌托邦的“元海岛”，不同时代的先贤哲人对这个“元海岛”的演绎给读者带来了常读常新的新奇感受，它既

---

① 林恩·马古利斯：《生物共生的行星：进化的新景观》，易凡译，上海科学技术出版社 2009 年版，第 107 页。

② 同上，第 108 页。

③ 同上，第 116 页。

是科学家和高科技加持的新亚特兰蒂斯——本色列,也是能够带领人类去探索发现新事物的海底奇异世界,还是对政治、宗教、文化进行改造的崇高理想社会,连通了史前神话、现代科技和未来时空。亚特兰蒂斯像是万物互联的"元宇宙"海岛,演绎、分化出不同的主题:政治乌托邦、海岛乌托邦、生态乌托邦等。"科幻小说经过了乌托邦维度的再塑造,具有了独立的文类品格。"[①]科幻乌托邦将海岛乌托邦从孤立的政治想象解放出来,在叙事、科技、空间、旅行等各个领域延伸开来。"科幻叙事基本上都是宏大叙事,这种叙事风格与孤岛式乌托邦的封闭风格(同时也是针对现实的对抗风格)完全不同,它拥有一种宏大能量,要将地球乃至整个宇宙都包罗在内,它要为科学意义上的天地立法,而不局限于一个文化天地——地球,所以它所指向的未来能量是极其巨大的,同时又是非常复杂的。"[②]亚特兰蒂斯传说作为一个经典的科幻原型,经久不衰,跨越遥远的时空回应着人类关切的历史、现实和未来的不同命题。

【本文为2003年度海南省研究生创新科研课题项目"科幻与海岛乌托邦研究"(Qhyb 2023-163)和中国博士后科学基金第72批面上资助"贺川丰彦社会主义经济思想在近代中国的接受与影响研究"(2022M721709)阶段性成果】

(作者单位:海南师范大学、《天涯》杂志社)

学术编辑:崔晓红

① 王峰、陈丹:《科幻乌托邦批评的兴起:以詹姆逊为中心》,《福建论坛》2021年第10期。

② 王峰:《科幻叙事的乌托邦能量》,《南京社会科学》2016年第4期。

殖民与去殖民:科幻文学中的岛屿

苏 娉 王梓钰

内容提要 岛屿作为西方乌托邦想象的原型,与西方海外扩张及殖民主义深度纠缠。这推动了西方科幻文学的诞生,也使其携带着扩张野心与殖民属性。随着时代发展和科幻文学书写对象的转型,西方科幻中的具象乌托邦岛屿逐渐转为封闭、孤立的抽象空间,既承接了岛屿的实验场功能,又延续了西方的殖民野心。由岛屿土著作家创作的后殖民科幻文学以群岛意识为依托,将流动、多元、动态的群岛观念植入科幻叙事,在进行自我阐释的同时复兴岛屿本土历史文化,以恶托邦书写消解西方强加的殖民乌托邦想象,传递土著岛民内在的忧患意识。经由科幻,岛屿进入了去殖民进程。在群岛意识的沟通下,大陆与岛屿、陆地与海洋的二元对立模式逐渐被群岛网状关系模式取代。

关键词 岛屿 乌托邦 科幻文学 群岛意识 后殖民科幻

尽管科幻(science fiction)这一术语最早见于20世纪20年代的纸浆杂志(pulp magazines),西方科幻文学的诞生却是一个长期持续的积累过程。该过程与西方殖民历史及岛屿乌托邦想象有着割舍不断的联系。长期以来,岛屿以其独特的魅力激发了人们的想象,而岛屿与殖民乌托邦的关联是西方文化对于岛屿想象的标志性特征。岛屿作为殖民经典原型已然渗透到与殖民主义具有深度纠葛的西方科幻文学中。权力、帝国与殖民话语不仅存在于过去的西方科幻文学,今天的西方科幻文学仍然充满了岛屿乌托邦隐喻与殖民想象,并以一种更为隐匿的方式传递扩张野心,施加殖民影响。20世纪末,岛屿殖民地与前殖民地兴起的群岛意识与后殖民科幻文学颠覆了西方传统的岛屿观,以多元化、动态化的群岛网状关系思维模式代替西方文化中大陆与岛屿、陆地与海洋的二元对立思维模式,通过构建恶托邦世界对抗西方对岛屿的乌托邦幻想,同时以重塑本土性抵御西方知识界对岛屿的他者化与随意解释。后殖民科幻文学不仅是关乎未来的想象,还是对后殖民社会现实的剖析与反思,更是后殖民科幻作家最重要的去殖民文本实践。后殖民科幻文学中的岛屿并非天然、静止、等待解释的客体,而是可以进行独立意义生产的思维方式与关系体系。本文以岛屿想象为线索,分析西方科幻文学在发展过程中与岛屿乌托邦及殖民话语的纠葛,探究后殖民科幻文学中的群岛意识与去殖民实践,从中反思西方现有知识体系对岛屿殖民地及前殖民地的漠视与束缚,检视后殖民科幻文学对改善不平等的殖民权力关系以及探索殖民地、前殖民地未来道路的启示。

一、殖民主义与西方的岛屿乌托邦想象

在不同文化中,岛屿常常被想象成幸福安乐的世外桃源、神仙居住之所、生命起源之地。如人文地理学奠基学者段义孚(Yifu Tuan)所言,岛屿作为意象,其重要意义在于对想象力和创造力的促进作用。① 尽管理想世界与岛屿总是如影随形,但西方文化中岛屿乌托邦想象的独特之处在于其与海外扩张、殖民主义的深度纠缠。西方岛屿乌托邦想象源于英国空想社会主义创始人托马斯·莫尔(Thomas More)1516年出版的经典游记《乌托邦》(*Utopia*)。该游记"开启了一种全新的文学类型以及思考未来的方式"②,其灵感正是来自欧洲地理大发现与殖民扩张,字里行间蕴含着殖民话语与帝国意识:乌托邦原名阿布拉克萨岛(Abraxa),原为半岛,征服者乌托普(Utopus)国王抹去其原名将之更名为乌托邦,并下令在连接大陆的一面掘出一条巨大的运河,将乌托邦变为与世隔绝的海岛;作者声称乌托普的殖民统治将岛上"野蛮未开化的"的土著居民驯化成了"温顺而有教养的人"③。自此,孤岛成为乌托邦文学中反复出现的故事发生地,这

---

① Yifu Tuan, *Topophilia: A Study of Environmental Perception, Attitudes, and Values*, New York: Columbia University Press, 1998, p.118.

② Barnita Bagchi, "Utopia", in: Heike Paul (ed.), *Critical Terms in Futures Studies*, Cham: Palgrave Macmillan, 2019, p.327.

③ Thomas More, *Utopia*, Los Angeles, CA: Enhanced Media Publishing, 2017, p.32.

也映射了殖民时期盛行的岛屿作为理想实验室(islands as ideal laboratories)的观念。

在西方文化中,岛屿通常指海岛,因与大陆距离遥远、边界清晰、面积较小被看作孤立、封闭的有限空间。岛屿的相关特性——孤立性、封闭性、有限性,为更有效地探索新的想法、理论、社会模式提供了独特完善的环境,因此岛屿常被认为是尝试各种社会可能性、实现完美社会秩序的理想实验场所。后殖民岛屿文学批评家伊丽莎白·德洛里(Elizabeth DeLoughrey)指出,"在帝国的语法中,偏远与孤立作为岛屿空间的同义词,被认为是殖民征服成功的关键因素。"[①]殖民时期,欧洲殖民者将岛屿作为实践殖民统治的实验室。例如,大西洋加那利群岛(Canary Islands)和马德拉群岛(Madeira Islands)是白人殖民者最早建立的甘蔗种植基地,也是欧洲推行海洋帝国主义的第一批"实验室",岛上开展的岛屿殖民、种植园经济、奴隶制等实验随后被复制到加勒比海、印度洋、太平洋以及大西洋其他岛屿上。岛屿独特的空间特征——在资本、原料、劳动力全球流动中占据的重要战略位置、漫长的海岸线带来的贸易便利、清晰边界赋予的控制与防御优势——进一步使其成为西方殖民国家争夺的主要目标。对岛屿的渴望驱使欧洲探险家在全球各地疯狂寻找海岛,世界上大部分岛屿都曾沦为西方殖民地,目前仅存的殖民地大多也是岛屿。[②] 岛屿狂热成为欧洲殖民扩张与海洋帝国的标志性特征,正如段义孚所言,岛屿在西方殖民想象中占据了最重要的地位。[③]

西方帝国主义话语将散布在海洋中的岛屿描绘成孤立分散、野蛮落后、易于被征服的处女地或空白之地,声称欧洲工业化强国在岛屿上进行的社会、政治、经济实验,有助于将先进的西方文明与资本主义带到当地。这一话语体系建立在代表落后、原始、边缘的岛屿与代表进步、发达、中心的大陆之间二元对立关系的基础上,为欧洲殖民征服

---

① Elizabeth DeLoughrey, *Routes and Roots: Navigating Caribbean and Pacific Island Literatures*, Honolulu, HI: University of Hawai'i Press, 2007, p.8.

② 目前仍有众多岛屿属于欧美国家的殖民地,如法属圣巴泰勒米岛、马提尼克岛、瓜德罗普岛,英属维尔京群岛、安圭拉、开曼群岛,荷属阿鲁巴、库拉索、圣马丁,美属维尔京群岛、波多黎各岛等。

③ Yifu Tuan, *Topophilia: A Study of Environmental Perception, Attitudes, and Values*, p.118.

提供了借口与合法性。白人殖民者还将帝国对岛屿的殖民统治美化成殖民主义乌托邦，这一点尤其体现在殖民者对岛屿殖民地的命名上。对岛屿进行更名是白人殖民者占领岛屿后宣示所有权的方式，殖民者往往用寓意美好的名字来重新命名岛屿，比如加勒比地区的岛屿被欧洲殖民者称为幸运岛(Fortunate Isles)、糖岛(Sugar Islands)等。加勒比岛屿温暖潮湿的气候、便利的海上交通为建立甘蔗种植园提供了绝佳的自然环境，且由于白人殖民者带来的瘟疫与大屠杀，加勒比诸岛的土著印第安人几近灭绝，这些岛屿于是成为殖民者眼中实践奴隶制种植园经济的理想场所。伊莱恩·萨沃里(Elaine Savory)曾指出，加勒比地区的海岛是“殖民想象用来绘制乌托邦梦想的白画布”[①]。然而，这一美好的乌托邦世界仅属于白人殖民者，其幸福生活建立在对岛上土著印第安人、黑奴、印度苦力、契约华工的迫害、压榨、剥削基础上，其他族裔的历史文化被殖民话语所遮蔽和掩盖。将岛屿看作绘制殖民蓝图白画布的观点直到今天还在产生影响，并转变成一种更为隐蔽的新殖民主义话语，使众多岛屿沦为西方军事实验和过度旅游开发的牺牲品。

殖民时期的文学作品作为维护帝国逻辑和协助殖民扩张的意识形态工具，在建构岛屿殖民话语中发挥了至关重要的作用。在伊丽莎白·德洛里看来，“自欧洲殖民扩张以来，其文学作品越来越多地将岛屿想象成各种政治、社会和殖民实践的场所。”[②]其中最具代表性的是荒岛文学，经典作品包括莎士比亚(William Shakespeare)的《暴风雨》(*The Tempest*, 1611)、丹尼尔·笛福(Daniel Defoe)的《鲁滨孙漂流记》(*Robinson Crusoe*, 1719)、罗伯特·迈克尔·巴兰坦(Robert Michael Ballantyne)的《珊瑚岛》(*The Coral Island: A Tale of the Pacific Ocean*, 1857)、罗伯特·路易斯·史蒂文森(Robert Louis Stevenson)的《金银岛》(*Treasure Island*, 1883)，瑞士作家约翰·大卫·威斯(Johann David Wyss)的《瑞士家庭鲁滨孙》(*Der Schweizerische Robinson*, 1812)，法国作家亚历山大·大仲马(Alexandre Dumas)的《基督山恩仇记》(*Le Comte de Monte-Cristo*,

---

① Elaine Savory, "Utopia, Dystopia, and Caribbean Heterotopia: Writing /Reading the Small Island", in: *New Literatures Review*, No. 47 - 48, 2011, p. 39.

② Elizabeth DeLoughrey, *Routes and Roots: Navigating Caribbean and Pacific Island Literatures*, p. 13.

1844)等。尤其是18至19世纪,随着欧洲国家殖民扩张愈演愈烈,荒岛冒险故事越来越流行。这些作品将岛屿呈现为神秘、与世隔绝的荒岛,可被随意改造、重塑的对象,以及可为西方探险者带来财富、资源、权力的美好之地,其目标读者为西方白人。这不仅极大鼓动了欧洲殖民帝国征服和占领更多岛屿的野心,也激发了白人殖民者进一步海外扩张的欲望。由此形成的浪漫帝国幻想传统将土著岛民刻画成原始野蛮人、理应被奴役的低等种族,以及建设理想殖民地无足轻重的工具,自欺欺人地掩饰殖民征服过程中的黑暗、暴力、罪恶。因此,帝国主义话语体系下的殖民乌托邦岛屿文学想象是隐含着恶托邦元素的内在割裂体。

二、西方科幻文学中岛屿形象的演变

西方科技发展与岛屿殖民探索也有着密切联系。岛屿独特的气候、地理、生态环境不仅使其成为欧洲殖民者实践殖民统治与乌托邦想象的实验室,还为科学家进行科学探索与实验提供了理想场所,为西方近代科学尤其是自然科学的建立奠定了丰富的物质基础,并大力推动了生态学、人类学、生物学理论的发展:

> 欧洲殖民者在加那利群岛与加勒比群岛滥伐森林,使这些岛屿成为研究全球气候与生态的实验室;对殖民地自然资源的破坏推动了西班牙、英国、法国第一部环境保护法的诞生;欧洲各国对全球岛屿的殖民征服为弗雷德·华莱士和查尔斯·达尔文的环球航行提供了便利,两位科学家分别通过对岛屿动植物的观察形成了物种起源、适者生存、进化理论;……阿尔弗雷德·韦格纳的大陆漂移理论也来源于对岛屿动植物的研究;岛屿的地形特征、劳动力、资源不仅为殖民宗主国带来了物质利益(如甘蔗种植园),也为欧洲植物学、人类学、生物学、环境科学思想的发展提供了天然的研究实验室。[1]

---

[1] Elizabeth DeLoughrey, *Routes and Roots: Navigating Caribbean and Pacific Island Literatures*, p.10.

殖民时期的岛屿探险及科学幻想往往与殖民主义形成一种共谋关系。西方殖民者海外科学探索始于 1492 年克里斯托弗·哥伦布(Christopher Columbus)发现加勒比西印度群岛。哥伦布不仅对岛上的地理、生态、动植物做了详细的观察与记录,还在岛上进行了测量地球大小的实验,此后加勒比地区的海岛吸引了越来越多的科学探索者。欧洲科学家在岛屿殖民地建立起众多科学实验室、观察室、植物园。此外,欧洲人类学家还在加勒比岛屿和太平洋岛屿创立了最早的人类学田野点,通过对岛上土著居民的观察研究,建构起种族差异理论,以肤色来区分不同人种,将非白种人(non-whites)描绘成天生低劣的种族。科学以一种高高在上的姿态进入殖民话语体系,为殖民征服和奴役有色人种提供了更系统的理论依据。

欧洲各国在世界的航行探索以及对殖民地的争夺为欧洲科学革命提供了动力,反过来科学革命也进一步推动了欧洲殖民势力的发展。科技进步与社会变动催生了文学作品中的科学幻想,如德国天文学家约翰尼斯·开普勒(Johannes Kepler)的拉丁语小说《关于月球天文学的梦想或遗作》(*Somnium sive Opus Posthumum de Astronomia Lunari*, 1634)、英国作家弗朗西斯·戈德温(Francis Godwin)的《月中人:论月球之旅》(*The Man in the Moone: Or a Discourse of a Voyage Thither by Domingo Gonsales*, 1638)、法国作家西哈诺·德·贝热拉克(Cyrano de Bergerac)的《另一个世界:月球国家与帝国》(*L'Autre Monde: ou les états et Empires de la Lune*, 1657)及《太阳国家与帝国》(*Les états et Empires du Soleil*, 1662)、爱尔兰作家乔纳森·斯威夫特(Jonathan Swift)的《格列佛游记》(*Gulliver's Travels*, 1726)、俄罗斯作家瓦希利·列夫新(Vasilii Levshin)的《最新航程》(*The Newest Voyage*, 1784)等。这些作品将岛屿与岛屿性融入对新世界的想象,描写了欧洲探险家在新世界的游历及其与异域土著居民的相遇,并运用科学幻想的陌生化叙事技巧隐射帝国形成过程中的权力斗争以及殖民扩张与征服,被认为是现代科幻小说的前身。

西方科幻文学的诞生过程与西方帝国主义殖民历史及岛屿乌托邦想象息息相关。当代著名科幻学者小伊斯塔万·希瑟利-罗奈(Istvan Csicsery-Ronay Jr.)指出,“科幻文学源于欧洲帝国主义带来的政治文化转型以及建立全球统一技术体制的理想。……科幻文学的产生取决于以下三个因素:技术扩张推动了真正的帝国主义征服;欧洲国家蜕变为霸权过程中,国内读者对反映这一社会变化的文学作品产生了需求;科技帝国理想模型开始出现。”[①]19 世纪,欧洲帝国主义进入狂热的扩张期,这一时期也是西方科幻文学出现的关键期。科幻小说首先在英法这两个老牌帝国主义国家流行,随着美国、德国、俄国等国家越来越深地卷入帝国竞争,科幻文学在这些新兴帝国主义国家也开始盛行。与此同时,进化论与人类学对于人类起源和人类未来的科学解释和预测,以及在此基础上形成的社会达尔文主义思想与殖民话语交织,成为贯穿早期西方科幻小说的重要主题与意识形态框架。作为殖民乌托邦经典形象的岛屿则成为这些科幻作品中常见的故事地点,如法国科幻作家儒勒·凡尔纳(Jules Verne)的三部曲《格兰特船长的儿女》(*Les Enfants du capitaine Grant*, 1867)、《海底两万里》(*Vingt mille lieues sous les mers*, 1870)、《神秘岛》(*L'Île mystérieuse*, 1874),以及英国科幻作家赫伯特·乔治·威尔斯(Herbert George Wells)的《莫罗博士岛》(*Island of Doctor Moreau*, 1896)、《布莱茨先生在兰波岛》(*Mr. Blettsworthy on Rampole Island*, 1928)等。

自 19 世纪末起,随着人类对地球的探索愈加彻底,西方科幻文学越来越多地转向以遥远星球与神秘外太空为背景,但大多仍受殖民话语体系与认识论框架桎梏。后殖民理论家比尔·阿什克罗夫特(Bill Ashcroft)曾提到,“科幻的帝国主义倾向根源于人类的征服欲望——征服统治外星人与外星空间,并建立银河帝国的欲望。”[②]因此,西方科幻作品在对未来进行想象时,常渗透了帝国主义话语与意识形态,如美国科幻作家雷·布雷德伯里(Ray Bradbury)的《火星纪事》(*The Martian Chronicles*, 1950),英国科幻作家亚瑟·克拉克(Arthur C. Clarke)的《2001 太空漫游》(*2001: A Space Odyssey*, 1968),以及布赖恩·奥尔迪斯(Brian W. Aldiss)主编的科幻小说集《太空歌剧》(*Space Opera*, 1974)、《太空漫游》(*Space Odysseys*, 1975)、《银河帝

---

① Istvan Csicsery-Ronay Jr., “Science Fiction and Empire”, in: *Science Fiction Studies*, Vol.30, No.2, 2003, p.231.

② Bill Ashcroft, “Postcolonial Science Fiction and the Ethics of Empire”, in: Zachary Kendal, Aisling Smith, Giulia Champion, Andrew Milner (eds.), *Ethical Futures and Global Science Fiction*, Cham: Palgrave Macmillan, 2020, p.166.

国》(*Galactic Empires*, 1976)、《危险行星》(*Perilous Planets*, 1978)等。这些科幻小说在想象描写人类改造开发其他星球,征服太阳系、银河系甚至整个宇宙的过程中,不断重复殖民主义范式、他者化过程以及中心与边缘的对立模式,这不仅源于西方资本主义对殖民扩张的原始欲望,也源于西方文化通过建构他者来认识和定义自我的认知体系。这些作品塑造的外星人形象虽千差万别,但本质用途仍是为西方白人男性提供建构自我身份的他者参照。以往荒岛文学中岛屿的空间特征渗透到西方科幻对星球空间、宇宙飞船空间等的想象中,岛屿在这些作品中转变为一种封闭、孤立、边界清晰的抽象空间。这些科幻空间的岛屿性——封闭性、孤立性、边界性,使之取代传统乌托邦岛屿,成为探索各种新哲学、新伦理、新思想、新制度可能性的理想试验场。

在帝国中心,也有部分科幻作家在作品中反思批判西方殖民主义,这一传统可以追溯到威尔斯的小说《世界大战》(*The War of the Worlds*, 1898)。该小说讲述高端外星文明对地球的入侵,是对西方殖民征服的逆写。此后,类似逆写反复出现在西方女性主义与非白人科幻作家笔下。尽管仍未摆脱西方认识论框架的束缚,这些作品却展示了科幻在挑战"科学真理、道德信念、文化霸权",①以及打破边界、颠覆主流规范惯例、激发创新力等方面的巨大潜力。然而,科幻的巨大潜力并未能改变其内部不平等的权力关系。目前,大部分殖民地虽早已获得独立,但世界科幻的中心仍在欧美国家且多由西方白人男性主导,而受到国际学界认可的非白人科幻作家也基本来自西方国家,由此造成一种刻板印象:"只有科技发达地区才配拥有未来。"②

三、后殖民科幻文学中的群岛意识

20世纪90年代以来,世界科幻文学的舞台上出现了愈来愈多来自

---

① John Rieder, *Science Fiction and the Mass Cultural Genre System*, Middletown, CT: Wesleyan University Press, 2017, p.5.

② Istvan Csicsery-Ronay Jr., "Dis-imagined Communities: Science Fiction and the Future of Nations", in: Veronica Hollinger, Joan Gordon (eds.), *Edging into the Future: Science Fiction and Contemporary Cultural Transformation*, Philadelphia: University of Pennsylvania Press, 2002, p.237.

殖民地与前殖民地的作品。这些作品关注殖民历史、殖民性、后殖民状态与全球化,被称为后殖民科幻文学(postcolonial science fiction)。虽然仍未获得学界足够关注,但后殖民科幻作家通过挑战西方知识霸权,对西方强加的概念进行挪用与改造,运用叙事策略与技巧创新颠覆西方科幻传统与意识形态,为科幻文学注入了新的生命。其中,来自岛屿殖民地与前殖民地的后殖民科幻文学作为一种强有力的去殖民文本实践,呈现出与殖民经典原型"岛屿"相对的"群岛"意识。作为后殖民科幻文学最突出特征之一的群岛意识(archipelagic consciousness)是一种兼具多样性、流动性、动态性的关系思维模式,超越了地理疆域的限制,以尊重、包容、联系的观点区别于西方二元对立的静态模式。群岛中的岛屿是实现多方沟通的节点,构成了相互关联、相互依赖的动态结构。

群岛意识颠覆了以西方视角为中心的岛屿观。以往西方对岛屿的认识与研究多从凝视他者的单向视角介入,对岛屿的关注主要侧重其战略位置、地理地貌,及其携带的政治、经济、军事价值。西方帝国扩张与殖民地瓜分划定了众多界限,使岛屿原有的广阔性与流动性被大大压缩,愈发成为封闭孤立的个体,由此呼应西方构建的岛屿乌托邦话语。虽然西方殖民者将岛屿视作美好乌托邦与希冀之地,但这一理想的实现须以殖民统治为前提,岛屿的真实面貌及其蕴含的变革性潜力却被忽视。西方文化常将岛屿视作狭小、偏僻的空间。然而,"小"和"偏"均是相对概念,主要以岛屿面积及其与大陆的相对距离为决定因素。来自关岛的学者克雷格·桑托斯·佩雷斯(Craig Santos Perez)曾言,关岛于他而言并不狭小,反而构成了他的整个宇宙:"每个村庄都有自身的特点与深度,每片海滩都有独特的形状与潮汐,每个家族都有自己的谱系与视野。"[①]不仅如此,仔细观察世界岛屿分布可见,岛屿并不是孤立的存在。事实上,早在西方殖民时代开启之前,岛屿间已经形成了一张广阔的动态交流网络。例如,在太平洋岛国中,"斐济、萨摩亚、汤加、纽埃、罗图马、托克劳、图瓦卢、富图纳和乌韦阿群岛之间构成了一个庞大的交流共同体,实现了财富、人员、技术与

① Craig Santos Perez, "Archipelagic Poetics: A Foreword", in: Michelle Stephens, Yolanda Martínez-San Miguel (eds.), *Contemporary Archipelagic Thinking*, Lanham: Rowman & Littlefield, 2020, p. xv.

文化艺术的循环互通”。[1] 土著岛民对家园的想象并不以海岸线为局限,而是基于岛屿间的联系,将海洋与周遭岛屿也视作家园的重要构成。

海洋中岛屿之间的普遍联系以及与其相伴的生活方式共同形塑了岛民的群岛意识。土著岛民大都依托海洋生存,于他们而言,散布在海洋中的岛屿既是出海捕鱼的休憩点,也是连接岛屿与广阔世界的重要节点,同时海岛的相对位置与自然环境在远程航行中还起到定位作用。因此,土著岛民对岛屿的想象从来不是遥远孤立、边界清晰的“远洋之岛”(islands in a far sea),而是各个岛屿相互联系,人亦可自由流动其间的“群岛之洋”(a sea of islands)。[2] 群岛视域下的世界是一个整体,海洋的存在不是隔离,而是在海岛间建立联系的媒介。不断往返于各个岛屿间的海岛传统生活方式造就了岛民动态联系的循环式时空观以及超越狭隘地理疆域的独特世界观,土著岛民对事物的认识具有碎片化、流动性、含混性、易变性等特点,倾向于与他者保持和谐、尊重的关系,这种群岛思维在岛屿作家的创作中均有所体现。他们在结构文章时“将每个词语看作意蕴深厚的岛屿,将短语、句子理解为一个个群岛结构,将文本留白视作暗流涌动的海域,由此引导读者在岛屿、群岛和大洋之间漫游”[3]。文学创作得以将一系列失和的流散殖民碎片重新排列组合,构成多重社会文化共存互动的叙事。

基于群岛意识的后殖民科幻小说解构西方科幻传统,对抗西方价值观与知识体系,是全球去殖民活动的重要文本实践。西方科幻是维护、宣传西方意识形态的重要工具。正如牙买加作家娜洛·霍普金森(Nalo Hopkinson)所言,“我们一直被教导欧洲文学有多么优秀,在学校里,我们阅读、分析、理解、思考的文学只有欧洲文学。”[4]西方科幻叙事中外星人到访、劫掠、杀戮、侵占领土的情节对土著岛民而言并不陌

---

① Epeli Hau'ofa, "Our Sea of Islands", in: Paul D'Arcy (ed.), *Peoples of the Pacific: The History of Oceania to 1870*, London: Routledge, 2008, p.9.

② Ibid., p.7.

③ Craig Santos Perez, "Archipelagic Poetics: A Foreword", in: Michelle Stephens, Yolanda Martínez-San Miguel (eds.), *Contemporary Archipelagic Thinking*, p. xvi.

④ Nalo Hopkinson, "Introduction", in: Nalo Hopkinson, Uppinder Mehan (eds.), *So Long Been Dreaming: Postcolonial Science Fiction & Fantasy*, Vancouver: Aesenal Pulp Press, 2004, p.10.

生："对我们来说，这些并非虚构，而是真实发生的历史，也是我们正在经历的现实的一部分。"①来自殖民地、前殖民地岛屿的后殖民科幻作家通过逆写西方科幻解构殖民历史，"模仿殖民叙事的内核与经验，对其进行批判、纠正、颠覆"②。他们将群岛意识融入科幻叙事，重新设想以海岛为中心的另一重未来，并用科幻未来世界隐喻岛屿现实。这种以岛屿和土著岛民视角为中心的叙事方式渗透出岛民独特的时空观、世界观、价值观及其对岛屿主权环境的忧患意识，对岛屿本土性重塑以及去殖民进程具有重要推动作用。

后殖民科幻文学中的群岛意识首先体现在动态联系的时空观以及循环式的叙事结构上，西方意识形态中的线性时间进步观以及二元静态的边界观被打破，不同时空之间既相互独立又彼此联系，展现了与西方主流科幻相异的宇宙观。新西兰土著毛利人作家威提·依希马埃拉(Witi Ihimaera)将太空视为可经由飞船实现互通循环的动态场域，其中广袤的宇宙空间成为海洋的隐喻。与西方主流科幻文学作品，如波兰作家斯坦尼斯拉夫·莱姆(Stanisław Lem)的《索拉里斯星》(*Solaris*, 1961)、美国作家弗兰克·赫伯特(Frank Herbert)的《沙丘》(*Dune*, 1965)、丹·西蒙斯(Dan Simmons)的《海伯利安》(*Hyperion*, 1989)等，将星球隐喻成封闭、孤立的岛屿不同，在依希马埃拉的作品中宇宙的众多星球成为海洋中相依相连、相融共生的群岛化身，海洋与太空均是实现联系的媒介。同时，依希马埃拉还在土著岛民的动态循环时空观基础上建构了一种循环式叙事模式。这一循环模式并非一成不变、循回往复的闭环，而是动态联系且带有一定开放性的循环，在众多岛屿土著作家创作的科幻作品中均有体现。依希马埃拉的中篇小说《夜深人静》(*Dead of Night*, 2007)背景设置在2169年，讲述六位乘客乘坐"奋进号"(Endeavour)宇宙飞船踏上前往宇宙尽头的旅程。在小说的开放式结局中，六人抵达宇宙尽头的"零点"后再一次回归旅途起始现场，与小说开头场景相呼应，印证了"宇宙尽头不是地点，而是时间"③的观点。霍普金森的长篇小说《午夜盗

① Gina Annette Cole, *Wayfinding Pasifikafuturism: An Indigenous Science Fiction Vision of the Ocean in Space*, Doctoral Dissertation of Massey University, 2020, p.6.

② Nalo Hopkinson, "Introduction", in: Nalo Hopkinson, Uppinder Mehan (eds.), *So Long Been Dreaming: Postcolonial Science Fiction & Fantasy*, p.11.

③ Witi Ihimaera, *Ask the Posts of the House*, London: Reed, 2007, p.312.

贼》(*Midnight Robber*, 2000)在一次次星际迁居中重置主人公唐唐的命运,空间移动给予唐唐重新开始生活的机会。与西方科幻认为宇宙探索的尽头是不断向未知领域扩张不同,这些岛屿土著作家对宇宙的探索折射出群岛意识下的动态循环时空观。在土著岛民的理解中,宇宙和海水一样在循环中再生,回归原点并非对前一航程的复制,而是进入与之相联系的动态生成的关系空间,空间在循环中更新,人亦在对本我的一次次回归中获得成长。这一观点也赋予自然和宇宙神秘色彩与不可知性,强调人类虽可以探索自然和宇宙,但永远无法将其参透、占有,突显了群岛意识对未知他者的尊重与敬畏。群岛意识支配下的动态循环时空观构成了后殖民科幻文学中的循环叙事,与西方科幻中无限扩张的星际穿越主题形成鲜明对立。群岛视域下太空探索的尽头是循环式的回归本我,而非线性铺展式的帝国扩张与殖民,后殖民科幻文学由此挑战了西方科幻中蕴含的殖民霸权思想及二元静态的线性价值观。

其次,后殖民科幻文学挖掘西方岛屿乌托邦想象中隐含的恶托邦元素,将其与岛屿现实及岛民共同的忧患意识相结合,展现出一种共同反抗压迫、唇齿相依、荣辱与共的群岛共同体意识。来自太平洋波利尼西亚群岛的萨摩亚作家阿尔伯特·温特(Albert Wendt)创作的长篇小说《黑色彩虹》(*Black Rainbow*, 1992)是一部反极权主义的恶托邦寓言。小说中描述的高科技未来世界是表面祥和的岛屿乌托邦,土著岛民生活在由白人主导的高压政府控制之下,受核辐射影响,深受放射性疾病之苦,作者由此影射西方施加于太平洋岛屿的核暴力对当地居民在物质与精神上的双重危害,批判西方帝国强权将太平洋岛屿作为核试验场与核废料填埋场的霸权行径。加勒比地区曾经历的古巴导弹危机在加勒比科幻作品中也呈现为对核战争及科技灾难的反思。例如,多米尼加作家雷伊·埃马纽埃尔·安杜哈尔(Rey Emmanuel Andújar)的短篇小说《胜负难料》("Gameon", 2014)和古巴作家埃里克·乔治·莫塔·佩雷斯(Erick Jorge Mota Pérez)的中篇小说《额外工作》(*Trabajo Extra*, 2014)通过假设"古巴导弹危机并未终止",[①]想象了核战争对岛屿生态、人性所造成的毁灭性影响,揭示了弱势族群相较于核武器持有者的被动地位,以及这种关系模式背后

① Rey Emmanuel Andújar, "Gameon", in: *Contratiempo*, No. 115, 2014, p. 23.

的西方霸权逻辑。上述作品不同程度地呈现出恶托邦色彩,反映了土著岛民困在历史重担与未来危机之间的艰难处境。土著岛民不仅承受着数百年殖民历史的持续影响,还需应对气候变化对低洼岛国未来生存的威胁。在共同境遇与危机面前,岛屿作家的科幻创作构成了相互关联、相互依赖的去殖民动态网络,呈现出一荣俱荣、一损俱损的群岛共同体意识。

此外,群岛意识引导下的后殖民科幻文学还通过引入岛屿本土文化知识重塑本土性,拓宽科幻文学的边界。文学创作,尤其是科幻文学创作一直以西方为中心,但事实上来自岛屿殖民地、前殖民地的作家对科幻的理解与西方主流话语中的科幻大有不同。西方科幻中构建的系统化科学以理性分析为主导思想,致力于以科学幻想拓展理性认知的边界,解释不可知现象。而神话传说丰富、口述传统发达的海岛文化却秉持先验、直觉的认知方式,拥抱群岛网络形成的杂糅文化知识,因此西方科幻中的系统化科学并不足以涵盖岛屿本土科学的广度与深度,"诸如讲故事、寻路(wayfinding)、独木舟建造(waka building)等大洋洲传统知识都属于岛屿本土科学"[①]。依希马埃拉将大洋洲传统知识中的"寻路"智慧引入《夜深人静》的星际穿越叙事中。"寻路"又称"太平洋导航"(pacific navigation),是一种植根于岛屿土著血脉中的方向感。土著岛民无须借助任何现代科技手段,"仅凭借先辈留下的知识,分析自然现象,就能够安全有效地穿越数千英里海洋,抵达视野之外的陆地"[②]。这种基于自然知识的"寻路"智慧与西方帝国主义的无差别扩张相区别。文莱作家阿姆顿·艾利阿斯(Aammton Alias)在《英格最后的堡垒》(*The Last Bastion of Ingei: Imminent*, 2016)中引入多视角叙事,细致刻画了土著民族马来人、伊班人、佩南人等。在众多叙述者中仅有一位白人,其声音被夹杂在土著岛民的复调中,沦为岛屿土著话语的陪衬。该小说对文莱身份及本土文化知识的强调与关注消解了西方他者化进程及其建构的种族他者刻板形象。在西方主导的科幻书写中,非西方人物、历史、文化、知

---

① Gina Annette Cole, *Wayfinding Pasifikafuturism: An Indigenous Science Fiction Vision of the Ocean in Space*, p.6.

② Hoturoa Barclay-Kerr, "From Myth and Legend to Reality: Voyages of Rediscovery and Knowledge", in: Elke Emerald, Robert E. Rinehart, Antonio Garcia (eds.), *Global South Ethnographies*, Rotterdam: Sense, 2016, p.88.

识处于被遗忘或被污名化的状态。岛屿作家将海岛本土知识与文化元素融入西方意识形态主导下的科幻叙事,从岛屿土著视角重现被殖民话语扭曲、贬低、掩盖的自我,使科幻成为过去、现在、未来交缠互通的场域,在重塑岛屿本土性的同时,还赋予其面向未来的向度。

结语

通过梳理岛屿与殖民主义、科幻文学之间的深度勾连,本文展现了岛屿如何从西方科幻文学中孤立、封闭、偏僻的他者空间,转变为后殖民科幻文学群岛关系网络中的动态、开放、去殖民实践空间。岛屿因其独特的岛屿特性成为西方乌托邦想象的原型,并与西方航海探索、殖民主义产生密切联系,从而被打上殖民乌托邦的烙印。殖民主义不仅催生了乌托邦岛屿想象,也推动了自然科学进步与全球科学探索,激发了文学作品中的科学幻想。岛屿乌托邦想象与殖民主义的叠加推动了19世纪西方科幻文学的诞生,殖民话语与帝国意识也随之渗透到科幻文类中,作为殖民乌托邦的岛屿由此成为早期科幻文学中的经典形象。随着科幻书写慢慢转向外太空与地下世界,实体岛屿也逐渐转变为拥有岛屿特性的抽象空间,并进入科幻文学话语,取代传统的乌托邦岛屿,成为新时代制度探索的理想试验场。西方科幻虽然渗透着殖民话语与意识形态,却也不乏对科幻传统的反思与批判,但仍未突破西方认识论框架的束缚。目前由西方主导的科幻世界仍然存在不平等的权力关系,而20世纪90年代兴起的后殖民科幻文学挑战西方科幻传统,对抗西方价值观与知识体系,成为全球去殖民实践的重要一环。

当前,虽然大部分殖民地已取得政治上的独立,但在文化和精神上仍未能完全摆脱殖民性,殖民主义正以更为隐匿的方式施加影响,"去殖民工程远未完成"[①]。长期以来,西方意识形态以野蛮、黑暗、落后等贬损性话语定义岛屿文化,对土著岛民的自我认知及本土文化认同产生了极大的负面影响。知识文化领域的打压从思想层面固化传

---

① 彭秀银、顾明栋:《后殖民批评的"去殖民性"——跨文化研究的一个新趋势》,《中国比较文学》2021年第1期。

统的殖民与被殖民,中心与边缘关系,阻碍去殖民进程,“就连现有的去殖民岛屿研究都不自觉携带着强化殖民价值观的风险”[1]。知识生产具有地缘政治属性,与人群、地域、权力紧密联系。去殖民实践的目标“并非简单地颠覆殖民世界”[2],而是从认识论与内在思考机制层面对殖民性的多重存在形式进行消解和清除,反思殖民特权对知识生产的影响,摆脱欧洲中心主义、西方认知模式规范,以及“殖民权力矩阵”(colonial matrix of power),[3]在本土知识和日常生活实践基础上重构非西方的知识体系与认识论。

直到今天,西方殖民意识形态仍倾向于将岛屿视作为西方服务的国防军事战略基地或旅游度假地,忽视岛屿在知识、文化等领域的独立价值。土著岛民的群岛意识将群岛由一种地理空间表征转变为与之相关的认识论与方法论,超越了地理、国族、文化及学科边界。群岛意识是岛屿殖民地与前殖民地明确自我认知、自我定位,以及推动去殖民进程的关键。后殖民科幻文学基于群岛意识的流动时空观与循环叙事结构挑战了西方科幻中静态、清晰的边界观及无限扩张的殖民主义范式,打破了西方设定的封闭性、孤立性、边界性等岛屿属性。后殖民科幻所建构的恶托邦世界则是对西方乌托邦殖民想象的逆写与反拨,在反映现实困境的同时流露出岛屿作家对未来的忧患意识,以文学创作编织出一张动态联系的群岛关系网络。此外,后殖民科幻文学还将象征历史传统的本土文化知识与象征未来的科幻文类结合,以期重塑岛屿本土性,探索科幻文学的更多可能性。

自殖民时期起,岛屿就承受着作为流放地、试验场、军事基地等殖民活动场所带来的负面影响,[4]未来之于岛屿似乎是遥不可及的存在。

---

① Yaso Nadarajah and Adam Grydehøj, "Thematic Section: Island Decolonization Island studies as a decolonial project", in: *Island Studies Journal*, Vol.11, No.2, 2016, p. 440.

② Aman Sium, Chandni Desai and Eric Ritskes, "Towards the 'tangible unknown': Decolonization and the Indigenous future", in: *Decolonization: Indigeneity, Education & Society*, Vol.1, No.1, 2012, p. xi.

③ Walter D. Mignolo, *The Darker Side of Western Modernity: Global Futures, Decolonial Options*, Durham & London: Duke University Press, 2011, p.16.

④ Mimi Sheller, "Archipelagoes as the Fractal Fringe of Coloniality: Defamiliarizing Caribbean and Pacific Islands", in: Michelle Stephens, Yolanda Martínez-San Miguel (eds.), *Contemporary Archipelagic Thinking*, p.287.

由西方书写的岛屿文学强行切断了岛屿原有的一切联系，使岛屿成为没有历史与未来的真空场域。由岛屿土著作家书写的后殖民科幻文学不仅面向未来，还致力于重新想象过去、现在与未来的相遇交缠，并凭借独特的群岛意识对西方科幻概念加以挪用与改造，使其成为去殖民文本实践的重要手段。经由科幻，岛屿由被殖民进入了去殖民进程，其中群岛意识是实现这一转变的重要媒介。有关岛屿的书写与想象仍在继续，但无论岛屿还是科幻都不应被单方的意识形态与征服欲望所裹挟，而应被纳入更加广阔的范畴，在全球互动语境下承载多重声音，传递多元价值。

【本文为国家社科基金重大项目“加勒比文学史研究(多卷本)”(21&ZD274)阶段性成果】

(作者单位：华南理工大学外国语学院)

学术编辑：崔晓红

阅 读 与 评 论

阿瑟·丹托的反美学：后现代主义艺术的宏大叙事及其终结

潘道正

内容提要 阿瑟·丹托是当代最具影响力也是最具争议性的艺术批评家之一。丹托激进地反对传统审美理论，认为"美"甚至"感性"都不是艺术的本质属性。基于先锋派艺术特别是后现代主义艺术的实践，丹托提出了自己的"意义理论"，把艺术品定义为"体现了的意义"，重新划定了当代艺术世界的"路线图"。如果说文艺复兴时期艺术理论家瓦萨里建构了传统美学的宏大叙事，美国当代批评家格林伯格建构了现代主义艺术的宏大叙事，那么丹托的反美学则是关于后现代主义艺术的宏大叙事，它把后现代主义艺术"反美"乃至"嗜丑"的特征推向了极端。像历史上所有的宏大叙事一样，丹托的反美学在设立了诸多"历史的界限"的同时，却又追求"包容任何存在的艺术"，最终也不可避免地终结了。

关键词 反美学　后现代主义艺术　宏大叙事　艺术终结论

美国哲学家阿瑟·丹托(Arthur Danto)无疑是当代最具影响力的艺术批评家之一，"阿瑟·丹托获得了极高的公众地位和认知度，当今世界很少有人能够企及。……他关于后现代主义艺术和文化的理论是当代艺术世界名副其实的路线图，极具哲学深度，且气度恢宏无所不包。"①丹托是后现代主义艺术的亲历者、实践者和热情的拥护者，对后现代主义艺术进行了全面深入的阐释，在提供了许多极富洞察力的观点的同时，出于"粉丝"般的激情也把后现代主义艺术"反美""嗜丑"的特征推向了极端，走向了"极端反审美主义"。② 当代艺术呈现了

---

① Daniel Herwitz and Michael Kelly, *Action, Art, History*, New York: Columbia University Press, 2007, p.VII.

② Martin Seel, "Art as Appearance: Two Comments on Arthur C. Danto's after the End of Art", in: *History and Theory*, Vol.37, No.4, p.106.

极其复杂的样貌，一些曾经不言自明的概念体系都遭到质疑甚至被颠覆。阿多诺(Theodor W. Adorno)在他那部划时代的《美学理论》开篇就指出，艺术不再是确定的概念，涉及艺术的一切“均已成了问题”。[①] 在这传统艺术观念崩塌的时代，丹托以其强有力的方式在之前理论的废墟上建构了反美学的宏大叙事，堪称当代最有影响力的艺术理论，虽说难免偏激，但的确对人们重新认识艺术特别是后现代主义艺术提供了相对明确的理论视角，值得深入研究。丹托的反美学不可避免地引起了广泛的争议，有人认为他的“反美”过于极端，“同当代艺术世界相左”[②]；有人直言他的“反感性论”是“令人恼火的偏见”[③]；但也有人认为他根本就没有离开“由康德的艺术概念所确立的传统”[④]；更有甚者，认为他的艺术概念“不过是把艺术等同于美的另一个例子”[⑤]。本文意在深入研究丹托的反美学思想，厘清其理论得失，以期不仅更好地理解丹托的艺术理论，也更深入地认识当代艺术。

一、美不是艺术的区别性特征

按照丹托自己的说法，他曾经也是传统美学彷徨无助的学生，直到看到波普艺术家安迪·沃霍尔的代表作《布里洛盒子》(*Brillo Box*)，才成了传统美学的批判者。[⑥] 让他震惊万分的是，《布里洛盒子》提出了一个颠覆性的问题：“沃霍尔的盒子成了艺术品，而日常生活中与它们一样的盒子却只是实用容器，没有任何成为艺术的可能性。”[⑦]对

---

① 阿多诺：《美学理论》，王柯平译，四川人民出版社1998年版，第1页。

② Michael Kelly, Arthur C. Danto, “Arthur C. Danto”, in: *BOMB*, No.72, p.88.

③ Martin Seel, “Art as Appearance: Two Comments on Arthur C. Danto's After the End of Art”, in: *History and Theory*, Vol.37, No.4, p.103.

④ Paul Guyer, “From Jupiter's Eagle to Warhol's Boxes: The Concept of Art from Kant to Danto”, in: *Philosophical Topics*, Vol.25, No.1, p.84.

⑤ Noel Carroll, “Arthur Danto and the Problem of Beauty”, in: Peg Zeglin Brand (ed.), *Beauty Unlimited*, Indiana: Indiana university Press, 2013, pp.41-42.

⑥ Arthur Danto, “The End of Art: A Philosophical Defense”, in: *History and Theory*, Vol.37, No.4, p.135.

⑦ Arthur Danto, *The Abuse of Beauty: Aesthetics and the Concept of Art*, Chicago: Open Court, 2003, p.3.

此，传统美学无法解释，因为从所有实用目的来看两者在感性上都不可区分，如果一个是美的，那么另一个也必定是美的。丹托由此"顿悟"：美不是艺术的区别性特征或者说不是艺术的本质属性。

艺术的本质是什么？丹托在传统美学理论中找到了一个切入点："再现"(represent)。根据丹托的研究，"艺术再现"有两种含义，且早在尼采关于悲剧起源的论述中就揭示出来了。尼采在《悲剧的诞生》中认为悲剧起源于酒神祭祀仪式，是对酒神祭祀仪式的再现。丹托指出，尼采在讨论悲剧起源的时候实际上揭示了再现的两种含义：其一是"再次出场"(re-presentation)，指的是在狂热的酒神秘仪中，酒神"现身"(present)在信徒面前；其二是"代表"(represent)，即多年以后，酒神秘仪被它自身的某种象征性表演所取代(信徒已经变成了歌队)，出场的不是酒神真身而只是他的"代表"(representative)，或者说是酒神的图像，"所谓的再现，就是一物站在另一物的位置上，就像议会中的代表们代表着我们一样。"[①]在第一种意义上，出场的是神本身，这是宗教仪式；在第二种意义上，神仅仅作为图像出场，悲剧由此诞生。因此，艺术可以是再现，但只有在"代表"的意义上才是艺术。按照丹托的观点，自柏拉图以降盛行两千多年的艺术摹仿论的伟大之处在于把握住了再现的第二种含义，摆正了艺术与现实之间的关系，但它的伟大之处也正是它的狭隘之处，即把再现局限于图像再现，因此它无法容纳像《布里洛盒子》这样的后现代主义艺术。这些艺术当然可以理解为再现性的，但不是摹仿性的再现，而是"代表"意义上的"关于"(aboutness)，即不只是图像再现，更是"关于"某种主题/意义的。丹托由此得出了定义艺术的第一个条件：艺术是"关于"什么的。但仅仅只是"关于"还不足以保证"候选者"成为艺术，还需要把所关于的意义或主题什么的体现出来，于是有了第二个条件："体现"(embody)某种意义，"艺术是体现，毕竟是关于艺术的一个深思熟虑的定义——尤其是当艺术品不仅再现了一个主题，而且对该主题有进一步的体现时，情况更是如此。这么来看，假如一件艺术品未能有所体现，那么它就还不是一件艺术品。"[②]丹托后来把这两个条件浓缩成了一句话："如果 x

---

① 阿瑟·丹托：《寻常物的嬗变——一种关于艺术的哲学》，陈岸瑛译，江苏人民出版社 2012 年版，第 24 页。

② 同上，第 206 页。译文略有改动。

体现了一个意义，那么它就是一件艺术品。"[1]同传统艺术定义相比，最大的不同是剥夺了"感性"的主导地位，"核心定义中丝毫没有提及美。"[2]

得出这个"普遍适用且始终为真的艺术定义"[3]之后，丹托着手从历史主义的角度加以证明，因为"对艺术品身份至关重要的因素之一就是艺术品的历史定位"[4]。作为一个历史主义者，丹托坚信艺术有个有序的历史，即一条事物不得不如此发展的唯一道路，而艺术史也必定有其内在结构，并表现为某种必然性。然而，经过深入研究，丹托最终发现，西方艺术史是"畸形"的，因为在长时间内，艺术都被另一个更为强势的知识类型所压制，"艺术史就是压制艺术的历史"[5]，而这个压制者就是哲学。在长期压制过程中，哲学对艺术进行了"剥夺"(disenfranchisement)，古希腊哲学家柏拉图则是始作俑者，"我们从柏拉图美学关键的最初几页发现了这种对抗的表现。"[6]

按照丹托的研究，柏拉图立足哲学对艺术的剥夺体现在两个方面：首先，柏拉图认为艺术和真理隔着三层，是虚幻的镜像，因此是无用的。由于人类社会是按照功利关系结合在一起的群体，无用的艺术只能处于人类秩序之外，"从我们作为人类的明确功利关系来说，艺术类似于本体论上的虚空场所。"两千多年后，康德提出"无目的的合目的性"，对柏拉图作了最好的注解。从哲学的角度来看，艺术品在逻辑上无目的，实践上无功利，从而被系统地中立化了，"一方面，离开了有用的领域；另一方面，离开了需要和功利的天地。它的价值就在于它的无价值。"[7]正是基于此，后来才有实用的艺术和美的艺术之分。而在丹托看来，把艺术和美联系起来，不过是哲学"剥夺"艺术最行之有效的策略，因为艺术一旦被赋予了"美"名，就同生活隔离开来，名为提升实为降格，这就像把女性称为美的一样。分类就是划界，女性被称

---

① Arthur Danto, *The Abuse of Beauty: Aesthetics and the Concept of Art*, Chicago: Open Court, 2003, p.9.

② Ibid., pp.9－10.

③ Arthur Danto, "The End of Art: A Philosophical Defense", in: *History and Theory*, Vol.37, No.4, p.128.

④ 阿瑟·丹托：《艺术的终结》，欧阳英译，江苏人民出版社2001年版，第3页。

⑤ 同上，第5页。

⑥ 同上，第6页。

⑦ 同上，第11页。

为美的,被摆在一定的审美距离上成为欣赏的对象,事实上是被赶出了生活世界,失去了所有的权利。艺术同样如是,柏拉图把艺术家赶出理想国,让他们同现实生活保持一定距离,“让严肃的艺术家想象他们的任务是创造美,这是最成功的大胆策略。”①哲学成功剥夺艺术最直接的后果就是艺术被强加了“美”名,而这也可反证艺术同美本没有任何关系,遑论本质的联系。

哲学对艺术进行剥夺的第二步是获得对艺术的绝对解释权,以便完全征服感性的领域。当柏拉图用镜像类比艺术时,实际上就提出了何为艺术的问题,并作了回答:艺术就是摹仿。柏拉图的摹仿论影响深远,在文艺复兴时期发展出了“艺术史进步模式”,“这种进步主要涉及视觉复制,通过它,画家日益掌握精湛的技艺,以便有效地提供视觉体验,这些视觉体验与真实物体和场景提供的那些视觉体验相当。真实的视觉刺激与绘画的视觉刺激之间距离的缩小,也就标志着绘画的进步。”②艺术的本质就是摹仿,而摹仿就是视觉复制,视觉表象的逼真性及其带来的良好的视觉体验也就成了艺术本质性的东西,而视觉体验正是现代审美的基础,也正是基于此,艺术和美自文艺复兴开始逐渐合一。问题是,艺术和美的这种密切关系同样是哲学“剥夺”的结果。而且,事实上,随着现代照相术的发明,这种艺术史进步论已经轰然倒塌。按照丹托的说法,摄影术揭示了“摹仿”并非“艺术”的充分条件,从而彻底颠覆了摹仿论,“‘是摹仿’不能作为‘是艺术’的充分条件。然而,或许是因为在苏格拉底时代及之后,艺术家一直从事摹仿,理论的不充分性没被注意到,直到摄影术的发明。作为不充分条件,一旦被拒绝,摹仿迅速被抛弃,甚至都算不上必要条件之一。”③摹仿论被抛弃也就意味着视觉表象及视觉体验被抛弃。可见,艺术不仅同美没有必然联系,甚至同视觉表象也没有任何关系。

丹托进而指出,柏拉图的终极目的是要把艺术纳入哲学,实现理性对感性的绝对掌控。柏拉图的这种意图最终在两千多年后的黑格尔那儿得到了完满的实现。按照黑格尔的艺术哲学,艺术不过是世界精神发展过程中的一个阶段,哲学是另一个阶段,艺术的历史使命就

---

① 阿瑟·丹托:《艺术的终结》,欧阳英译,第14页。

② 同上,第97页。

③ Arthur Danto, “The Artworld”, in: *The Journal of Philosophy*, Volume 61, Issue 19, p.571.

是使哲学成为可能,完成使命后艺术就失去了存在的基础,自此"终结"。在丹托看来,黑格尔的理论虽说也逃不出作为柏拉图艺术哲学"注脚"的命运,但因其强大的历史意识和逻辑力量,倒揭示出了艺术史发展的脉络和归宿。受黑格尔启发,丹托得出了"自己版本的黑格尔终结论",即艺术史已经进入"后历史时代",就像黑格尔的绝对精神实现了自我意识一样,艺术实现了自我意识并因此而终结,"终结的意思是指,艺术史演进为对自身的意识,并在某种意义上成为关于自身的哲学:这就是黑格尔在历史哲学中预言过的那种情况。"①艺术史由此也必然地进入哲学化的时代,这意味着艺术主要不再是被"看"的对象,"随着艺术时代的哲学化的到来,视觉性逐渐地散去了,它就像美曾被证明的那样与艺术的本质没有关联。"②艺术成了"思"的对象,体现某种"意义"成了艺术的主要目的。于是,不仅视觉性,甚至全部的感性对艺术来说都无关紧要了。

这样,丹托就把"美"连同"感性"都粗暴地赶出了艺术定义,这引起了广泛的争议。马丁·希尔(Martin Seel)称之为"极端反审美主义","这是个让人无法接受的结论,因为它忽视了所有艺术生产的要点——或至少是一点:在这个世界里,创造独特的外观,展现独特的世界。"③甚至连与丹托有师生之谊的迈克尔·凯莉(Michael Kelly)都批评他的反美学态度"同当代艺术世界相左","尽管当代艺术很显然是高度概念化的,但也深深地涉及审美,也即质料、感觉、身体、知觉——所有这些无论就这个词的字面还是历史意义而言都同美学密切相关。"④诺埃尔·卡罗尔(Noel Carroll)甚至认为丹托对纯粹美的物品的否定有悖常识,"没有谁会否认一个优美、柔和的抽象设计是一件艺术品,哪怕它只不过是一个毫不重要的东西。"⑤然而,面对批评丹托丝毫不为所动,因为他坚信后现代主义艺术是艺术史发展的必然,是最典型的艺术。实际上,他所有极端的观点都源自他对后现代主义艺术

① 阿瑟·丹托:《寻常物的嬗变——一种关于艺术的哲学》,陈岸瑛译,第5页。

② 阿瑟·丹托:《艺术的终结之后:当代艺术与历史的界限》,王春辰译,江苏人民出版社2007年版,第19页。

③ Martin Seel, "Art as Appearance: Two Comments on Arthur C. Danto's after the End of Art", in: *History and Theory*, Vol.37, No.4, p.103.

④ Michael Kelly, Arthur C. Danto, "Arthur C. Danto", in: *BOMB*, No.72, p.88.

⑤ Noel Carroll, "Arthur Danto and the Problem of Beauty", in: Peg Zeglin Brand (ed.), *Beauty Unlimited*, p.40.

的高度认可。

二、“后现代主义艺术的路线图”

毫无疑问,丹托的反美学是关于先锋派特别是后现代主义艺术的理论。按照波兰著名美学史家塔塔科维奇(Wladyslay Tatarkiewicz)的研究,先锋派艺术兴起于19世纪中后期,经过了三个阶段的发展转变:“令人诅咒的先锋派”“战斗的先锋派”和“胜利的先锋派”,分别对应着19世纪中后期、20世纪初期和第二次世界大战后三个历史时期,也同现代主义、后现代主义相对应,“如果把战斗的先锋派称为现代主义,那么世界大战之后则可称为后现代主义时期。”[①]丹托的艺术哲学大量使用“先锋派艺术”的说法,在时间、内容上都和塔塔科维奇相同,指的是19世纪中后期兴起至今带有反传统色彩的艺术。丹托还经常不加区别地使用“后现代主义艺术”和“当代艺术”,时间上大致指的是1965年之后的西方艺术,近于“胜利的先锋派”。但这两个术语似乎都不能让丹托满意:“后现代”一词过于强硬过于风格化,同这一时期日渐去风格化的艺术现象不符,而“当代”一词又太过模糊,无法准确表现对象。丹托甚至还创造了一个新的词语“后历史艺术”,这个术语在时间上同“当代艺术”“后现代主义艺术”没有什么区别。[②] 可以说,真正让丹托着迷的是20世纪60年代之后的当代艺术或者说后现代主义艺术。

先锋派艺术首先是反传统、反美的。按照塔塔科维奇的说法,传统艺术“致力于生产美的而不是新奇的东西”,而先锋派艺术则“通过对立的方式自传统艺术而出”[③],可谓生而反美。而这正是丹托热衷于阐释的特征。按照他的研究,20世纪初期以达达主义、野兽派等为代表的第一代先锋派艺术公开放弃了美,“在美和艺术之间打开了裂

---

① Wladyslaw Tatarkiewicz, *A History of Six Ideas: An Essay in Aesthetics*, trans. by Christopher Kasparek, Warszawa: Polish Scientific Publishers, 1980, p.44.

② 阿瑟·丹托:《艺术的终结之后:当代艺术与历史的界限》,王春辰译,第12—14页。

③ Wladyslaw Tatarkiewicz, *A History of Six Ideas: An Essay in Aesthetics*, trans. by Christopher Kasparek, p.43.

痕"[①],有力地证明美不再是艺术定义的一部分。到了五六十年代以新达达主义、波普艺术等为代表的新一代先锋派艺术更激烈地反抗美,掀起了对"美的责难",艺术世界随之发生了革命性的变化,美不再能定义艺术,"在这些'美丽新玩艺'上,过去那些好心好意给出的定义全都站不住脚了。"[②]丹托进而断言:"美不仅从 20 世纪 60 年代最新发展的艺术中消失了,同样也不见于这个世纪最新提出的艺术哲学。"[③]从艺术实践来看,丹托认为先锋派艺术家们创造了很多不美却经典的艺术,比如野兽派画家马蒂斯(Henri Matisse)的《蓝色的裸女》(*Blue nude*)无疑是一幅好的作品,甚至可以说是一幅伟大的绘画,"但若说它是美的,肯定是无脑之语"[④]。最能说明问题的是由法国艺术家马塞尔·杜尚(Marcel Duchamp)创始的"现成品艺术"。杜尚的代表作《泉》(*Fountain*)就是反美学的典范,"把男用小便器仅仅当成有点像曲线变化优美并白得耀眼的泰姬陵那样的审美对象来看待是天真的"[⑤]。在丹托看来,杜尚在 1915—1917 年间的现成品艺术"旨在表明艺术同美学的彻底分离"[⑥],实际上,丹托认为世界上大多数伟大的艺术作品都不以美为中心,"当代艺术更是如此"[⑦]。

先锋派艺术的第二个重要特征是热衷于表现丑的事物。众所周知,不美并不就是丑,但作为一种策略,"反美"难免走向"嗜丑"。19 世纪,"被诅咒的先锋派"的主要作家爱伦·坡(Poe)、波德莱尔(Baudelaire)、兰波(Rimbaud)等都热衷于表现丑的题材,并因此为时人所"诅咒"。20 世纪初,超现实主义诗人、"战斗的先锋派"的伟大旗手、理论家阿波利奈尔(Apollinaire)直言:"如今,我们喜欢丑,一如我们喜欢美。"[⑧]20 世纪 60 年代之后,"胜利的先锋派"更是把丑的崇拜推向了极致,越是丑陋恶心的东西越为他们所青睐。丹托深知不美并

---

① Arthur Danto, *The Abuse of Beauty: Aesthetics and the Concept of Art*, p.30.

② 阿瑟·丹托:《寻常物的嬗变——一种关于艺术的哲学》,陈岸瑛译,第 5 页。

③ Arthur Danto, *The Abuse of Beauty: Aesthetics and the Concept of Art*, p.9.

④ Ibid., p. 37.

⑤ 阿瑟·丹托:《艺术的终结》,欧阳英译,第 17 页。

⑥ Arthur Danto, *The Abuse of Beauty: Aesthetics and the Concept of Art*, pp. 9-10.

⑦ Ibid., p. 36.

⑧ Wladyslaw Tatarkiewicz, *A History of Six Ideas: An Essay in Aesthetics*, trans. by Christopher Kasparek, p.145.

不意味着丑,他在早期甚至并不赞成为了反传统而刻意丑化。但他也意识到,出于"战术"的需要,后现代主义艺术难免走向"嗜丑"。[①] 实际上,后来这也是丹托自己反美学常用的"战术",即通过论证"好的艺术可能是丑的"以证明"好的艺术不一定是美的"[②]。丹托认为,马蒂斯那幅引起巨大争议的作品《戴帽子的女人》是丑的,"人们关于这幅画最初的印象即它是丑的,更接近它所表达的艺术真实"[③]。杜尚的《泉》当然也是丑的,本质是"大胆的、粗鲁的、挖苦的、机智的、聪明的"[④]。丹托甚至打趣说,尽管他非常推崇《泉》,但如果得到《泉》,他立刻就用它换别的什么画,"甚至会用它换一处卢瓦尔谷地的中等城堡"[⑤]。

事实上,西方从 20 世纪 80 年代开始就出现了"美的复兴","从 1980 年代至今,艺术世界讨论更多的是美的复兴。"[⑥]但是在其他人看到"审美之美"的地方,丹托看到的是"丑陋"和"恶心","在我看来,重要的是要认识到,就算我们看到了它们的'艺术杰出性',作品也可能仍然被感受为丑的。认识到杰出性并不必然导致审美感知上的转变。它们不会在人们眼前发生变化,就像青蛙变成王子。这就是我关于像马蒂斯的《戴帽子女人》和《蓝色裸女》之类现代主义者作品的观点。丑不会仅仅因为丑的艺术是好的就变成美。"[⑦]丹托所津津乐道的正是像达明·赫斯特(Damien Hirst)爬满蛆虫的《牛头》(*Tête de vache*)、安德里斯·塞拉诺(Andres Serrano)的摄影作品《向基督撒尿》(*Piss Christ*)、保罗·麦卡锡(Paul McCarthy)的影像作品《专横的博格尔》(*Bossy Burger*)等等将恶心感推向了极端的后现代主义艺术品,"对我来说,审美品质事实上可以包含负面因素:某些艺术品会使我们反感、恶心甚至呕吐。"[⑧]18 世纪美学最杰出的代表康德曾警告艺术家,

---

① 阿瑟·丹托:《艺术的终结》,欧阳英译,第 15 页。

② See Arthur Danto, *The Abuse of Beauty: Aesthetics and the Concept of Art*, Chapter 1, Chapter 5.

③ Arthur Danto, *The Abuse of Beauty: Aesthetics and the Concept of Art*, p.15.

④ 阿瑟·丹托:《寻常物的嬗变——一种关于艺术的哲学》,陈岸瑛译,第 115 页。

⑤ 阿瑟·丹托:《艺术的终结》,欧阳英译,第 40 页。

⑥ James Elkins and Harper Montgomery, *Beyond the Aesthetic and the Anti-aesthetic*, Pennsylvania: The Pennsylvania State University Press, 2013, p.5.

⑦ Arthur Danto, *The Abuse of Beauty: Aesthetics and the Concept of Art*, p.107.

⑧ 阿瑟·丹托:《寻常物的嬗变——一种关于艺术的哲学》,陈岸瑛译,第 113 页。

真正丑的令人恶心的东西会"摧毁一切审美愉悦,因而摧毁艺术美"[①]。现在,在丹托这样的理论家看来,诸如赫斯特《牛头》之类后现代主义艺术早已颠覆了康德的理论,恶心的东西如今不仅大量进入艺术,更重要的是在艺术中仍然保持了"恶心"的本性,"对于他们的目标来说重要的是让恶心的东西保持恶心,而不是让观众学会获得愉悦或是发现其中的美。"[②]丹托似乎认为,这些作品正因其恶心才体现出了意义,从而成为了"杰出的艺术"。

先锋派艺术最重要的特征是思想化哲理化,这也是丹托最为重视的。在别人看到感性、形式的地方,丹托看到的是思想哲理。比如马蒂斯《戴帽子的女人》,丹托把它解释为"关于一个坚强的女人强有力的绘画"[③]。又比如毕加索的《亚维农的少女》(*Les Demoiselles D'Avignon*),这幅标志着现代主义绘画真正开端的杰作最初给观众的印象非常糟糕,"它表现挑衅、破碎、断裂、丑陋"[④],但按照丹托的解读,《亚维农的少女》则是"以一种新的方式说出了毕加索所看到的关于女性的真理"[⑤]。后现代现成品艺术、波普艺术、观念艺术等都是典型的思想性艺术,《布里洛盒子》直接让丹托顿悟到艺术史已经发展到哲学时代,基于此他才能提出著名的艺术终结论:随着艺术自我意识的发展,艺术哲学化,艺术史必然走向终结,"终结的意思是指,艺术史演进为对自身的意识,并在某种意义上成为关于自身的哲学:这就是黑格尔在历史哲学中预言过的那种情况"[⑥]。丹托最终把"体现意义"作为定义艺术的充要条件,"艺术品就是体现了的意义。"[⑦]诚如卡罗尔所言,"这种论断完全基于杜尚的现成品艺术和沃霍尔《布里洛盒子》之类的后现代艺术"[⑧],堪称后现代主义艺术哲理化特征最忠实的

---

① 康德:《判断力批判》,邓晓芒译,杨祖陶校,人民出版社2002年版,第156页。

② Arthur Danto, *The Abuse of Beauty: Aesthetics and the Concept of Art*, p.53.

③ Ibid., p.14.

④ J.M. Bernstein, "'The Demand for Ugliness': Picasso's Bodies", in: J. M. Bernstein(ed.), *Art and Aesthetics after Adorno*, Berkeley: University of California, 2010, p.214.

⑤ Arthur Danto, *What Art Is*, New Haven and London: Yale University Press, 2013, p.6.

⑥ 阿瑟·丹托:《寻常物的嬗变——一种关于艺术的哲学》,陈岸瑛译,第2—3页。

⑦ Arthur Danto, *What Art Is*, p.337.

⑧ Noel Carroll, "Arthur Danto and the Problem of Beauty", in: Peg Zeglin Brand (ed.), *Beauty Unlimited*, p.33.

背书。

丹托宣称的艺术终结"指的是某种叙事的终结"[1],他认为西方艺术史上至少出现了两种宏大叙事,一是关于传统艺术的,是再现性视觉表象的宏大叙事;另一是关于现代主义艺术的,是表现性视觉表象的宏大叙事,而他提出的艺术终结论就是要终结全部宏大叙事,"不仅仅是再现性的视觉表象的传统叙事的终结,也不仅仅是随后的现代主义的叙事的终结(它差不多已经终结了),而是全部宏大叙事的终结。"[2]然而,事实并非如此,丹托显然无法跳出他自己的意识来看待他的反美学。丹托通过对反美、嗜丑等特征的深入阐释,的确可以说绘制了一幅"后现代主义艺术的路线图"[3],但与此同时也建构了新的宏大叙事。对"意义"的发现让丹托得以安心"废黜"美。在传统美学中,美曾是艺术的本质属性,定义艺术品的充要条件,意义则可有可无,顶多也就是激发美的诸多因素之一。现在,按照丹托的反美学,美同艺术已经没有关系,即使有也只是出于体现意义的需要,"一件艺术品的意义是一种智力的产物,通过解释被艺术家之外的人把握,而一件艺术品的美(如果确实有的话)则被认为是由这种意义决定的。"[4]丹托最终用意义理论取代传统审美理论和现代主义视觉理论,完成了对后现代主义艺术的宏大叙事。当然,像所有宏大叙事一样,丹托的宏大叙事也必然会终结。

三、宏大叙事的终结

诚如有批评者指出的,所谓宏大叙事就是"一种占据主导地位的艺术哲学"[5]。丹托对这样的艺术哲学持坚决的批判态度,因为"那些宏大叙事无可避免地把某些艺术传统和实践排除在'历史的界限之

---

① 阿瑟·丹托:《艺术的终结之后:当代艺术与历史的界限》,王春辰译,第41页。

② 同上,第1页。

③ Daniel Herwitz and Michael Kelly, *Action, Art, History*, p. VII.

④ Arthur Danto, *The Abuse of Beauty: Aesthetics and the Concept of Art*, p.14.

⑤ Lydia Goehr, "For the Birds /Against the Birds: The Modernist Narratives of Danto and Adorno (and Cage)", in: Daniel Herwitz and Michael Kelly (eds.), *Action, Art, History*, p.72.

外’”，而在按他的反美学所构想的“后历史时刻”，“不再有历史的界限的事物中的一件。……什么都不会被排除在外。”[①]然而，事实上，作为关于后现代主义艺术的哲学，他的反美学同之前所有宏大叙事一样，也不可避免地划定了诸多“历史的界限”，而且除了后现代主义艺术似乎什么都排除在外了。

首先，在艺术本质问题上，丹托认为从柏拉图到海德格尔都“弄错了本质”。[②] 那么，艺术的本质是什么？丹托似乎认为，这不是本体论而是认识论的问题，“这儿，我不得不说，成为艺术和知道某物是不是艺术之间有差异。本体论研究的是成为某物意味着什么。但是知道某物是不是艺术属于认识论。”[③]简单地说，我们没有必要费尽心思去确定什么是艺术，因为艺术就在那儿，我们只要分析它有哪些特征，然后归纳出艺术的定义就行了。简言之，丹托要追问的不是“什么是艺术?”(What is art?)而是“艺术是什么?”(What art is?)。显然，不是“柏拉图们”“弄错了本质”，而是丹托颠倒了提问的方式。对于丹托来说，像《泉》《布里洛盒子》这样的后现代主义作品根本就是先天存在的终极艺术品，“我觉得《布里洛盒子》和《泉》的艺术地位与其说是宣称不如说是发现。”[④]他把定义完全基于“杜尚的现成品艺术和沃霍尔《布里洛盒子》之类的后现代艺术”[⑤]，“把艺术等同于得到解释的作品”[⑥]，进而得出了一个高度抽象的艺术定义，这是非常主观的，其局限性显而易见。但是，除了后现代主义艺术，丹托似乎看不到任何别的艺术。

从历史主义出发，丹托承认艺术的表现形式和特性应该是多元化的，但涉及本质主义，涉及艺术的定义，他又只认可后现代主义艺术“体现了的意义”。“艺术”本是个历史的概念，“艺术品”是历史的选

---

① 阿瑟·丹托：《艺术的终结之后：当代艺术与历史的界限》，王春辰译，第4页。

② Arthur C. Danto, “Art, Essence, History, and Beauty: A Reply to Carrier, a Response to Higgins”, in: *The Journal of Aesthetics and Art Criticism*, Vol.54, No.3, p. 284.

③ Arthur Danto, *What Art Is*, p.5.

④ Arthur C. Danto, “Art, Essence, History, and Beauty: A Reply to Carrier, a Response to Higgins”, in: *The Journal of Aesthetics and Art Criticism*, Vol.54, No.3, p. 285.

⑤ Noel Carroll, “Arthur Danto and the Problem of Beauty”, in: Peg Zeglin Brand (ed.), *Beauty Unlimited*, p.33.

⑥ James Foster, “ Continuity or Break: Danto and Gadamer on the Crisis of Anti-Aestheticism”, in: *The Journal of Aesthetic Education*, Vol.45, No.2, p.39.

择。据塔塔科维奇考证,“艺术”这个词自古就有,在古希腊、古罗马都表示“技巧”,也就是“制造一个对象物所需的技巧”,同时技巧又总伴随着规则,因此“所有的艺术都有规则”;到中世纪,分成了自由艺术(liberal arts)和机械艺术(mechanical arts),前者是精神劳动,后者是体力劳动,自由艺术的社会地位要远远高于机械艺术;到18世纪中后期,人们发现某些艺术具有一些共同特征,如“和谐”,“令我们愉悦之源”等,这些特征最后被归结为“美”,于是就有了美的艺术(fine arts),这就是现代艺术的概念。① 从古代的“技巧”发展到现代“美的艺术”,外延不断缩小,内涵则不断扩大。不只是“美”,“技巧”和“规则”连同“精神”“自由”“和谐”“愉悦”等所有这些“内涵”都内在于艺术,都是艺术题中应有之义。如果把发展至今的后现代主义艺术也纳入考察,那么艺术之题中应该还包括丹托所强调的“意义”。不同历史时期不同的特性和表现方式决定不同的艺术风格,纵观艺术史,形式/再现、情感/表现和意义/体现最终定义了传统艺术、现代主义艺术和后现代主义艺术。但是一个历史主义的艺术定义绝不应该只以特定时期的艺术品为样本。艺术在历史中被发现的所有内涵共同决定了艺术的本质。具体到艺术史长河中任何一件艺术品,“形式”“情感”“意义”三者缺一不可,就算是丹托视为典范的后现代主义观念艺术,也不可能完全没有“形式”和“情感”,否则“意义”如何体现?丹托的问题在于把“意义”同“情感”“形式”包括“美”对立起来,得出了排他性的结论。

立足于后现代主义艺术的反美实践,丹托对“美”尤其排斥,甚而大肆鼓吹艺术丑。这种先入为主“划界”式的批评,让丹托很难跳出后现代主义艺术的“庐山”,以至于他不仅看不到艺术的全貌,有时甚至也看不清后现代主义艺术的“真面目”。比如,如何看待后现代主义艺术的“丑”?什么是丑?休谟说丑是一种不快的感觉,“丑的自然倾向乃是产生不快。因此,快乐和痛苦不但是美和丑的必然伴随物,而且还构成它们的本质。”②尼采说丑是衰颓的象征,“每一种枯竭、沉重、衰老、疲倦的症状,每一种不适,比如痉挛和麻痹,特别是溶液和腐烂的气味、颜色和形状,就算最终已经淡化为符号——所有这些都会引起

① Wladyslaw Tatarkiewicz, *A History of Six Ideas: An Essay in Aesthetics*, trans. by Christopher Kasparek, pp. 11 - 20.

② 大卫·休谟:《人性论》(下),关文运译,商务印书馆1997年版,第334页。

同样的反应:'丑的'价值判断。"[①]和这种价值判断相伴随的当然也是不快的情感。不管怎样,有一点是肯定的,即丑是一种消极的、负面的、否定的情感。丹托以赫斯特的《牛头》为例,认为艺术可以包含负面因素,"某些艺术品会使我们反感、恶心甚至呕吐",[②]它们的目标就是"让恶心的东西保持恶心"。[③] 这就不只是偏激,甚至违背常识了:如果只是为了恶心人,原生态就行,为什么还要煞费苦心创造艺术?就拿丹托赞赏有加的《牛头》来说,它毕竟被置于玻璃展柜中,同观众保持着一定的距离,这实际上有效地淡化了恶心感,并有助于观众把握对象体现出来的意义,诚如爱德华·布洛(Edward Bullough)所言:"距离的介入,打开了一个不同的景观。"[④]经过如此这般的设置,再加上其他一些赋义,《牛头》才能激发肯定的情感,才有成为艺术的可能。反之,如果让观众手托着爬满蛆虫的《牛头》近距离观看,那么除了恶心呕吐还能有什么"意义"?丹托说,人们很容易承认赫斯特爬满蛆虫的《牛头》是艺术。[⑤] 但是,如果观众被恶心得连三天前吃的东西都吐了出来,凭什么要承认它是艺术?就算是丹托这样的艺术批评家,如果因恶心不愿再看第二眼,那么这个对象无异于被排斥在丹托所谓的"艺术界"[⑥]之外,是无论如何也成不了艺术的。可见,恶心的对象要想成为艺术,恶心感首先必须被抑制。这足以说明,"恶心"不可能成为艺术的本质属性。说到底,赫斯特如果只是为了恶心人,完全可以让人们直接去看路边爬满蛆虫腐烂发臭的牛头,效果肯定会更好。后现

---

① 弗里德里希·尼采:《偶像的黄昏》,《尼采著作全集》第六卷,孙周兴主编,商务印书馆2015年版,第155页。

② 阿瑟·丹托:《寻常物的嬗变——一种关于艺术的哲学》,陈岸瑛译,第113页。

③ Arthur Danto, *The Abuse of Beauty*: *Aesthetics and the Concept of Art*, p.53.

④ Edward Bullough, *Aesthetics: Lectures and Essays*, Connecticut: Greenwood Press, 1977, p.94.

⑤ Arthur Danto, *The Abuse of Beauty: Aesthetics and the Concept of Art*, p.52.

⑥ 1964年,丹托在美国哲学协会年会上宣读论文《艺术界》("The Artworld"),这篇论文随后在《哲学杂志》(*The Journal of Philosophy*)上发表,论文提出了"艺术界"的理论。按照这种理论,决定一件事物是不是艺术品的是"艺术界",没有关于艺术界的历史和理论,这些事物就不能成为艺术品。但是,丹托没有对"艺术界"作明确的界定。按照美国美学协会前会长保罗·盖耶尔的理解,这是一个"由艺术家意指并由观众理解的概念性的解释框架"(Paul Guyer, "From Jupiter's Eagle to Warhol's Boxes: The Concept of Art from Kant to Danto", in: *Philosophical Topics*, Vol.25, No.1, p.106.)。按照丹托的观点,艺术批评家在"艺术界"中扮演着不可或缺的角色,因为他不仅是那个重要的"解释者",还是理论的创造者,而"让艺术界和艺术成为可能"的正是艺术理论。

代主义艺术承续早期先锋派的传统,的确热衷于表现丑的对象,但并不就是“丑的艺术”。

宏大叙事必然会追求“无所不包”,而这正是丹托竭力追求的目标。丹托的反美学是不折不扣的后现代主义艺术的理论,但他却要得出一个包打天下的艺术定义,“站得住脚的艺术的哲学定义将包容任何存在的艺术。”①对于特殊性/历史性同普遍性之间的矛盾,丹托作为哲学家不可能意识不到,但奇怪的是他只是觉得有些“奇怪”。《美的责难》“前言”第一句丹托就不无反思地写道:“很奇怪,当我的艺术哲学意在追求哲学通常追求的永恒性时,它更多的是那个历史时刻的产物,因而很容易就认为它主要同那个时代的艺术相关。这种艺术本身是 20 世纪 60 年代早期各种先锋派艺术运动的产物,主要发生在纽约及其周边。更重要的是,这些艺术中的大多数都不可能出现于更早的时期。想一想安迪·沃霍尔著名的《布里洛盒子》,它在我的思想和写作中占有如此突出的地位。”②丹托断定艺术永远只能是特定时代的艺术,这是真正历史主义的结论,符合艺术发展的现实。由此本可以顺理成章地得出另一个历史性的结论:艺术批评永远只能是特定时代的艺术的批评,但是丹托显然没有意识到艺术批评家个人经验相对于艺术史的局限性。相反,他把后现代主义艺术认定为终极的艺术,进而认为只有像他这样的亲身经历者才能揭示永恒的艺术本质,“我的思考针对的是 20 世纪 60 年代的艺术,但意在普遍性和永恒性。”③

任何艺术哲学都是特定时代艺术的哲学,一旦走向试图包容一切的宏大叙事,就会暴露各种“历史的界限”,加剧矛盾冲突,最终导致整个体系的崩塌,宏大叙事的终结也就不可避免。按照丹托的研究,西方艺术史可以分成两个主要的情结:瓦萨里情结和格林伯格情结。瓦萨里(Giorgio Vasari)是文艺复兴时期的艺术理论家,他赞同自柏拉图以来的摹仿论,认为艺术就是“再现”,艺术的发展就是越来越好地“征服视觉表象”,这种叙事随着电影的出现理所当然地终结了;格林伯格(Clement Greenberg)是现代主义艺术的坚定捍卫者和最具影响力的理论家之一,他主张艺术是对情感的“表现”,艺术批评开始“向内转”,

---

① Arthur Danto, *The Abuse of Beauty: Aesthetics and the Concept of Art*. Chicago: p.19.

② Ibid., p.ix.

③ Ibid., p.xiv.

艺术批评的中心不再是表现的对象而是用以表现的介质以及情感表达的方式，但这种叙事“随着波普出现而终结了”[①]。现在有必要在这个艺术批评史的谱系上再加上“丹托情结”。丹托是后现代主义艺术最具代表性的理论家，他把艺术定义为“体现了的意义”，主张超越感性，发现艺术永恒的本质。如果说瓦萨里的艺术哲学是关于传统艺术的宏大叙事，格林伯格的艺术哲学是关于现代主义艺术的宏大叙事，那么丹托的艺术哲学就是关于后现代主义艺术的宏大叙事。只是，随着“美的复兴”以及日常生活审美化，丹托苦心经营的以反美学为核心的宏大叙事也不可避免地终结了。

【本文为天津市哲学社会科学规划课题“中国当代女性主义电影美学研究”(TJZW23-002)阶段性成果】

（作者单位：天津外国语大学比较文学研究所、国际传媒学院）

学术编辑：张 冰

① 阿瑟·丹托：《艺术的终结之后：当代艺术与历史的界限》，王春辰译，第135页。

范畴、虚构和风格：肯达尔·沃尔顿艺术哲学三题

章　辉

内容提要　在西伯利的基础上，沃尔顿以范畴论推进审美特质与非审美特质的关系问题，提出艺术品的审美特质与其被置入的范畴的关系影响到艺术品的审美效果的观点；虚构是由规则、道具和想象构造的似真游戏的世界，由此，虚构人物和欣赏者的关系、虚构话语与断言话语的差异以及虚构性的真理等问题都得到了新的解释；关于风格论，沃尔顿把艺术风格归于艺术家显得如是的创作行为。沃尔顿的文艺思想回应了当代分析美学的主要问题，具有高度的启发性，值得中国学界研究和借鉴。

关键词　范畴　虚构　风格

肯达尔·L. 沃尔顿(Kendall Lewis Walton)为美国密歇根大学教授，美国艺术和科学院院士，曾任美国美学学会主席。沃尔顿教授极具学术创造力，是当代西方最重要的分析美学家之一。在布莱克威尔出版社出版的当代西方流行的由斯蒂芬·戴维斯等人主编的美学教材《美学指南》中，沃尔顿是健在而被专章介绍的当代西方为数不多的几位美学家之一。沃尔顿的作学模式是典型的分析美学方法，他著述不多，迄今出版著作三部，基本上是论文的合集。沃尔顿对当代美学最重要的贡献，是他以论文形式提出了一系列引起学界讨论的理论命题，诸如似真游戏论、虚构的悖论、摄影透明论、想象抵抗论、艺术范畴论等，这些理论命题和学界的讨论构成了美学命题的效果史，在当代西方学界产生了巨大的影响。本文拟结合沃尔顿的理论文本，论述其美学和文艺思想的三个主题，以期推动中国学界对相关问题的思考。

一、范畴论

当代美学家门罗·比厄斯利(Monroe Beardsley)和威廉·维姆萨特(W. K. Wimsatt, Jr)提出的新批评的基本观点是:我们感兴趣的是艺术品的感性特质,如绘画的视觉特质、音乐的听觉特质等。作品的感性特质包括审美的和非审美的特质,比如一幅画的神秘感、紧张感和它的黑色、倾斜的构图;一首奏鸣曲的活力、繁盛、连贯和它的韵律、节奏、音质等。审美特质是作品中被感受到、被看到、被听到的东西,这可能需要特殊的敏感性的训练,但这些特质必须是在考察作品自身时被发现的,不能是作品的起源环境因素导致了其神秘感或连贯性。不能说,一幅伦勃朗的绘画有一种神秘感是基于画家意图它有这种特质;也不能说,神秘感基于他所处的社会恰好是什么样的事实。只有在它们对画布上色块的模式产生影响的时候,这些环境因素的影响对于结果才是重要的,而画布能够在不考虑色块是如何形成的情况下被审视。[①] 新批评的主旨是文本中心论或文本自律论,它否认艺术品的审美价值关系到其生产的历史和艺术史语境。对于新批评的如上观点,沃尔顿有否定也有赞同,他的观点是:关于艺术品起源的事实在批评中具有本质性的功能,即便如此,对于审美,重要的是某幅画和某首奏鸣曲看起来如何、听起来如何,因此,新批评也有正确的成分。沃尔顿赞同弗兰克·西伯利的观点,认为审美特质出现于非审美特质之上,非审美特质影响到审美特质的出现。[②] 比如贝多芬的第五交响曲在以草率的方式演奏的时候,许多四音调节奏听起来并非类似的,整个曲子听起来就不连贯、不统一。沃尔顿进一步认为,一个作品具有什么样的审美特质,不仅依赖于我们在其中感受到何种非审美特质,而且还依赖于哪些非审美特质是标准的,哪些是可变的,哪些是反标准的(contra-standard)。在《艺术的范畴》这篇著名论文中,沃尔顿

---

① Monroe Beardsley, *Aesthetics: Problems in the Philosophy of Criticism*, New York: Harcourt Brace, 1958, pp. 31 - 32; W. K. Wimsatt Jr. And M. C. Beardsley, "The Intentional Fallacy", in: *The Sewanee Review*, Vol. 54, No. 3, pp. 468 - 488.

② 参见章辉:《美学概念:当代西方美学的一段问题史》,《文艺争鸣》2013 年第 3 期;又见人大复印资料《美学》第 2013 年第 9 期。

对于审美特质的相关问题，提出了系统的新颖的观点。

这里首先要引入艺术的"范畴(category)"这一概念。一个范畴，如果其中的成员只是被常规方式经验到，我们就可感知其特质，那么这个范畴在感知上就是不可区分的，比如立体主义绘画、哥特式建筑、经典奏鸣曲、塞尚风格的绘画、晚期贝多芬的风格以及其他的媒介、风格、体裁和形式可被解释为感知上不可区分的。即是说，如果某栋建筑，我们感知其为哥特风格，那么它就与其他哥特风格的建筑都被纳入哥特建筑这一范畴之下，它们共享哥特式建筑的特质，感知上无法区分。这样，如果某段音乐是18世纪的作品，就不同于它属于经典奏鸣曲的范畴，因为"18世纪的作品"和"经典奏鸣曲"是两个不同的范畴。某部作品是否是塞尚或晚期贝多芬的风格，本质上与为塞尚或贝多芬所创作不相关，因为某些并非为塞尚和贝多芬创作的作品，也可能具有塞尚或晚期贝多芬的风格。可见，沃尔顿这里的范畴概念，指的是某种艺术体裁、流派、风格或形式等识别艺术品身份的概念，纳入其中的作品构成了一个整体，其特质具有共通性，在感知上不可区分，它们属于一个范畴。范畴是抽象性的、囊括性的概念，它把具有某种共同特质的许多单个作品纳入其中。沃尔顿的观点是：在确定某个作品属于某种范畴的情况下，如果它缺乏某个特质，它在这个范畴中就是不合格的，那么这个特质对于这个范畴来说就是标准的；如果某个作品有或没有这种特质，无关于它是否属于那个范畴，那么这个特质就是可变的；对于一个范畴来说，反标准的特质是，如果作品有了它，那么这个作品就不是这个范畴的成员。不用说，对于某个既定的范畴，某个艺术品的某个特质是标准的、可变的还是反标准的，这是难以界定的，因为区分艺术品的特质的标准是很不精确的。但是清晰的案例也比比皆是，比如在绘画范畴中，画作的平面和静止的标识是标准的，它独特的轮廓和颜色是可变的，画布上一个突出的三维度的物体，或一个电动开关对于这个范畴来说就是反标准的。在立体主义绘画这一范畴中，人物画的直线条和正方形轮廓是标准的，虽然对于素描范畴和绘画范畴来说它们是可变的。[①]

对于某个人来说，某个艺术品的特质中，哪些是标准的，哪些是可

---

① Kendall L. Walton, *Marvelous Images: on Values and the Arts*, New York: Oxford University Press, 2008, p.199.

变的或反标准的，这要在某个范畴中去感知这个艺术品而分别之。沃尔顿认为，在特定范畴中感知某个作品，就是在这个作品中感知那个范畴的格式塔。比如人们熟悉勃拉姆斯风格的音乐，就能通过认知勃拉姆斯式的格式塔特质去辨识其成员，这种辨识依赖于去感知特殊的相对于那个范畴来说是标准的特质，而非从这些特质的出场去推断它是勃拉姆斯式的。如果我认识某个作品为勃拉姆斯式的，是首先注意其繁茂的组织、经典的和谐的有条理的结构、双重和三重韵律的交替等，并且回忆这些特质是典型的勃拉姆斯式的作品，我就不是借助倾听勃拉姆斯式的格式塔而认知它。要这么做，通过其勃拉姆斯式的声音(sound)就可认知它，而无须注意贡献于它的那些特质。类似的，辨识一幅印象主义绘画通过其印象主义格式塔，即认知其印象主义画家的“看(look)”，这是我们从其他印象主义画家所获知的，而不是应用我们习得的规则从其特质去认知它。[①] 也就是说，我们从先前的音乐经验获知了勃拉姆斯式的标准的格式塔特质，即它的特殊的声音，那么在下一次听音乐时，我们无须注意其他的特质，只要听到其独特的勃拉姆斯式的格式塔特质，就可以判断它是勃拉姆斯式的音乐，这是通过感受或感知，而非认知达成的。沃尔顿的范畴这一概念类似康德的认知图式或审美范型。康德美学认为，审美范型形成于我们长期的审美经验，这是一种介于美的抽象概念和具体美的物体之间的典范性的图式，一旦形成之后，它就规范着、引导着我们以后的审美活动。比如，大约看了 1000 个汉族青年男子的形象，就可形成关于汉族青年男子的英俊的审美范型，他的肤色、身高、身材、脸孔、发型、衣着、行为举止等该是如何的，这是一个既模糊又清晰、既非抽象也非具体的图式或模式。当下一次再看到某个汉族青年男子时，就能直觉性地依此判断其是否是俊美的。

沃尔顿强调，我们在某个作品中感知勃拉姆斯式或印象主义格式塔，就是去感知相对于这个范畴来说是标准的特质。沃尔顿说，我们当然能够同时以两个或许多不同的范畴去感知同一个作品，勃拉姆斯的某个奏鸣曲可能被同时听为一段音乐、一个奏鸣曲、一个浪漫主义作品、一首勃拉姆斯风格的作品。但有时候，我们不能同时把某个作品感知为属于两个范畴，就如不能看鸭兔图的时候，把它同时感知为

---

① Kendall L. Walton, *Marvelous Images: on Values and the Arts*, p.200.

鸭子和兔子那样，我们不能把某个影像同时感知为静止的图像和某部电影的一部分。[①] 那么，我们是如何在某些范畴中去感知某个艺术品的呢？沃尔顿分析其影响因素有三：其一，在何种范畴中感知某个艺术品部分取决于我们熟悉的是什么样的其他作品。我们经验到的某种类型的作品更多，更可能的是，我们会在那个范畴中感知这个作品。其二，批评家和其他人关于我们所经验到的作品所说的话，他们如何归类它们，这些对于我们在某个范畴之下去感知这个作品很重要。如果没有人对我解释过舒伯特风格的独特特征，没有人帮我把舒伯特对比于贝多芬、门德尔松、舒曼等人，或者甚至没有人指出过存在着这么一个独特的风格，我可能就不会去听舒伯特式的格式塔特质，即便我已经听过了许多舒伯特的作品。其三，我们是如何被引导到这个独特作品的，其相关因素也有关系。如果一幅塞尚的绘画被展示在法国印象主义作品集中，或者在看它之前，我们被告知，它属于法国印象主义，相比它被展示在一个任意的集子里，或者我们没有被告知关于它的任何东西的情况下，我们就更倾向于看它为法国印象主义作品。[②] 由此，沃尔顿的界定是：在某个特殊的场合，对于某个人来说，一个艺术品的某个特质是标准的，当且仅当相对于他感知它在某个(some)范畴之中它是标准的；它不是反标准的，相对于他感知它在任何(any)范畴之中它都不是反标准的；对于他，一个特质是可变的，当且仅当它是可变的相对于他在所有(all)范畴之中去感知它；一个特质是反标准的，当且仅当它是反标准的相对于他在任何(any)范畴之中去感知它。具体说来，在艺术批评中，如下要点值得注意：

1. 一般来说，作品中的类似和再现的东西，是作品的可变特质，而非标准特质。标准特质是那个作品是什么类型的再现，而非它再现和类似的东西是什么。标准特质是被预期的或被视为理所当然的，它们能够给艺术品带来秩序感、稳定感、恰当性等，这对于时间艺术来说特别明显，比如经典奏鸣曲、交响曲和弦乐四重奏的第一乐章，对于奏鸣曲快板这一范畴对我们大多数听众来说都是标准的、恰当的，是我们的耳朵所期望的，这给了我们统一性的效果。对于特定范畴是标准的特质，不是来自艺术媒介的物理性的制约，而可能是在既定的范畴

① Kendall L. Walton, *Marvelous Images: on Values and the Arts*, p.200.

② Ibid., pp.200 - 201.

里创作或多或少遵循惯例的产物，比如16世纪的对位法或十二音体系的音乐作品中的特质。这些惯例对于艺术家可能是局限，但如果他有才华，可能很好地解决了问题，从而创作了具有高度审美价值的作品。

2. 作品的某些特质比如尺寸、速度、长度或卷数，相对于某个特定范畴常常是可变的。当可变特质成为那个范畴的标准特质之后，这种特质就落入一定的范围之内。这种情况下，那个可变特质的审美效果可能被范围的标准的限制涂上某种色彩，这些限制行使了审美催化剂的功能。比如，钢琴音调在键盘被按下之后急剧消逝，这对于钢琴音乐来说是标准的特质，但钢琴音乐常常被视为持续性的、流畅的、圆润的、抒情诗般的，钢琴家做到这一点，是借助某种技巧，控制音调减小的速度，这样音调就能够或多或少地持续在某种范围之内。那么它们消逝的快慢、持续时间的长短，在可能的范围之内，对于钢琴音乐来说就是可变的。

3. 我们可能发现反标准的特质是令人吃惊的、不舒服的、冒失的，因为它们遮蔽了作品的可变特质，比如三维的突出的物体之于绘画的平面，运动之于雕塑，都是反标准。但如果经常看到艺术品中包含了特定类型的反标准特质，我们就会调整范畴去吸纳它们，这样它们就不再是反标准的。第一幅有三维空间物体的绘画毫无疑问是令人吃惊的，但现在这种技术变得普通了，我们不再震惊了，这是因为我们不再把这些作品视为绘画，而是要么视其为新的范畴的成员，即拼贴画（collage），这样，冒犯性的特质就变成了标准的而非反标准的；或者我们扩张范畴，把有附属性物体的新作品也吸纳到绘画范畴之中，这么一来，那些特质就变成可变的了。[①]

沃尔顿强调，在许多情况下，某个特质对于我们来说是标准的、可变的还是反标准的，极大地影响到它具有什么样的审美效果。而一个物体具有什么样的审美特质又依赖于它在何种范畴中被感知。这就引起了一个问题，即如何决定它到底具有什么样的审美特质呢？如果毕加索的绘画《格尔尼卡》在绘画的范畴中看起来具有活力，在另外的范畴中去看缺乏活力，那么它到底有没有活力？一种看它的方法是正确的，其他的方法就是错误的吗？有人可能认为，解决这个问题的方

---

① Kendall L. Walton, *Marvelous Images: on Values and the Arts*, pp. 201 - 209.

法与是否以不同范畴去感知某个艺术品的人的明显具有冲突性的审美判断是相互矛盾的，也就是说，公说公有理婆说婆有理，任何解释都是正确的、可行的。但真的如此吗？不同范畴对于某部作品的批评都是合法的吗？沃尔顿的观点是，至少在某些时候，在某个范畴中感知某个作品是正确的，在其他范畴中感知它就是不正确的。那么，如何确定在何种范畴中去感知某个作品是正确的呢？沃尔顿的回答是，不存在非常精确的或很好的程序去确定之，不同的人在不同的情况下会强调不同的标准。但沃尔顿提出了几点原则，如下情景可以算作在某个既定的范畴 C 中正确感知某个艺术品 W：

1. 在作品 W 中，有属于 C 范畴的相当数量的标准特质。正确感知某个作品的方法是，在这个范畴中，它有最小数量的反标准特质，比如把伦勃朗的《提图阅读》感知为动态雕塑就是错误的，因为它几乎没有动态雕塑的特质。2. 对于范畴 C 来说，相比以其他的方式去感知它，W 是更好、更有趣、更值得去经验的。3. 艺术家创作作品 W，意图和期望它被在 C 中去感知，或它被思考为 C。4. W 是被创作在 C 这个被某个社会所构造和认知的范畴中。比如在西方社会，勃拉姆斯风格的音乐和立体主义绘画是广为人知的。一个作品被正确感知其中的范畴，通常是艺术家的同时代人感知它或应该感知它的那些范畴。[①] 沃尔顿说，还有情况值得注意，比如艺术家的意图常常是不清晰的、变化着的、不可得的；许多作品所属的范畴是模糊的，比如洛可可音乐、巴赫的音乐、早期莫扎特风格的音乐等；许多作品是在既定的范畴之间，比如某幅画在印象主义和立体主义绘画之间，因此不可僵硬地应用这些规则去决定作品如何被正确地感知。[②]

沃尔顿这里的第 1 条说的是常规的批评，即作品从直觉看上去属于某个范畴，那么我们就有意识地把它纳入后者之中。第 2 条涉及理论的普遍性和合法性，就是对于历史早期的艺术作品，我们以后来的理论范畴去审视批评之是否合法，比如中国当代学者把李白归为浪漫主义，把杜甫归为现实主义，而这两个范畴来自西方美学。那么，这种范畴的应用具有合法性吗？本文认为是合法的甚至是必要的。无论艺术家的意图是否可得，我们研究艺术的目的是赋予作品新意，那么

---

① Kendall L. Walton, *Marvelous Images: on Values and the Arts*, p. 212.

② Ibid., p. 215.

以新的理论视野和范畴，而非艺术家的意图去批评作品就是合法的。事实上，文学艺术研究一直是如此进行的，我们以康德美学、新批评、原型批评、叙事学等来自西方的理论去研究中国古代文学和艺术，研究方法的改变给研究对象带来了新的意义。当然，研究对象和研究方法还存在一个契合度的问题，不能说所有的新范畴都可用于研究《史记》或《红楼梦》，比如生态批评之于前者，后殖民批评之于后者就不可行，因为任何一种新范畴都是特定历史环境的产物，其阐释效力是有限的。沃尔顿的第 3 和第 4 条是坚持历史主义，他主张，一首诗歌的正确解释，部分依赖于其起源的事实，即诗人所处社会说的是什么样的语言，他期望他的诗歌被何种语言去理解，这关系到艺术家的意图。① 很显然，这一点是针对新批评的非历史主义主张。沃尔顿认为，作品实际上具有的审美特质是当它被正确感知的时候，我们在其中所发现的特质；正确感知它的方式部分取决于艺术家的意图和它所产生其中的社会历史事实，而不能只考察作品自身。如果面对某个其起源我们一无所知的作品，我们就无法对之作审美判断，不知道它是否是连贯的，或宁静的，或充满活力的，因为在看它的时候，我们不知道是否该把它视为一个雕塑，甚至它是否是一个艺术品。当然，我们可以像看自然物体那样看它，看出它有某些审美特质，这就不考虑历史事实，但这么做，就不是把它视为艺术品了。因此，从这种视角看，新批评不考虑艺术家的意图和艺术品生产的历史的观点，是不妥的。既然艺术家的意图是在考虑之中，"意图谬误"就不是一个谬误。审美特质不是直接在作品中被发现的，但沃尔顿不否定我们是在作品中感知到审美特质。② 可见，沃尔顿是试图协调反意图论和意图论、文本主义和语境主义这两个极端。应该说，这两方面确有道理，但在具体的艺术批评实践中，作家意图是否有意义、文本是主导性的还是意图是决定性的，这要依具体情况而定。

在弗兰克·西伯利和比厄斯利的基础上，沃尔顿推进了审美特质论和意图论问题，他的观点可分为三个部分：1. 某个作品的审美特质不仅依赖于其非审美特质，而且依赖于它的非审美特质中，对我们来

---

① Kendall L. Walton, "Categories and Intentions: A Reply", in: *The Journal of Aesthetics and Art Criticism*, Vol.32, No.2, pp.267-268.

② Kendall L. Walton, *Marvelous Images: on Values and the Arts*, p.218.

说,哪些是标准的,哪些是可变的,哪些是反标准的;2. 这一分类系统依赖于这个作品是在什么范畴之下被看的。范畴指的是媒介、风格、流派等一般的识别艺术品身份的概念;3. 作品的正确范畴的确定依赖于关于作品的生产历史的知识。本文认为,沃尔顿的范畴论的意义是:1. 引进了标准的、非标准的、可变的特质讨论艺术品,推进了审美的和非审美的特质之间的关系的研究。2. 坚持意图论,反对新批评的文本中心论,符合批评实践。3. 范畴论的逻辑推论是解释的相对论,因为作品被置入不同的范畴和对个人而言其非审美特质的不同形态,都会影响到作品审美特质的呈现,比如李商隐的《锦瑟》,把它置入不同的范畴比如怀旧诗、感伤诗、哲理诗等,其审美效果就会是不同的。但是,范畴论的问题是:在作家意图不可得的情况下怎么办?在沃尔顿确定的在某个既定范畴中正确感知某个作品的 4 点原则中,第 2 条和第 3、4 条发生冲突的时候怎么办?范畴论表达了艺术批评中我们习焉不察的一个事实,即我们总是把某个具体的作品纳入某个既定的范畴中,这就给作品引入了某个特定的视野,解释的相对论由此而来。但沃尔顿又维护作家的意图和作品生产的历史语境,对于这两方面可能发生的冲突,他没有解决甚至没有意识到。本文认为,在作家意图不可得的情况下,为了文本表现得更好,使其看上去更有趣、更有价值、更可信的解释就是可取的;在作家意图可知的情况下,对于艺术品的解释来说,作家意图可供参考,但无决定性的意义,因为作家意图可能没有成功地实现,而且文本符号具有独立的语法和语义规则,这就可能产生作家无法控制的意义。

二、虚构论

虚构世界一般而言是不完整的,比如《变形记》里格列高利的曾祖父是不是铁匠,故事没有说,也没有任何暗示;《大碗岛的周末午后》里的一对男女是否结婚了是不确定的。沃尔顿提出"似真世界"(make-believe world)这一概念,它的建构元素是道具、规则和想象,这里的道具包括艺术品和欣赏者。游戏和艺术再现都是如此,它们构造了虚构性的世界。沃尔顿对虚构的界定是:"任何作品,只要能在似真游戏中具有充当道具的功能,即便这一功能是次要的或工具性的,它就可以被视为虚构;那些完全缺乏这种功能的,就是非虚构。”[①]小说和故事有很多现实的元素,但大多数纯粹是虚构性的,而传记和教科书基本上都关系到现实。沃尔顿还说,一部作品具有激发想象的功能,它就是虚构性的。[②] 历史小说、哲学论文都可以激发想象因而均可被视为虚构。关于虚构,沃尔顿主要讨论三个问题,即虚构人物和欣赏者的互动、虚构话语与断言话语的差异以及虚构性的真理。

真实世界与虚构世界的关系是怎么样的?我们能与虚构人物互动吗?关于虚构与现实的关系,凭借直觉,我们可以肯定如下几点:1. 我们感到,虚构世界独立于真实世界,它们之间有一个逻辑或本体论的鸿沟。我们不能拯救克鲁索,不能给汤姆·索亚的亲戚献花,林黛玉不能告诉我们她的烦恼,我们也不能给她好的建议。魔鬼可能威胁剧中人物,但我们是安全的。2. 在认识论上,情况似乎不同。我们知道很多虚构世界中的事情,甚至知道虚构人物的最私人的想法,有时我们还优先知道虚构世界将会发生什么事情。但认识是单向的,林黛玉不知道我们的任何事情。3. 我们对虚构人物的情感反应与对现实人物是一样的:我们担心他们,同情他们,害怕魔鬼,对他们有各种情感反应。4. 我们无法通过干预表演而拯救主人公,那只能打断表演。虚构世界里所发生的事情依赖于作品,画布颜料的安排决定了发生在虚构世界里的事情。这么说来,如果我们要干预虚构世界,就只能干预绘画和文学创作,我们可以对画家、作家和其他艺术家施加压力或贿赂,这样的话,虚构世界独立于真实世界似乎就不可能了。既然我们能够通过影响艺术家而拯救主人公,我们为什么不这么做呢?其原因可能在于我们的价值观或道德情感,可能是虚构世界并不如现实世界那样影响我们。虚构性的苦难,不像现实的苦难,不是可惜的、可悲的,我们没有义务去阻止它们。但这种解释不可信:有时候,我们非常关心虚构人物,我们为林黛玉惋惜,为汤姆找不到路而焦虑。如果某个虚构世界中的某个人有能力给其中陷入困境的人提供帮助,但他没有这么做,我们就要表达道德判断。那么,我们对主人公的关心是虚假的吗?可能是的,我们的不干预就是证据。如果我们真的谴责

---

① Kendall L. Walton, *Mimesis as Make-Believe*, Cambridge: Harvard University Press, 1990, p.72.

② Kendall L. Walton, *Mimesis as Make-Believe*, p.92.

坏蛋的所为，我们为什么不谴责作家呢？为什么不从根本上根除罪恶呢？但事实上，我们好像还赞扬作家，即便我们惋惜他给主人公安排了不幸。虚构性的灾难可能是令人兴奋的、教育性的、净化性的。我们认为，如果主人公没有遭难，作品就会是无趣的。我们欣赏悲剧，希望作品是悲剧性的，尽管这意味着对主人公是灾难。

一方面，虚构世界与现实世界相互隔绝，我们不能干预和影响其中人物的命运，而且，作品里的怪兽只能威胁到作品里面的人，不能威胁到现实中的我们。另一方面，我们好像与这些虚构人物有心理上的联系，有时甚至是亲密的关系。但我们自己却无动于衷，无法做任何事情去拯救他们。对于虚构世界，画家、作家和其他艺术家才是真正的主宰。为什么是这样呢？沃尔顿的解释是：我们并非遭受了哪怕最些微的苦难，我们的动机不是混合性的（mixed），即如有人认为的，我们同情他们但又不希望作家修改文本。实际上，我们不是真的关心主人公的命运，这就是我们不去拯救他们的原因。跨世界的物理性的拯救和互动是不可能的，拯救这种互动行为只能发生在一个世界里，要么是虚构性的世界里，要么是真实的世界里。那么，如何解释我们对虚构人物所产生的情感呢？我们的同情、悲痛是怎么回事呢？沃尔顿的观点包括三个部分，其一，读者是似真游戏的一部分，他们参与虚构性世界，自身就是道具。在似真游戏中，我们与汤姆分享这个世界，他们看上去好像是真实人物。其二，读者能够虚构性地存在于似真游戏的世界，也真实地存在于现实世界，他的视点是双重性的。其三，读者担心汤姆的情感是虚构性的。① 即这种情感不同于现实的同情，它是虚假的。②

在日常生活用语以及科学报告、新闻写作中，我们的话语所指是现实世界的存在物和事态，我们对之做出论断。但文学性的虚构话语好像不是如此，托尔斯泰写下的关于安娜的一系列话语并非指向现实，而是指向虚构性的人物安娜。但是，很显然，虚构性的话语很类似断言性的话语，可能是后者的延伸性使用。那么，如何认识这两者的

---

① Kendall L. Walton, “How Remote Are Fictional Worlds from the Real World?”, in: *The Journal of Aesthetics and Art Criticism*, Vol. 37, No. 1, pp. 11 - 23.

② 虚构的情感悖论是当代分析美学的重要问题之一，沃尔顿对此有洞见，其观点产生了巨大的反响。参见章辉：《虚构的悖论：科林·拉德福德的美学命题及其效果史》，《山东社会科学》2020 年第 11 期；又见人大复印资料《美学》2021 年第 2 期。

关系就是虚构论的一个重要问题。沃尔顿认为,约翰·奥斯丁的言语行为理论无助于解释虚构,因为写下一系列陈述性的句子而不断言它们,并非生产一部虚构作品的必要条件,比如,我可能汇编一系列句子给语法课程的教学之用,但它不是虚构。虚构常常被认为不同于断言,人们认为虚构缺乏常规的言语力量,但沃尔顿认为并非如此。“断言”(assertions)以许多方式作出:比如在发表演讲的时候说出一个陈述句,举起一面旗帜,吹喇叭,带一朵玫瑰花或把手臂伸出汽车的窗户外都是作出断言。没有理由说,在合适的语境中,我们不能通过书写虚构而作出断言。事实上,一直存在着这种所谓的教导性虚构的传统,即用于教育、宣传和广告的虚构。

但是,当他们做出断言的时候,虚构作者所断言的,通常不是他们的句子明确想要表达的东西,不是当它们被非虚构性地使用的时候他们所断言的东西。比如讲一个男孩的故事,他尖叫“狼来了”,我们不会认为这一事件实际发生了,而是作为一种方式指出了类似情景的危险性。那么,我们能够说,一个作品算作虚构性的必要条件是,在创作它的时候,作者没有断言他的句子明确表达的东西,即便他间接做出了其他的论断。沃尔顿说,并非如此,历史小说就是例外。历史小说的作者被期望写出细节,比如私人性的对话。作者要负责于事件的大体轮廓的描绘的精确性,他的目的可能是要告知读者历史事件的真实性。如果这是他的目的,那么很可能,对于任何合理的断言,他都写出了相关的断言性的句子。因此,认为断言性的句子在历史小说中是对虚构的妨碍是不正确的。当托尔斯泰写拿破仑入侵俄罗斯的时候,他并没有停止创作虚构。他构造了一个虚构世界,其中拿破仑不仅有许多对话的细节,而且还入侵俄罗斯了。对话的细节是托尔斯泰创造的,入侵俄罗斯是真实的。那么,是否存在这种情况,即某个作者在每一个句子都说出了真实的东西但仍然创作了虚构?回答是肯定的。沃尔顿说,难道不能存在一种历史小说的类型,其中作者不能自由创作,只有遵循事实,而且,无论他写了什么东西,它们都被视为是断言性的事实?当然,读者也可以忽视作者是在做出关于世界的真实论断,而只关心“虚构世界中”发生的事情。[①]

---

① Kendall L. Walton, “Fiction, Fiction-Making, and Styles of Fictionality”, in: *Philosophy and Literature*, Vol.7, No.1, pp.78–88.

有些理论家把讲故事解释为假装断言的行为，或假装行使了其他的言语行为，虚构作品被视为这样的假装行为的工具。约翰·舍勒(John Searle)是这种观点的代表，他还认为，作者在这么做的时候，并非是有意欺骗。[①] 沃尔顿认为，文学虚构的作者确实是假装断言了他们所写的东西。但是，作者在写这些句子的时候，是否是假装断言，这依赖于他当时的心理状态。他可能并没有如此假装，而且，他是否处于这种心理状态并没有特殊的意义，也无关于成就这部小说的虚构性。虚构的假装理论的另外一个缺点是，这种理论似乎不能应用到其他艺术形式。比如，雷诺阿(Pierre-Auguste Renoir)的绘画《浴客》(*Bathers*)、雅克·利普希茨(Jacques Lipchitz)的雕塑《弹吉他的人》(*Guitar Player*)肯定是虚构作品。但值得怀疑的是，在创作它们的时候，两个作者是否假装在做出论断。不可否认，绘画和雕塑能够假装断言，但这两个作品的作者不必假装断言，欣赏者也不必这么去理解它们。[②] 假装理论还有一个变体，可称为"模拟理论"(mimetic theory)。这种理论认为，虚构作品是言语行为的再现，理查德·欧曼(Richard Ohmann)就是这种理论的代表人物。他认为一部文学作品的言语是模仿性的，它模仿了一系列言语行为，文学作品的作者在"假装作报告话语"(pretend to report discourse)。[③] 沃尔顿认为，这种理论的问题是，虚构性的绘画明显没有再现言语行为，一幅关于独角兽的绘画并没有再现任何人的断言，即存在一个独角兽。那么，虚构性的文学作品再现了言语行为吗？许多有叙述者的作品确实如此，比如约翰·巴什(John Bash)的作品《道路的尽头》(*The End of the Road*)中，有个叫贾科伯·霍勒的人说了一些话，他作了很多断言，问了很多问题，它们构成了一部小说。但是，要说某些文学作品根本就没有叙述者，这么说也是可行的。因此，我们也可以说，存在着虚构性的文学作品，其中并没有再现言语行为。[④] 沃尔顿指出，假装理论和模拟理

---

① John Searle, "The Logical Status of Fictional Discourse", in: *New Literary History*, Vol.6, pp.319-332.

② Kendall L. Walton, "Fiction, Fiction-Making, and Styles of Fictionality", in: *Philosophy and Literature*, Vol.7, No.1, pp.78-88.

③ Richard Ohmann, "Speech Acts and the Definition of Literature", in: *Philosophy and Rhetoric*, Vol.4, pp.161-162.

④ Kendall L. Walton, "Fiction, Fiction-Making, and Styles of Fictionality", in: *Philosophy and Literature*, Vol.7, No.1, pp.78-88.

论的关键错误是认为虚构寄生于“严肃”(serious)话语(即我们日常生活中的具有真值性的话语,比如新闻报告、科学论文等),对于语言的虚构性使用,包括绘画和其他艺术形式,都被理解为做出断言、提问、发布命令或投入语言使用的非虚构性的行为之中。这些严肃的使用是主要的,虚构性的使用基于或推导于此。但是,沃尔顿认为,虚构作品如绘画或雕塑,是不需要任何“严肃”使用的类型,虚构的观念不是寄生于“严肃”话语。那人们为什么会有这种看法呢?沃尔顿分析,主要是哲学家把视点集中在文学上,想当然地认为在文学适用的必定在其他艺术形式也适用。虚构性的文学可能寄生于“严肃”话语但不同于后者。[①]

这就要谈到虚构性的真理了。简单说来,沃尔顿的观点是,虚构性的真理,指的是在虚构世界中真实的东西。诸如“小说中真实的东西”“绘画中真实的东西”等,是虚构性地真实的。一部小说或一幅画决定了何谓虚构性地真实的东西,它生产了虚构性的真理。卡夫卡《审判》中的虚构性真理是 K 被抓捕了;塞尚的绘画《玩游戏的人》产生了虚构性的真理,即两个人在玩扑克游戏。特定的虚构性真理的集合构成了虚构性的世界。沃尔顿认为,一个虚构性的世界由单个作品所产生的虚构性真理所构成。许多虚构性真理依赖于常识,比如格列佛的血管里流着血,有一些虚构性真理如哈姆雷特有恋母情结,则为其他虚构性真理所暗示。在大多数叙述性再现中,主要的虚构性真理是叙述者所说的,它暗示了作品其他的虚构性真理。但叙述者可能是欺骗性的或思维混乱的,他们说的有时不可信,并非如作品中所描述的。[②] 沃尔顿的界定是,虚构性的真理是虚构世界中存在的事态,但是,有时候虚构作品也真实地意指,比如一篇描述了某个发生在北京的故事的小说可能会说:北京是中国的首都,位于中国的北部;北京城里有明清皇宫等。这些说明不仅在虚构世界中是真实的,在现实中也是真实的,那么,虚构性的真理与现实的真理的关系如何?虚构作品包含了现实的真理,这影响到其艺术和审美价值吗?这些是当代虚构论不断讨论的问题,沃尔顿对此缺乏解答。

---

① Kendall L. Walton, “Fiction, Fiction-Making, and Styles of Fictionality”, in: *Philosophy and Literature*, Vol.7, No.1, pp.78–88.

② Kendall L. Walton, “Points of View in Narrative and Depictive Representation”, in: *Nous*, Vol.10, No.1, pp.49–61.

三、风格论

风格这个概念的应用范围广泛，除了艺术品，诸如领带、泳衣、汽车等都有风格。而且，人们做事情的方式也有风格，教学、旅行、卖保险等都可以有某种风格。风格既应用于物体，也应用于人的行为。詹姆斯·阿克曼(James S. Ackerman)把风格归于艺术品。他说，在艺术研究中，作品而不是体制或人是焦点，在其中，我们发现了某些或多或少是稳定的特征，这些特征的集合体我们称为风格。[①] 贡布里希(Ernst Gombrich)则把风格归于行为：风格是任何显然的，因此是可辨识的某个行为被操演，或某个人工制品被制作，或应该被操演和完成的方式。[②] 梅耶·夏皮罗(Meyer Schapiro)的观点是：风格意指的是个体艺术或群体艺术中的恒定的形式，比如恒定的元素、特质和表达；这一术语也应用于个体或社会的整个的行为，比如"生活风格"或"文明风格"等说法。[③]

事实上，物体风格和行为风格之间具有关联。沃尔顿的观点是，艺术品的风格应该被理解为行为的风格。也就是说，在说某个作品有风格的时候，牵涉到它是以什么方式被制作的，即创作它的行为是什么样的。这一观点为这一事实所支持，即在描述某个艺术品的风格的时候，我们通常会说，它是在什么风格中被创作的。沃尔顿主张，风格不能应用于不是人的行为的产物的某种东西，即便我们对这些东西有审美兴趣。各种自然风景、草地、大峡谷、日落等相互不同，其中的差异不是风格性的。风格用法的这种差异表明了我们如何理解艺术品、如何对艺术品做出反应和我们如何理解自然物、如何对自然物做出反应之间的差异，其差异在于，艺术品中的很多审美特质不能在自然物体中找到。诗歌和绘画有时是智趣的、病态的或复杂的，但很难相信

---

① James S. Ackerman, "Style", in: Jamens S. Ackerman and Rhys Carpenter(eds.), *Art and Archaenlogy*, Englewood Cliffs, N.J.: Prentice-Hall, 1963, p.164.

② Ernst Gombrich, "Style", in: David L. Sill(ed.), *International Encyclopedia of the Social Sciences*, New York: Macmillan, Vol.18, No.15, pp.253 - 361.

③ Meyer Schapiro, "Style", in: Morris Philipson (ed.), *Aesthetics Today*, Cleveland: World Publishing Co., 1961, p.81.

一棵充满智趣的郁金香、一座病态的山脉、一个复杂的湖泊是什么样的。日落很难说是情感性的或非情感性的，但关于日落的现实主义绘画可能充满了情感。不能说，欣赏艺术品局限于作品本身，不考虑艺术家的行为；也不能说，这个东西是艺术品或一个人工制品，还是一个自然物体，这其中没有差异。[1]

在舞蹈和戏剧表演中，我们的注意力是指向舞蹈者和演员的行为。在某些先锋艺术中也是如此，我们会注意杜尚展示他的现成制品的行为和约翰·凯奇表演其音乐的方式。应该说，其中的行为方式是审美的，它们是符号性的或表现性的，表达了对生活、社会、艺术体制的特定态度。先锋艺术家的行为很类似戏剧表演者，其他如民歌演唱和民间舞蹈，还有音乐家演奏自己的音乐，也是一种审美经验，这里关键的是过程，而非作品。我们在一部作品中看到了创作它的行为，作品的风格就是何种行为可见在其中。但是，沃尔顿指出，我们在作品中看到的行为可能不一致于艺术家在创作之时的实际行为。因此，艺术家实际所做的，他的实际行为的风格或方式，不是构成作品风格的因素。比如我们发现一幅先前认定是张三所作的素描其实是计算机所作，我们仍然可能说它是张三的风格。沃尔顿的结论是："某部作品显得(appears)是如何创作的，艺术家在创作它的时候似乎具有什么样的行为，对于作品的风格是关键性的。"[2]这不是说，欣赏者和批评家并不知晓艺术家的创作行为。比如一个艺术家使用了轻巧的摇摆的线条或应用了俗艳的颜色，这从作品有摇摆的线条或俗艳的颜色这一事实就可以知道。考虑到艺术家的意图，其作品具有某些突出的特征，很显然创作轻巧的摇摆的线条或应用俗艳的颜色就是意图性的。但是，在沃尔顿看来，作品"显得"是意图性地创作轻巧摇摆的线条或应用俗艳颜色的行为的结果，这才是最重要的。这一外显具有其影响，即便基于某种原因，它并非一致于事实。即是说，作品看起来是被如何创作的，这一点对于风格的确定很重要。一部热烈的作品看起来是被某个人充满激情地创作的，一部自命不凡的作品似乎是自负的产物。艺术品的许多审美特质，诸如敏感的、多愁善感的、审慎的、生气勃勃的、幽默的、病态的、大胆的、复杂的、宁静的等等，似乎就是相应

① Kendall L. Walton, *Marvelous Images: on Values and the Arts*, pp.222－223.

② Ibid., p.228.

的行为所创作的,要么牵涉到某种类型的身体动作,要么是来自特定的动机,要么具有特定的意图,或是某种人格特性的产物。在沃尔顿看来,这些审美特质就是风格的特质。因此,作品风格的特征关键性地联系到它显得是如何被创作的,艳丽的、多愁善感的、胆怯的风格似乎就是以俗气的、多愁善感的或胆怯的方式所创作的。

沃尔顿指出,如果风格依赖于何种行为似乎被施行在创造这个物体的活动之中,那么某物具有一个风格的必要条件是,它是为某种行为所创造的,这就解释了为什么自然物体通常没有风格。许多自然物体看起来是以某种特定方式生成的,比如美国西部优胜美地公园里的半圆顶岩石似乎是某种类似巨大的面包刀所切割的。我们关于自然物体是如何生成的感觉常常与我们对之的审美欣赏相关,但我们很少有这种印象,即自然物体是某种有感情的存在物的手工作品,不能说,它们是审慎的意图性的人的行为的产物。我们没有感受到日落和阿尔卑斯山草地反映了人格,这就是自然物体缺乏风格的原因。[①] 这里,沃尔顿的观点与康德相反。康德认为:"自然是美的,如果它同时看起来像是艺术。"[②]只有在看上去似乎有一个人格性的存在物创造了它的时候,自然物体才能像艺术品,才能具有美的特质。汉语里也有类似说法,比如鬼斧神工、江山美如画等,说的就是自然美景似乎是人格性的存在物所创造的。孰是孰非呢?本文赞同康德的说法,因为从根本上说,美是人创造的产物,这关系到美的本质问题,此处不展开讨论。

按照上述观点,在沃尔顿那里,风格的辨识不是基于作品表现了什么东西,而是基于在作品中,是"什么东西做了表现"(does the expressing)。风格不是表现,而是表现的方式。在某个既定的风格中,存在着的不是有"特定的表现性的本质"(expressive nature),而是有"特定的表现性的特质(如摇摆的线条、平衡等等)(certain features which are expressive)"。[③] 同时,沃尔顿也注意到,我们的信念能够影响到我们的感知经验。许多信念影响到事物是如何显现给我们的,这就影响到对作品风格的感知。关于艺术品的起源的诸多事实是普通知识,特别是关于其所处社会的知识。我们知道其所处的社会是宗教

---

① Kendall L. Walton, *Marvelous Images: on Values and the Arts*, p.235.

② 康德:《康德美学文集》,曹俊峰译,北京师范大学出版社 2003 年版,第 557 页。

③ Kendall L. Walton, *Marvelous Images: on Values and the Arts*, p.239.

性的、独裁主义的或无政府状态的；我们知道某些作品是在弥漫着绝望或充满新的希望的社会氛围中被创作的；它们产生于工业社会或农业社会，它们创作于达尔文、弗洛伊德或爱因斯坦之前或之后。因此，关于是何种兴趣和态度推动了作品的创作，艺术家具有什么样的意图等，我们都有许多常规的知识。这些信息能够照亮我们对于作品的感知，比如，如果我们意识到某部作品是产生在欧洲中世纪而非美国的 20 世纪 60 年代，那么我们推断它是颂扬基督教，而非讽刺、揭穿这种信仰。①

某部作品或某个表演，显得是如何创作的，常常很大程度影响到其审美特质和欣赏者的审美经验和审美兴趣。这包括艺术家创作艺术品的目的，关于他的态度、人格、心境的事实，也包括显然的身体性的缘由。比如，某个故事是否被意图为可笑或不可笑的，就很重要。如果故事讲述者试图让一个有着严肃的道德教诲的故事显得幽默，这样的印象可能会削弱这个故事的目的。一幅画以孩子的风格描绘，好像是一个孩子创作的，可能给予它一种魅力。在音乐演奏中，有撞击声、铿锵声、爱抚声、哭泣声，好像这些声音是被撞击、爱抚、哭泣等行为所作出的。暴力性的或温柔的声音似乎是暴力性的或温柔的事件。我们所听到的声音是产生于一个人的从容的行为，或他的重击、弯腰、呼喊等行为，和声音是某种物理性行为的结果，比如物体互相撞击、风呼啸等，这两种情况给我们不同的印象，影响到某部音乐作品的审美特质的呈现。如果印象是前者，我们会认识到音乐中有某种虚构性的人格。我们可以说，音乐是再现性的，再现或描绘了它们自己是某个类型的人所创作的。这里外显可能与事实不一致，某个作品所给予的关于其创作的印象可能不真实，但欣赏者常常对这种外显本身有兴趣。② 以上可见，关于风格，沃尔顿试图综合作品论和行为论，最终，他把作品风格归于作品看上去或显得是何种行为所作，而且，我们关于艺术家创作的知识和作品所产生其中的社会的知识，也有助于我们理解作品风格。关于艺术品的风格，美学家要么归于作品，要么归于创作者，沃尔顿另辟蹊径，把风格归于作品显现的似乎是创作者的行为

① Kendall L. Walton, *Marvelous Images: on Values and the Arts*, pp. 246 - 247.

② Kendall L. Walton, *In Other Shoes: Music, Metaphor, Empathy, Existence*, New York: Oxford University Press, 2015, p. 37.

方式，但问题是：1. 如果作品显现的行为方式与创作者真实的行为方式不一致，把风格归于前者是否有说服力？比如某个画家在创作的时候一贯保持冷静，但其画笔看起来激情澎湃，笔触强健有力，那么作家是什么风格？他的作品又是什么风格呢？2. 沃尔顿说自然物体没有风格，这个说法中肯吗？难道我们不能说黄山日落的风格或者泰山日落的风格，或者塔克拉玛干沙漠的风格和撒哈拉沙漠的风格吗？事实上，在日常用语中，我们也把风格用于自然世界。

我们在文艺批评实践中习焉不察的一种惯常做法是，以某种标签、类别或范畴把所批评的作品置入其中，沃尔顿提出范畴论仔细讨论这一问题，辨析这种批评方法的规则、价值和局限；对于虚构论这一分析美学的重要问题，沃尔顿对其中的虚构的本质、虚构的情感反应、虚构的真理等问题都提出了独创性的解答；在风格论中，沃尔顿把艺术风格归于艺术家显得如是的创作行为，在吸收前人的基础上对风格概念做了新的界定。审美特质、虚构和风格是当代分析美学的重要问题，沃尔顿对此贡献了自己的创新性观点。本文结合分析美学论述和辨析了沃尔顿的文艺思想，意图为中国文艺理论和美学界相关问题的研究提供思想参照。

【本文为 2023 年度湖北省高等学校哲学社会科学研究重大项目“分析美学与当代中国美学原理的建构”(23ZD251)阶段性成果】

（作者单位：三峡大学影视文化与发展研究中心）

学术编辑：张　冰

论杜威对绘画色彩美学的建构

——以《艺术即经验》为中心

申丽媛

内容提要 杜威批判性地吸收了古希腊罗马哲学家、夏尔·巴托、克莱夫·贝尔等人的绘画色彩美学思想，建构了自己的绘画色彩美学理论。杜威认为，色彩作为绘画的媒介，通过与所画之物融合为一，将物之个性与画家的经验表现出来。与克莱夫·贝尔将艺术看作"有意味的形式"的观点一致，杜威也十分重视色彩与线条、布局等绘画要素的组合，认为色彩在关系中才能成为形式。色彩因作为绘画的媒介以及在关系中成为形式而具有表现性，色彩的表现性在画家作画与观者赏画二者的同构关系中呈现。杜威对绘画色彩美学的阐发，丰富了色彩美学理论，既肯定了色彩作为绘画的媒介具有的再现性，也肯定了其表现性，在再现与表现的相融中建构了自己的绘画色彩美学体系。

关键词 杜威 色彩美学 绘画媒介 形式 表现性

引言

作为西方美学的一个分支，绘画色彩美学依附于美学史的发展而发展。色彩美学的发展历程，尽管目前还未被美学家当作独立的线索而建构，但在书写的美学史中，可以剥离出相关的思想观点。古希腊罗马时期，色彩美学思想主要分为两方面：一方面是毕达哥拉斯—柏拉图的"数""比例""和谐"观念影响下的色彩复合之美，另一方面是普罗提诺等人主张的单色之美。中世纪的圣托马斯·阿奎那进一步延续、发展了普罗提诺的单色之美思想，他将光纳入其中，之后牛顿的实验为光色理论找到了科学根据。文艺复兴时期的乔尔丹诺·布鲁诺认为美存在于物的成分和色彩间的和谐与协调之中，米开朗琪罗与达·芬奇等画家以其绘画实践“展现了以实体区分型思维在绘画上所能达到的最完美的色彩效果”①。而在启蒙运动时期，莱辛在《拉奥孔》中阐发的关于色彩的观点，则又回到古希腊时期艺术起源于“摹仿”的观念中，认为绘画是用空间形体和颜色摹仿物体，但他并没有因这种摹仿而贬低绘画艺术。18世纪，康德把颜色区分为单纯之色与混合之色两种，因他主张“审美无功利”而认为纯粹的单色是美的，混合的颜色因欣赏时产生的感觉的一律性被异质感觉所干扰和打断，因此不构成审美判断。② 同一时期法国美学家夏尔·巴托根据各门艺术具有的摹仿自然的同一原理，而将它们归结为美的艺术，并且认为，色彩是绘画艺术的媒介，从艺术摹仿的角度回应了古希腊哲学家与莱辛等人的艺术摹仿观点。除以上美学家对色彩美学做出的相关论述外，其他一些美学家也对色彩美学体系的建构与发展做出了十分重要的贡献。20世纪的哲学家、教育家、美学家杜威，在其著作《艺术即经验》中对绘画色彩美学有尤为重要的论说。本文试从色彩作为绘画的媒介、色彩在关系中成为形式以及色彩具有的表现性等方面，阐述杜威对绘画色彩美学的建构。

一、色彩作为绘画的媒介

18世纪的法国美学家夏尔·巴托在《归结为同一原理的美的艺术》中提出“美的艺术”概念，他在论述绘画艺术时，认为色彩是绘画的媒介：“各门艺术的共同对象应是对自然的模仿，而它们之间的不同则仅在于为实现模仿所运用的媒介（moyen）。绘画、音乐和舞蹈的媒介是色彩、声音和动作，而诗的媒介则是话语。”③在巴托看来，艺术是对自然的摹仿，可以以媒介的不同对美的艺术进行分类。绘画也是对自

① 张法：《形式美之“色”及其四大模式》，《艺术学研究》2021年第3期。

② 康德：《判断力批判》，邓晓芒译，杨祖陶校，人民文学出版社2017年版，第46—47页。

③ 夏尔·巴托：《归结为同一原理的美的艺术（节选）》，高冀译，《外国美学》第32辑，2020年，第6页。

然的摹仿，绘画的摹仿是通过色彩来实现的，色彩成为绘画摹仿自然的媒介。巴托在这里强调绘画在摹仿自然时色彩所充当的媒介作用。与巴托不同的是，美学家杜威尽管也认为色彩是绘画的媒介，但他关注的是色彩在画家的经验表现中所起的作用。

杜威指出，“没有颜色绘画就不能存在。”[①]杜威所认识的绘画，均是有色彩的，色彩是绘画的媒介。只有涂上颜色，画出来的作品才称为绘画，如果没有涂上颜色，就不能称其为绘画，他甚至说“色彩就是绘画”[②]。可见，杜威将色彩看作绘画中必不可少的要素。不仅如此，他还认为，色彩具有区分不同绘画类型的作用。在色彩中，能起区别作用的是颜料的性质，性质不同，画出来的画作类型就不同。例如，使用水调合颜料画出来的水彩画，就不同于使用植物油画出来的油彩画。[③] 这是说，颜料性质不同，画作的类型也不同，由此也说明了绘画是有色彩的，即色彩在各种不同类型的画作中所充当的媒介作用。当然，西方绘画中也有素描与速写等无色画，抛开这些绘画类型，仅就色彩而言，中西绘画存在较大的差异。中国古代绘画中不仅有设色画，还有水墨画，水墨画以墨来作画，即使没有涂上其他的颜色，作品也称为画作，并且在古代绘画理论中，与设色画相比，水墨画更能凸显物象的神韵。这是因为，水墨画的创作深受书法的影响，尤其讲究画家作画的动作，认为画家的“意”对墨的运作，更能凸显所画之物的神韵。尤为重要的是，在一些画论家看来，水墨画中的“墨”包含五色，即“运墨而五色具”[④]，也就是说，水墨画不是不涂抹上色，而是画中的墨已经包含五色了，不必再在外在形式上涂抹颜色。因此，就色彩而言，中西绘画有很大的不同，即在杜威和巴托那里，色彩是西方绘画艺术中不可缺少的媒介，但在中国古代绘画中，色彩并不如此，色彩仅是设色画的媒介，但不是水墨画的媒介。

杜威认为，色彩作为绘画的媒介，与所画之物融合为一体，能将物体之个性表现出来。“艺术家使用色彩来显示一个物体，并且是彻底地完成了对它的独特特性的描述，以至于使色彩与物体融合在一起。

---

① 杜威：《艺术即经验》，高建平译，商务印书馆2018年版，第227页。

② 同上，第229页。

③ 同上，第229页。

④ 张彦远：《历代名画记》，俞剑华注释，江苏美术出版社2007年版，第48页。

色彩成了物体的色彩，而物体的所有特性都通过色彩得到表现。”[①]在杜威看来，用色彩来画一个物体，能将物体的独特性全部描绘与表现出来，达到色彩与物体融合一体的程度，而这种融合能表现物体之个性。色彩与物体的融合，首先体现在色彩与线条之关系上。“一位画家用流动的线和颜色间的融合比起用极分明的轮廓可以更细致地表现个性。”[②]这是说，线条与颜色间的融合，可以更加细致地凸显物体个性。为何线条与色彩之间的融合比极为分明的轮廓能更加细致地表现个性？杜威并没有详细论述，可以补充之。分明的轮廓，描绘的是所画之物的外在轮廓，是框定物体的大小与位置的，它无法表现物体的个性特征。例如，用线条画出的两个相同的长方形，它们的外在轮廓是分明的，但却无法从外在轮廓中区别二者的个性，需要对轮廓线之内的部分涂上不同的色彩，即每一个长方形之中涂上一种或多种颜色，观者可以以色彩的不同，来区别两个长方形。因此，线条与色彩间的融合而不是外在轮廓，更能细致描绘物体的个性。

然而，在杜威看来，强烈的视觉方式也有一定的局限性，即色彩的断裂与模糊不清不能清楚地表达物体与画家之关系。[③] 杜威指出，英国诗人兼画家布莱克反对使用断裂的色彩绘制画作，主张使用明确、清晰且精细的轮廓线来表现艺术作品，认为明确、清晰和精细的轮廓线是决定与限制性形式，是证明艺术家心灵思想的东西。[④] 杜威引用布莱克的观点表明，断裂的色彩及其模糊的融合，虽能引起人的视觉刺激，但却缺乏想象力、缺少思想，且不清晰的轮廓线，给人的感受也是模糊的。换言之，清晰的轮廓线与连续的色彩，才能清晰地画出物体，进而表现画家的思想。布莱克关注的是物体与画家之关系，与杜威所说的线条与色彩间的融合能更细致地表现物体之个性暗合，即物体与画家之关系，以连续且清晰的视觉方式进行表现。

杜威对色彩何以成为绘画媒介的阐述，与其“艺术即经验”的主导思想相一致。杜威在第四章《表现的动作》中认为，呈现出来的动作因运用媒介而具有表现性意义，即通过媒介动作成为“表现的动作”，“正

---

① 杜威：《艺术即经验》，高建平译，第 236 页。

② 同上，第 238 页。

③ 同上，第 239 页。

④ 同上，第 239 页。

像一位画家使色彩变成表现一个想象的经验的手段一样"[1]。杜威以色彩作为例子指出,画家用手与眼作画这一动作缺乏媒介而不具有艺术性,只有对绘画填充色彩——色彩用作媒介,画作才是表现画家经验的手段,才能成为艺术。杜威对色彩成为绘画的媒介的过程做了深入阐述。他以画家使用色彩作画为例,说明色彩本身不具有意义,而是通过画家作画这一过程,变成"表现一个想象的经验的手段"——色彩成为表现画家经验的手段,从而成为绘画的媒介。并且,在杜威看来,绘画带有画家个人的经验性,通过色彩这一媒介,不同的绘画能传达不同的经验效果。"不同画家所作的画之间的区别,不仅是由于对色彩本身的敏感性以及处理技巧的不同,而且是由于进行这种思考的能力的不同。"[2]不同的画家所作的画是不同的,画的不同主要表现在色彩的差异上;而色彩的不同,不仅由于画家对色彩的敏感性与处理技巧不同,也由于画家不同的主观思考能力。换言之,画家对色彩的敏感性,指导画家使用色彩而不是其他的媒介去创作;画家的主观思考能力控制其眼与手对绘画材料的使用——不同的思考能力对材料的掌握是不同的,进而呈现的色彩也有差异,而这种带有差异性的色彩成为表现画家经验的手段,是画家经验传达的媒介。

杜威不仅将绘画呈现的色彩看作是对自然的摹仿,还将画家对色彩的处理技巧及其思考能力纳入考察的范围,认为绘画作为艺术之一种,以色彩展现绘画的美。"艺术家以他工作用的媒介种类本身来思考,他的手段与他所制作的对象是如此接近,以至于使前者直接融入后者之中。"[3]因此,他以洛克的"第二属性"的例子,说明色彩是"对象所具有的在我们身上产生感觉效果的力量"[4]。也就是说,观者无须将情感投射到绘画之中,绘画因画家的创作而带有情感的力量,观者通过观看产生感觉,这一过程以作为绘画媒介的色彩来实现。

---

① 杜威:《艺术即经验》,高建平译,第73页。

② 同上,第53页。

③ 同上,第17—18页。

④ 同上,第18页。

二、色彩在关系中成为形式

20世纪“形式说”的代表人物克莱夫·贝尔及罗杰·弗莱提出了“有意味的形式”,这一概念产生了深远的影响。贝尔在《艺术》一书中指出:“在各个不同的作品中,线条、色彩以某种特殊方式组成某种形式或形式间的关系,激起我的审美感情。这种线、色的关系和组合,这些审美的感人的形式,我称之为有意味的形式。‘有意味的形式’,就是一切视觉艺术的共同性质。”[①]在贝尔看来,不是对象的形象,而是对象向我们展示的组合关系,激发了我们的审美情感,而这些“在审美上打动人的形式”是一种“有意味的形式”。贝尔对色彩与形式之间的关系做了进一步说明:“形式与色彩是不可能截然分开的;不能设想没有颜色的线,或是没有色彩的空间;也不能设想没有形式的单纯色彩间的关系。”[②]贝尔所说的形式,包含色彩与线条的组合关系,而色彩之间的关系也包含在形式中,当这种形式在审美上打动观者的时候,就成为“审美的形式”。可见,贝尔十分重视色彩与其他因素在视觉艺术中组合而成的关系,即重视形式在艺术中所起的作用,以及它在审美上打动观者而具有的意味。杜威也重视色彩与其他因素的组合关系,认为不能孤立地考察绘画中的色彩。

关于形式,杜威在其与形状产生审美效果的不同因素的对比中做了考察。他认为,形式与形状是不同的,“形状只是审美形式中的一个因素,而不构成审美形式”[③]。“与认知有关的形状并不局限于其几何学与空间的特性”,只有与功能联系在一起,并起促进视觉的作用,形状的审美效果才能产生。[④] 杜威认为无论适用于何种目的,形状如果不能满足视觉的要求,就不能产生审美效果。可以说,杜威的观点,强调了形状的视觉需求在产生审美效果的过程中的重要作用。在形状与形式的区别中,杜威又引入了质料和材料与形状和形式的关系,他

---

① 克莱夫·贝尔:《艺术》,马钟元、周金环译,中国文联出版社2015年版,第4页。

② 同上,第6页。

③ 杜威:《艺术即经验》,高建平译,第132页。

④ 同上,第132—134页。

认为，形状与质料相对，形状是理性的、可理解的、永恒的，质料是非理性的、变动的、混乱的；质料不充分地被形式化，而材料被完全而一致地形式化。[①] 在杜威看来，质料与形状、材料均是不同的，质料与材料二者的不同在于是否被充分地形式化。与形状一样，形式也具有功能性，但这种功能适用于特殊的用途，即与"生命力的经验的目的"相关。[②] 换言之，对象的形式不仅适合于具体的目的，并且还服务于"生命力的经验的目的"。关于"生命力的经验的目的"，杜威没有详细论述，但根据《艺术即经验》一书中有关"经验"的论述，可以做如下分析：第一，它是经验性的；第二，它是有生命力的；第三，它是一种目的。具体来说，形式的产生并不仅是满足一些功能，而且还需要满足活物的经验，这种经验是具有生命力的，能将创作者与欣赏者的经验联系起来，即从一端传输到另一端，从而产生流动性。因而，是否具有功能性，并不是形状与形式的区别因素，起区别作用的是它们产生审美效果的因素：形状产生审美效果，除满足具体的目的之外，还需要对视觉起作用；形式则与之不同，它不仅满足于具体的目的，也能达到"生命力的经验的目的"。形式就在与形状产生审美效果的不同因素中相区别。

就绘画而言，杜威认为，形状与图案、色彩、空间、光线等相互渗透，达到一种混合的完满状态，才成为形式。换言之，一幅画的制作与欣赏，均要注意光、平面、色彩等有结构的使用关系。[③] 他所说的光、平面、色彩等有结构的使用关系，继承并发展了毕达哥拉斯—柏拉图所说的比例、和谐等思想传统。在古希腊时期，哲学家们主张色彩的复合之美，从毕达哥拉斯到柏拉图，再到亚里士多德，他们认为色彩之美不是颜色的单一，而是多种颜色的有序组合，是多种颜色按照一定的比例与秩序组合在一起的。可以说，色彩美是一种杂而有序的状态，这种状态反映了事物本质的理念主导，即在理念的主导下，呈现于外的东西有序地排列组合，才能呈现美，而丑则是无序组合。也就是说，色彩之所以美，是因为一些颜色的组合让人赏心悦目，有些色彩之所以不美，或是说丑的，是因为颜色没有做到和谐统一，从而给人一种杂

---

① 杜威：《艺术即经验》，高建平译，第134—135页。

② 同上，第135页。

③ 同上，第363页。

乱无序的丑的感受。有学者总结道，无论是毕达哥拉斯，还是柏拉图，亦或是亚里士多德，他们都主张审美是对数量关系与原型的感知与反思。[①] 这一观点不仅针对自然之物而言，也适用于艺术创造。可见，无论是自然之物还是艺术创造，若想呈现美的状态，都必定要遵循这一规则。

杜威所说的绘画的制作与欣赏，不仅要考虑到色彩之间的复合之美，而且还要强调色彩与其他因素之间的关系。他认为："将一种感觉的性质，例如色彩或音调从关系中孤立开来；孤立出纯形式成分"，是一种"约简谬误"。[②] 色彩从关系中孤立开来，即单独考察色彩的纯形式，不是研究艺术的正确途径，他反对在绘画中孤立地看待色彩。换言之，色彩不能孤立出其纯形式的成分，要放在关系之中进行考察，而这种关系，既包括色彩与色彩之间的关系，又包含色彩与线条、布局等其他方面之关系。在考察形式之间的关系时，要关注它们之间的相互影响，将注意力集中在"它们的冲突与联合、实现与受挫折、推动与被阻碍、相互刺激与抑制的方式之上"[③]。可以说，杜威所说的在关系中考察色彩，已经不仅仅如古希腊时期在比例与和谐中考察色彩间的关系了，而且还要关注其与线条、布局或其他因素之间的关系。实际上，关系不仅是和谐的，也充斥着冲突与抑制，但只有在和谐的关系中，色彩才成为形式。

杜威认为，当色彩与色彩或色彩与其他因素之间处于一种和谐的关系时，能给人一种整体的感觉。杜威引用马蒂斯作画时使用的建立颜色与颜色之间关系的例子，说明色彩之间的和谐，不会使人产生知觉上的混乱："当色块得到平衡，色彩间和谐，线与平面合适地相交与相切，知觉就会连续，以把握住整体，并且每一个后续的动作都会对前一个动作起加强作用。甚至一眼瞥去，也会有一种质的整体的感觉。于是，就有了形式。"[④]这是说，只有当色块的组合达到平衡时，才会给人一种整体的感觉，由此，色彩与其他因素在关系中构成一种形式。构成形式的颜色与颜色之间的和谐关系，给人的感觉也是和谐统一的。

在绘画中，若要达到颜色之间的和谐，需要注意颜色的分布情况。

---

① 刘旭光：《审美中的"完美判断"及其终结》，《学术月刊》2019 年第 6 期。

② 杜威：《艺术即经验》，高建平译，第 364—365 页。

③ 同上，第 156 页。

④ 同上，第 159 页。

关于色彩的和谐分布，杜威指出，要注意色彩间的互补色、前景与后景、中心与边缘的对比。他说："在现代绘画中，明暗关系与对比的必要性不是通过使用棕色与褐色的光影，而是使用本身就很明亮的原色来实现的。"①不仅棕色与褐色这种色彩较暗的颜色能突出明暗关系，本身就很明亮的原色也能实现这种对比，明亮原色的对比，需要将颜色放置在与其同样明亮的原色之中，通过颜色之间的亮度，来保持能量的对称性。原色之间的对比，不仅能促使色彩的和谐分布，并且在这种对比中，颜色才成其为颜色。因而，杜威才说，在色彩环境中，被取出来的颜色就不再是原来的颜色了，颜色需要放在它与其他颜色的对比中，颜色之间的关系是辨别颜色本身的关键。②

总之，与线条相比，色彩不具有稳定恒常性，色彩因光线与其他条件的改变而改变，其不稳定性给人带来的感知也是有差异的。因此，杜威认为，需要在与其他条件构成的形式关系中考察色彩带给人的感受。画家在运用作为媒介的色彩作画时，一方面要注意颜色的分布情况，保持画作色彩的和谐，另一方面也要注意色彩与线条、画面布局等的组合，在构成的形式关系中考察观者产生的审美感受。

三、色彩具有表现性

杜威对色彩表现性的考察，则是在艺术经验中色彩被赋予意义这一角度来阐述的。色彩的性质不具有稳定性，但其被赋予的意义在一定条件下却具有固定性，以此强调色彩的表现性，排除了色彩变化的变量因素。色彩之所以具有表现性，是因为色彩是画家作画的媒介，带有画家的个人经验，观者观看色彩，在看的冲动中被感染，色彩在画家作画与观者欣赏二者的同构关系中产生意味，从而具有表现性。

在杜威看来，色彩之所以具有表现性，是因为作为绘画媒介的色彩与审美效果是融合的。③ 画家作画时的动作与画笔、颜色融合且统一在画作中，它们之间的统一，形成了画家作画的笔触，笔触灌注了画

---

① 杜威：《艺术即经验》，高建平译，第183页。

② 同上，第263页。

③ 同上，第231页。

家个人的思想情感，是构成画作的全部力量，观者在欣赏画作时，因这种笔触的力量，产生了审美感受，由此色彩才具有表现性。其中，色彩因为是绘画的媒介，是画家作画时使用的要素，必定包含画家个人的经验，具有使观者产生审美感受的力量。可以说，艺术家个人的想象、思想在艺术创造中，尤其重要。正如杜威所说，想象性的材料要想形成一件艺术品，“它必须根据作为一个表现媒介的色彩来构思。浮动的意象与舞蹈的感觉必须被翻译成空间、线条和光与色分布的节奏”①。这里充分说明了色彩作为绘画的媒介所蕴含的想象性的内容，色彩是想象的载体，想象的内容以色彩、空间、线条等来表现。同时也表明，作为绘画媒介的色彩，加入了画家个人的主观思想，不再是对自然的简单再现。

绘画中的色彩具有表现性，使色彩的媒介作用得到强调。杜威说：“在一幅画中所看到的颜色源于对象，而不是源于眼睛。这个原因就足以使它们在情感上甚至具有一种催眠性的力量，从而具有意味或表现性。”②画作上的颜色，不是因人的眼睛观看而存在，而是画家画上去的，是画作拥有的东西。画家将自己的经验倾注在色彩的绘制上，产生的色彩便带有了画家的经验。杜威认为，正是这一原因，色彩在情感上才能给人以感染力。这是色彩作为绘画媒介而具有的表现性的体现。色彩的表现性，与杜威在《艺术即经验》一书中所说的“表现”的含义一脉相承。比厄斯利对杜威所说的“表现的动作”与“表现性对象”中的“表现”给予了关注，认为杜威所说的“表现”与普通的情感流露不同，它是有意识地把握意义，并且通过作为媒介的材料表现出来，由此所产生的情感是审美性的。③ 画作中的颜色通过颜料表现出来，观者用眼睛观看，带有画家经验的色彩就被感知到了，色彩就成为“有意味的色彩”。

色彩具有表现性，肯定了画家作画时其经验的可传达性，但在杜威看来，这并不否定人们观看颜色时看的冲动所起的作用。杜威说：“我们在意识中经验到颜色，是因为看的冲动在起作用。”④人们看的主

① 杜威：《艺术即经验》，高建平译，第 320 页。

② 同上，第 143 页。

③ 门罗·C.比厄斯利：《美学史：从古希腊到当代》，高建平译，高等教育出版社 2018 年版，第 569—571 页。

④ 杜威：《艺术即经验》，高建平译，第 296 页。

动性促使颜色被感知到，因此在考察颜色被经验的过程中，应该将人的冲动放在第一位，把感受放在第二位，而不是像传统心理学所说的将感受放在第一位，冲动放在第二位。杜威认为："在审美对象中，强烈的感性性质占据着主导地位，这本身，从心理学上说，就证明了欲望的存在。"[①]人在经验到颜色并产生一定的感受之时，是有内在的欲望冲动的，自我意识的冲动"等待积累、合并与消化具有亲和性的客体材料"[②]。换言之，人观看颜色，虽然是眼睛在观看，但颜色促使人产生了感受，这一"看"并产生感受的过程，是有内在冲动的，即人不是被动地接受，而是人的知觉主动对颜色做出反应，观者观看颜色所产生的感受是这种反应的结果。杜威的观点否定了康德的审美静观说，即杜威并不认为人对对象的观看是一种与欲望无关的行动，认为康德的审美无功利性"不仅忽略了与艺术生产有关的做与造的过程（以及相应的在欣赏反映中的积极因素），仿佛它们与此无关，而且陷入一种极端片面的关于知觉性质的思想之中"[③]。可以说，杜威对颜色的感知过程的阐述，与其"一个经验"的思想是一致的，即色彩具有的表现性，是画家将其经验灌注在色彩中，而观者观看受其看的冲动，正是在这种"做"与"受"二者的结合中，色彩才具有了表现性。

与杜威对色彩的关注角度不同，格式塔心理学美学家鲁道夫·阿恩海姆注重色彩带给人的不同的心理感受，他在《艺术与视知觉》一书中辟专节论述了色彩的表现性。阿恩海姆指出，色彩的亮度和饱和度会对人的态度和情绪产生影响："主动的色彩能够产生出一种'积极的、有生命力的和努力进取的态度'，而被动的色彩，则'适合表现那种不安的、温柔的和向往的情绪。'"[④]主动的色彩与被动的色彩均是混合色，混合色产生的能动作用较为强烈，给人的感觉能产生"动态效果"。歌德与康定斯基对此也做了关注。他们认为，红黄色能够唤起人的力量，增加人的活力，激起人的欢乐、胜利的情绪，而红蓝色则使人趋向安静。[⑤] 除此，阿恩海姆还考察了非混合色带给人的心理感受。他指

---

① 杜威:《艺术即经验》，高建平译，第296页。

② 同上，第297页。

③ 同上，第294页。

④ 鲁道夫·阿恩海姆:《艺术与视知觉》，滕守尧等译，中国社会科学出版社1985年版，第469页。

⑤ 同上，第469页。

出，与混合色相比，非混合色的表现力只能处于中等程度，“这些具有中等程度的表现力的色彩，其特点是淡漠、空虚、平衡、严肃、安静等”①。例如，非混合色中的黄色给人一种愉快的、软绵绵的感觉，蓝色给人一种空虚的和冷酷的感觉。由此，他认为，非混合色具有较弱的表现力，而混合色则具有强烈的能动性与表现力。可见，杜威对色彩表现性的论述与阿恩海姆对此的关注是不同的：阿恩海姆关注的是色彩及其变化带给人的不同情绪感受，而杜威关注的是画家画出的色彩在观者欣赏之后产生的表现性；阿恩海姆关注色彩对观者情绪产生的影响，而杜威关注的是作画与赏画二者之间的连续性；阿恩海姆以科学的方法研究色彩对人的心理、情绪产生的影响，杜威尽管没有以科学理论作为色彩研究的基础，却努力建构自己的绘画色彩美学体系。

正如杜威对色彩具有表现性的论说与阿恩海姆对此的关注角度不同一样，杜威对色彩的表现性的相关阐述，与当时其他表现论的美学家的观点也有差异。以克罗齐与科林伍德为代表的表现论者，强调艺术形式具有表现性，但这种表现性更多地关注创作者的情感表现，或观者对此的感知，忽略了二者之间的连续性。也就是说，他们并未将创作与观赏二者的情感传达与感知放在连续性的过程中进行考察，而这正是杜威特别关注之处。杜威将画家作画的经验表现与观者赏画的主动感知二者结合起来，即重视二者的连续性，是对表现理论的重要贡献。总之，在杜威看来，画家通过作为绘画媒介的色彩将经验传达，观者在看色彩时，由于内在的冲动而感知到这一经验，由此，色彩便具有了表现性——色彩的表现性在经验的连续中得到体现。

结语

综上，杜威批判性地吸收了夏尔·巴托、克莱夫·贝尔等美学家有关色彩美学的理论，并将之融入自己的绘画色彩美学理论之中。杜威对夏尔·巴托“美的艺术”理论的采用，肯定了色彩作为绘画媒介的再现性，但这种再现不是对自然的简单摹仿，而是关注画家的经验在其中所起的作用；对克莱夫·贝尔“有意味的形式”理论的吸收，是为

① 鲁道夫·阿恩海姆：《艺术与视知觉》，滕守尧等译，第470页。

了说明色彩在与其他条件或因素的关系中成为形式的观点。不同于以科学为基础的阿恩海姆等人的色彩美学理论，杜威建构的绘画色彩美学与其“艺术即经验”的主导思想密不可分。杜威将色彩的绘制与欣赏建构为一个完整的经验，注重色彩在经验性的活动中表现出来的意义。杜威建构的绘画色彩美学，丰富了色彩美学的内容，是研究色彩美学不可忽视的重要理论。

（作者单位：深圳大学人文学院）

学术编辑：李素军

勒内·基拉尔的复影概念与欲望美学

程庭辉　胡　镓

内容提要　在勒内·基拉尔的欲望摹仿理论中，“复影”(double)是一个贯穿始终的概念。基拉尔综合了黑格尔哲学中的“主奴辩证法”，心理学、精神病学中的幻觉(hallucinatory)和镜像(an image in the mirror)说，以及古希腊神话中的神怪同体概念，赋予了“复影”这一术语极为丰富的意涵。该语词也成为解读基拉尔欲望美学的一把钥匙，对于演绎欲望摹仿的方式、摹仿欲望动力机制的生成、摹仿欲望机制中欲望主体与欲望介体之间相互依存与竞争的辩证关系有重要的意义。在基拉尔的解释框架中，他以此为基础揭示出社会中暴力文化的根源，追溯宗教仪式中替罪羊和救世主是如何形成的，揭示神话仪式对迫害关系的掩盖行为，为解读神话、宗教仪式和文学提供了新的视角。

关键词　基拉尔　欲望摹仿　复影　欲望美学

莎士比亚在《鲁克丽丝受辱记》中，讲述了这样一个故事：罗马的诸王子和贵族去围攻阿狄亚城。一天晚上，众将在王子塞克斯图斯·塔昆纽斯的营帐里聚会，闲谈起他们的妻子。其中柯拉廷努斯盛赞其妻子的贞淑美艳，以至于王子塔昆纽斯听闻后，晚上骑马离开营地去了柯拉廷宅邸并奸污了这个女人。[①] 故事的吊诡之处在于，塔昆并未亲睹鲁克丽丝的芳容，仅凭耳闻柯拉廷的百般赞颂就淫欲熏心。法国人类学家、美学家勒内·基拉尔(René Girard)认为，在古罗马历史学家李维(Titus Livius)《自建城以来》的原始叙述中，塔昆先看到了鲁克丽丝，继而对其产生非分之想。若将李维的论述与莎士比亚的改编两

① 莎士比亚：《莎士比亚全集》(六)，朱生豪等译，人民文学出版社1994年版，第431页。

相对比,深谙欲望之道的莎士比亚明显有意做出了改动——莎士比亚让塔昆在尚未得见鲁克丽丝之前,就燃起了对自己部下家眷的欲望。基拉尔注意到,塔昆是被鲁克丽丝丈夫的描述,而非直接为鲁克丽丝的形象本身激起了欲望。在基拉尔看来,塔昆对鲁克丽丝的欲望是摹仿性的。在这一过程中,欲望的主体塔昆,通过欲望的介体柯拉廷努斯燃起对鲁克丽丝的欲火。正是因为注意到这一点,基拉尔在《欲望之火》一书中,赞叹莎士比亚为懂得"欲望摹仿的诗人",认为只有莎士比亚在西方正典中真正从理论上彻底理解了欲望摹仿的真相,他的作品集就是一个巨大的摹仿欲望剧场。《仲夏夜之梦》中两个男人因为他们眼中的"爱情汁液"突然爱上了同一个女孩,"倒霉啊,选择爱人要依赖他人的眼光!"——这句重要台词正说明了欲望的产生与欲望主体对他人欲望的摹仿、嫉妒之间的密切关联。而这样的关联,与不同欲望主体之间的矛盾冲突又有着因果关系。①

一、从摹仿美学到欲望美学

近年来,基拉尔的多部著作在国内得到译介。他的"欲望摹仿理论""替罪羊模式"等理论概念也逐渐为国内学界熟知。② 基拉尔认为,浪漫主义及现代主义某些流派认为欲望是自主的、个人主义的,这掩饰了欲望的摹仿性,因此是谎言的代名词。对此,他以大量作品来例证这一观点:又矮又胖的桑丘想要到海岛当个总督,幻想老婆可以坐上轿子,并让女儿获得女公爵的头衔,嫁给青年才俊,他的欲望是从堂吉诃德身上摹仿得来。而堂吉诃德想要做个行侠仗义的骑士,则又是从骑士小说里的阿玛迪斯身上摹仿得来。《神曲》中的保罗和奥兰齐思嘉被朗斯罗和王后迷惑了,朗斯罗和王后被加列奥迷惑了,而浪漫

---

① Cynthia L. Haven, *Conversations with René Girard: Prophet of Envy*, London: Bloomsbury Publishing Plc, 2020, p.102.

② 目前国内翻译出版的基拉尔著作有《浪漫的谎言和小说的真实》,罗芃译,北京大学出版社,2012 年出版;《欲望几何学》,罗芃译,华东师范大学出版社,2016 年出版;《替罪羊》,冯寿农译,东方出版社,2002 年出版;《莎士比亚:欲望之火》,唐建清译,南京大学出版社,2021 年出版;《双重束缚——文学、摹仿及人类学文集》,刘舒、陈明珠译,华夏出版社,2006 年出版;《祭牲与成神》,周莽译,生活·读书·新知三联书店,2022 年出版。

派则被保罗和奥兰齐思嘉迷惑了。经过对众多欧洲文学史上经典作品的考察,基拉尔得出一个结论:欲望的摹仿具有普遍性。

在这个洞见的基础上,基拉尔向前回溯。他指出,源于柏拉图,经过亚里士多德发展的"摹仿说"尽管看见了摹仿行为中的分裂和冲突,却总把内在的人类行为——即欲望活动——排除在摹仿之外。而且此后的论述者在美学和教育理论中对"摹仿"概念的理解都强调其积极意味,进而难以避免地表现出某种片面性。[①] 伴随着这种思路,基拉尔进一步指出,马克思以经济作为重要的基础,弗洛伊德则相信性本能的基础地位,二者都将摹仿欲望局限在人类活动的某个特定方面。例如,弗洛伊德关于"俄狄浦斯情结"的论述在基拉尔看来之所以不尽如人意,是因为倘若恋母情结被假设为对母亲的自发的、独立的欲望的话,那么孩子对父亲的这种爱恨交织的神经质矛盾心理就不能被完美解释:因为父亲占有了母亲,成了孩子恋母的阻碍,所以"弑父"心理尚可理解;但孩子对父亲的"眷恋"之心却成了弗氏推理中薄弱的一环——只有将欲望纳入"摹仿—竞争"机制,这种矛盾心理才能真正迎刃而解:母亲不是"因为她本身"而唤起欲望,而是因为她是父亲的欲望对象,孩子爱着父亲并摹仿他,作为欲望客体的母亲也就失去了独立的价值。此外,这还意味着父亲不是乱伦禁忌的化身。基拉尔自诩摧毁了"俄狄浦斯情结"大厦的两根支柱。

在欲望摹仿理论的视野下,基拉尔发现莎士比亚、陀思妥耶夫斯基、福楼拜、普鲁斯特等作家不断重复着同一主题:欲望的摹仿。在欲望的摹仿机制中,主体的欲望并非直接对应客体(或言被欲望的对象),而是以三角形的偏斜路线投射于介体,之后方能与欲望客体建立联系。因此,欲望主体实际上是在摹仿欲望介体,介体既是欲望的摹体,又构成了欲望主体实现其欲望的障碍。欲望主体与介体针对同一对象的竞争导致了二者之间不可避免的冲突。[②] 在群体的欲望摹仿中,替罪羊机制亦随之成为宣泄和纾解群体暴力的出口。群体为了开脱集体暴力,掩盖罪行,遂将牺牲神圣化,编纂出神话和仪式来解释牺

---

① René Girard, *"To Double Business Bound": Essays on Literature, Mimesis, and Anthropology*, Baltimore and London: The Johns Hopkins University Press, 1978, p.7.

② René Girard, *Deceit, Desire and the Novel Self and Other in Literary Structure*, trans. by Yvonne Freccero, Baltimore, Maryland: The Johns Hopkins Press, 1965, pp.5–7.

牲或谋杀的合法性,替罪羊兼具"有罪"和"赎罪"的二重性,从被驱逐变为被赋予了神性的救世主。

尽管针对这一理论,国内学界已有一定介绍和分析,近年也不乏运用该理论针对具体文艺作品展开的阐释实践,但若细读基拉尔,我们不难发现,有一个关键语词贯穿基拉尔欲望摹仿理论的始终,且该语词对应的概念尚未得到足够的重视和完整的总结,这个概念就是"double"。该词意涵丰富,用法多样,在欲望摹仿理论中尤其有着奠基作用,这个关键概念揭示了在欲望摹仿机制中的主体和介体是如何相互摹仿,却又相互冲突,以至于形成复杂的双重摹仿和双重束缚的关系。最终,这种关系以一种怪异的方式引发冲突和暴力。

无论是在法语还是在英语中,"double"一词均具有相似的、丰富的含义。英语"double"由古法语"doble"或"duble"演变而来,均导源于拉丁词汇"duplus",意为"折叠"。① 正如《双重束缚》一书的译者指出,"double"一词,含义丰富,用法灵活。作为形容词,具有"两倍的""双重的"之意;作为名词,有"两倍""加倍""相似者"之意;作为动词,也有"加倍""重复"等意义。② 基拉尔的欲望摹仿理论将"double"一词的丰富用法发挥到极致。例如作形容词时,有双重之意:double mediator(双重中介)、double binds(双重束缚);作动词时,有加倍之意:the mimetic doubling(摹仿加倍);作名词时,表达摹仿的主体和介体二人那种极为相似、如影随形的关系:the relations of doubles(复影关系)、the monstrous double(怪异的复影)等。

黑格尔在《精神现象学》中论述自我意识和另一自我意识相联系时认为:"所以这个运动完全是两个自我意识的双重运动。每一方看见他者做它所做的同样的事;每一方自己做他者要求它做的事,因而也就做他者所做的事,而这也只是因为他者在做同样的事;单方面的行为是不会有什么用处的;因为要做的事情只有通过双方才能实现。"③这里显示的双重性正是一个双重欲望(double desire)的过程:一个渴望和摹仿另一个。

"double"的名词用法,国内学者有翻译为"捉对竞争者",表示相

---

① 见网络版 Word Origins Dictionary, https://www.quword.com/etym/s/double.

② 勒内·基拉尔:《双重束缚——文学、摹仿及人类学文集》,刘舒、陈明珠译,华夏出版社 2006 年版,第 13 页。

③ 黑格尔:《精神现象学:句读本》,邓晓芒译,人民出版社 2017 年版,第 117 页。

互摹仿的两个人那种相似又竞争的关系,类似体育比赛中那种捉对厮杀似的共同投入;[①]亦有译作"双重形象"者,"指酷似的人,或由两个相等、相同、相似的部分组成的东西"[②];或是译作"分身",喻指另一个相似的自己。[③] 笔者酌译为"复影",意谓双方互相摹仿、竞争,如形影不离,始终难以摆脱。精神病学家欧奥里安(Jean-Michel Oughourlian)与基拉尔对话时指出,传统意义上的"double"一词被用来指弱小的反射,镜子中的影像、鬼魂等。霍夫曼等一些浪漫主义作家,以及弗洛伊德等精神分析学家在一些病人身上发现他们所说的幻觉性双重人格都忠实于这种用法。[④] 这里提到的幻觉性双重人格,当是指弗洛伊德在1919年的论文中论述霍夫曼的小说《魔鬼的长生药》时阐述的恐怖感(Das Unheimliche),弗洛伊德反驳了传统观点认为恐怖感是由陌生的、新奇的、不确定的事物造成的,相反,它由使人联想,产生莫名恐怖的某种过去熟知或长期熟悉的事物引发。"double"便是这个看起来与主体很像,拥有相同的知识、感受和经验的人。于是主体将自身等同于他人,以至于他的自我混乱了起来,或者用这个外来的"自我"替代他自己。[⑤] 拉康在探讨这一概念时认为,"double"类似镜中的影像,是自我意识的支撑,在此基础上建构我所认为的自己。只要我把镜子里的这个图像或异质的幻想代入自己,我就与"自己"相异化了。[⑥]

基拉尔则试图赋予"double"更为丰富的内涵——尽管"double"有幻觉成分,但是不能完全把这种经验视为和镜子玩耍的幻觉游戏,否则它们在人际关系中便没有了基础。之所以把欲望摹仿中的一方作幻觉解读,是"为了不承认摹仿伙伴与自己完全相同这一事实和他自

---

① 勒内·基拉尔:《双重束缚——文学、摹仿及人类学文集》,刘舒、陈明珠译,第13页。

② 勒内·基拉尔:《莎士比亚:欲望之火》,唐建清译,南京大学出版社2021年版,第52页。

③ 勒内·基拉尔:《祭牲与成神》,周莽译,生活·读书·新知三联书店2022年版,第118页。

④ René Girard, *Things Hidden since the Foundation of the World*, trans. by Stephen Bann, California: Stanford University Press, 1987, p.300.

⑤ 西格蒙德·弗洛伊德:《论创造力与无意识》,孙恺祥译,中国展望出版社1986年版,第141—143页。

⑥ 雅克·拉康:《拉康选集》,褚孝泉译,华东师范大学出版社2019年版,第85—88页。

己最终的失败而玩的花招”[①]。过去无论是文学家还是精神分析学家，他们的观点建立在差异上，不能容忍复影同一性，一切仍然建立在继承自浪漫主义个人主义的原则之上，均把“复影”视为自我分裂，是微弱的、幻觉的虚像，并非一个实体，毫无意义。基拉尔则把复影作为实在的个体来呈现，那些精神的疯子看见了幻觉的复影，是因为他太接近真相。基拉尔认为“double”广泛存在于文学和人类学等学科之中，是人类社会普遍的现象，这不仅是因为欲望摹仿中的主体和介体真实存在，而且在摹仿过程中，主体与介体复杂又怪异的关系产生了现实的嫉妒、攀附、冲突、暴力，尤其是在宗教仪式中的替代牺牲也是实在的。正如列维-斯特劳斯说：“神话和仪式远非人们常常说的那样是人类背离现实的‘虚构机能’的产物。”[②]

二、从欲望的摹仿到复影的形成

基拉尔注意到，主体的欲望并非先验地、内在地、自发地存在于主体之内，而是产生于某种关系之中。他以《红与黑》为例指出，于连来到德·雷纳家用餐时，表现得只愿与主人同桌，不愿意与仆人共餐。基拉尔认为这种虚荣的欲望是司汤达从卢梭的《忏悔录》里借来的；基拉尔也注意到，爱玛头脑中充斥着浪漫主义文学的女性人物，而这些，是从她阅读的浪漫主义小说借来的。在表示摹仿双方的完整关系时，基拉尔使用“复影关系”(relation of doubles)来阐释，这一关系的形成可以从基拉尔的著作中大致总结为三个阶段。

起初是双重中介阶段(double mediator)，即欲望的摹仿者(imitator)与摹体(model)相互摹仿，互为介体，这种欲望的中介分为内中介和外中介。当距离足以消除主体与介体的干扰和竞争，这就是外中介。如《红与黑》中于连摹仿拿破仑的英雄的愿望，不仅是因为他渴望获得军事荣誉，而且因为他相信勾引周围的女人是他的职责，引诱她们的所有阶段都变成军事对抗和胜利；再如《追忆似水年华》中的

① René Girard, *Things Hidden since the Foundation of the World*, trans. by Stephen Bann, p.302.

② 列维-斯特劳斯：《野性的思维》，李幼蒸译，商务印书馆 1997 年版，第 22 页。

作家贝戈特是小说家，马塞尔也希望成为一名作家；贝戈特很欣赏女演员贝尔马，年轻的叙述者也渴望看见她的表演。当这个同样的距离被充分缩小，允许这两个领域相互渗透时，这就是内中介。《红与黑》中，雷纳先生决定聘请于连担任孩子的家教，因为他相信当地的竞争对手瓦尔诺先生也打算这样做。后来，瓦尔诺试图亲自雇佣于连，因为于连现在正受雇于雷纳。对两人来说，于连的价值取决于对方眼中年轻导师的吸引力，而非直接因为其天赋或工作能力。对此，基拉尔特别指出，衡量介体和欲望主体之间差距的不是物理空间，尽管空间距离可能是一个因素，但介体和主体之间的距离主要是精神上的，例如智力和社会阶层。①

摹仿者通过追随者的媒介，摹仿着他的欲望，主体希望“成为对方占有这个或那个东西时的样子”②。摹仿中介之所以呈现出双重性，在于每一个对手都成为另一个对手的榜样和障碍。基拉尔借《浪漫的谎言与小说的真实》的书名辨别两个对立又联系的概念：“浪漫的”(romantique)之所以是谎言，因为它只反映了介体的存在而没有揭示介体的作用，而“小说的”(romanesque)之所以真实则在于揭示了这种存在。③

在此阶段，主体和介体互相摹仿着彼此的言行，追随共同目标，复制，吸收，同化，竞争者之间的差异(differences)开始消失。科耶夫借用了主奴辩证法的形式，认为主奴之间的关系本来由“承认”来决定——“奴隶必须承认自己的主人”，一个主体的价值判断需要另一个主体的承认方才成立，那么主奴关系就建立了。基拉尔则借用了科耶夫对黑格尔的阐释——在他那里，“欲望”是比“承认”更基本的东西，欲望并非都是直接来自欲望主体，还有可能来自欲望主体对另一个主体的摹仿。所以基拉尔才自信地认为，虽然他也“摹仿”了科耶夫与黑格尔，但他比前二者看得更基础。

但我们必须意识到，基拉尔的“双重摹仿关系”与黑格尔的“主奴

---

① René Girard, *Deceit, Desire and the Novel Self and Other in Literary Structure*, trans. by Yvonne Freccero, p.9.

② René Girard, *Battling to the End, Conversations with Benoît Chantre*, trans. by Mary Baker, Michigan: Michigan State University Press, 2007, p.31.

③ 基拉尔：《浪漫的谎言与小说的真实》，罗芃译，生活·读书·新知三联书店1998年版，第16页。

辩证法"存在值得注意的差别：在主奴辩证法中，主人和奴隶是支配和奴役的关系；这与摹仿机制中主体和介体的关系，尤其是内中介类似；然而，主奴辩证法中奴隶为主人奉献，蕴藏着对后者至关重要的力量，因此主人和奴隶的角色维持着分化或不对称的思想。而双重中介的熔炉中，阶级和个体的差异已经化解，欲望变得同一与对称（对等）。质言之，黑格尔的主从辩证法强调差异性，而基拉尔的双重摹仿强调同一性。

接着，摹仿机制进入一种双重束缚（double binds）的阶段，欲望摹仿的双方陷入希望摹仿却又害怕摹仿的矛盾之中。基拉尔采用了心理学家贝特森（Bateson）的原本用于分析精神分裂症的术语"double binds"——贝特森举了一个母亲嘴上对宝宝说"我爱你"，同时却扭头不顾的例子，来说明一个人接收到两个相反的指令，使得信息接受者陷入困惑的精神状态。[①] 比如在基拉尔看来，《哈姆雷特》中的克劳狄斯就处于双重束缚的处境中。在现实中，克劳狄斯有一个明确的道德选择：放弃"王冠、野心和王后"，获得自由以祈求宽恕；或者保留那些他谋杀的结果，背负罪孽生活。然而，他缺乏抉择的勇气，企图两全其美，跪在地上，蹩脚地希望"一切都会好起来"，堕入失败的精神折磨之中。然而，熟知哈姆雷特"延宕"特质的读者应该清楚，哈姆雷特更是一个真正的双重束缚的受害者，他无论如何挣扎和摆脱，"to be or not to be"的结局仍是悲剧。基拉尔使用该短语来理解个体之间的心理学和欲望，并声称这种结构不应局限于精神疾病，它是所有现象中最平常的现象，是所有人类关系的基础。[②] 尼采的《悲剧的诞生》里充斥着有利于瓦格纳，不利于自己的字句，以致敬瓦格纳；而当瓦格纳成为人人景仰的德意志文化英雄之时，俨然成了尼采欲望的障碍和竞争者，于是尼采在《瞧！这个人》中称赞比才的音乐，贬抑瓦格纳及其代表的浪漫主义，宣称过去所写的对瓦格纳的溢美之词应当归还给当之无愧的自己。双重束缚在摹仿理论中表现为"像我—别像我""摹仿我—别摹仿我"的愿望。[③] 在这一阶段，欲望的客体已然退居幕后，主体在对

---

① 刘蒙之：《格雷格里·贝特森对传播学研究的奠基性贡献》，《国际新闻界》2010年第1期。

② René Girard, *Violence and the Sacred*, trans. by Patrick Gregory, Baltimore and London: The Johns Hopkins University Press, 1989, p.147.

③ René Girard, *Violence and the Sacred*, trans. by Patrick Gregory, p.147.

其摹体的两种相反感情之间挣扎：最顺从的崇敬和最强烈的恶意，概言之，即仇恨的激情。[①]

为何出现如此相悖的话语，让摹仿者绝望和无所适从？关于这一点，基拉尔认为，我们的欲望只有在被他人的欲望反映出来时才真正确立，让对方摹仿我们，我们才不会显得摹仿性十足。[②] 成人和儿童的欲望都具有攀比性，但成年人耻于表现出仿照别人，那样会暴露自己缺乏生命的实在性，他憎恨自己忍不住羡慕他人，他不想欲望的介体变成自己的障碍。主体故作慷慨地让追随者摹仿自己的欲望，像他一样重视欲望的对象。但是他颠覆了欲望的逻辑和时间顺序以掩盖他的摹仿，以便于确立他自己的欲望先于对手欲望的事实。中介应该对竞争负责，这既是确立自身欲望的主体性，也是为了掩饰自己对他人的摹仿。而"别摹仿我"的指令，则是因为"一旦主体的欲望被移植到朋友身上的欲望所激发，只要仍缺乏对手提供的活力，这种强烈的欲望就会害怕它所渴望的竞争"[③]。主体不愿意自己变成摹仿者的竞争对象，他认为自己高于摹仿者，摹仿别人意味着会被谴责和羞辱，因此他希望扫除障碍。摹仿产生竞争，而竞争反过来又会加强摹仿。个人陷入竞争和摹仿相互加强的怪圈，束缚变得难解难分。

最后，欲望摹仿的过程终于进入"复影关系"阶段（relation of doubles），所有的差异均已消除，欲望变为同一。而这也意味着欲望加倍（the mimetic doubling）。在人际关系中，相同、相似让人联想到和谐的概念，但是在摹仿者与介体统一起来的这种怪异的关系中，他们却都不愿意承认而注定走向敌对。"只有考虑到相互对等性和统一性及否认差异的外部视角，才能看出暴力解决的工作原理，亦即在替代受害者面前和周围重新形成一致的神秘过程。当所有的差异都被消除，两个人物之间的相似性已经实现，我们说，对立者就是复影。正是他们的互换性使得牺牲性的替代行为成为可能。"[④]毛姆《刀锋》中的拉里为追问生命的意义选择去农场打工，性感的贝克尔太太和孀居的

---

① René Girard, *Deceit, Desire and the Novel Self and Other in Literary Structure*, trans. by Yvonne Freccero, p.10.

② 勒内·基拉尔：《莎士比亚：欲望之火》，唐建清译，第11页。

③ 同上，第12页。

④ René Girard, *Violence and the Sacred*, trans. by Patrick Gregory, p.159.

儿媳爱丽同时爱上了他。当爱丽得知拉里在学德文，故意在客厅纠正他发音和单词，“我猜想她这样做与其说是帮助我，还不如说是摆点颜色给贝克尔太太看”[①]。不仅如此，当拉里和贝克尔太太独处时候，爱丽会突然闯进来监视，婆媳之间诸如此类的欲望摹仿与竞争比比皆是。终于有一天夜里，熟睡的拉里被一双温暖的手捂住了嘴，感受到贝克尔太太身体的压迫，但事后拉里回忆分明被一片金属碰到，那正是爱丽一直随身佩戴的阵亡丈夫的军籍牌。黑暗之中的女人到底是谁？拉里困惑了。这不仅因二人都身材高大，更因为她们在欲望上呈现出复影关系(relation of doubles)。复影之间越来越明显的相似性，内部的摹仿者毫无察觉，外部的人对此洞若观火。正如《暴力与神圣》中所言：“从体制内部，只有差异被感知；从外部看，所有对手似乎都是一样的。”[②]随着对手越来越多地摹仿对方，他们只是在摹仿自己的反射形象，最终目标已变得次要了。其中一个人可能会战胜另一个人，重新获得自主性欲望的幻觉；失败者则会被羞辱，以至于把战胜者视为神圣。二者相互吸引又排斥，怨恨又崇拜，这种扭曲的关系下，二者轮流做主与奴，成为唯一的神。“我”自己已经变成一个难以忍受的陌生人，必须消灭一方才能恢复正常。

在探讨仪式禁忌(ritual restrictions)时，弗洛伊德追踪了大量材料，他指出真实的集体谋杀是所有宗教仪式的根源和模型。例如他提出来自波里尼西亚语的“塔布”(Taboo)一词，与古罗马语“sacer”同义，都为神圣的和不洁之义，因此“塔布”一词被应用于宗教禁令，尤其是在神灵观念兴起后，社会自身承担起惩罚违禁者的职责，因为其行为会给社会成员带来危险，因为他犯了禁忌：“‘触犯禁忌者其本身也就变成了禁忌……’违禁行为所导致的某些危险可以通过赎罪(atonement)和净化(purification)行为而消除。”[③]

而基拉尔则用“冲突性摹仿”为解释这些线索提供全新语境，在集体暴力的解决机制中，正是欲望摹仿双方的这种相互对等和欲望同一，使得在祭祀仪式中的替换成为可能，所以替罪羊是无辜的人，是随机选取的。集体为了自我保存，在取得了暴力的一致性之后，只得将

---

① 毛姆：《刀锋》，周煦良译，上海译文出版社1994年版，第95页。

② René Girard, *Violence and the Sacred*, trans. by Patrick Gregory, p.159.

③ 西格蒙德·弗洛伊德：《图腾与禁忌》，赵立玮译，上海人民出版社2005年版，第30页。

欲望的同一性和对等性强行加之于敌对者身上，只有让这个敌对者死去——亦即“doubles”消失——暴力才能净化，才能为差异的重现和随后城市的建立提供条件。[①] 亚里士多德《诗学》使用的宗教词汇“净化”(katharsis)，在基拉尔看来至为重要，净化宣泄悲伤，使人纯洁，但这种净化的达成却借助于牺牲。亚里士多德似乎只是在谈论悲剧，但悲剧只不过是牺牲作为戏剧的重演。[②] 那么，在牺牲过程中，替罪羊是如何选取的？基拉尔认为需要借助于“复影的畸变”(the monstrous doubles)来阐释。

三、复影的畸变与神话的解体

在欲望的关系中，每个人都强调自己欲望的先行性和差异性。摹仿者摹仿对方，却又阻止对方摹仿他，他们被一种虚幻的差别分离，因此欲望摹仿的主体和介体互相成为彼此的“复影”(double)。基拉尔将这种彼此相似，却又相互仇恨的摹仿者称为“the monstrous doubles”。之所以用复数“doubles”，是因为基拉尔认为欲望主体并不是将对手和自己看成某个单一时刻的化身，而是无时无刻不存在的两个化身，宛如精灵附体，重叠于一起，形成合成图像，就像电影中的胶片叠加特效。[③]

“monstrous”源自 monster 一词，可译为恐怖的、怪异的、畸形的，可用以概括欲望摹仿者之间的关系和摹仿又敌对者本身。在针对欧里庇得斯的《酒神的伴侣》一剧展开的分析中，基拉尔指出狄俄尼索斯和底比斯国王彭透斯之间的对立和竞争。“任何被剥夺身份的人都会变成‘怪异的复影’……像狄俄尼索斯或神圣的国王，他变成了狮子或豹子，……只用咆哮和怒吼来表达自己。”[④]在创世类传说中，这种怪异性也俯拾皆是。因为这类早期神话中的形象通常是某类动物的化身，

---

① René Girard, *Battling to the End, Conversations with Benoît Chantre*, trans. by Mary Baker, p.63.

② Cynthia L. Haven, *Conversations with René Girard: Prophet of Envy*, London: Bloomsbury Publishing Plc, 2020, p.171.

③ René Girard, *Violence and the Sacred*, trans. by Patrick Gregory, p.160.

④ Ibid., p.283.

是人神兽三者的结合体。对基拉尔而言，从这些仪式和悲剧作品中发现的怪异的复影的具体特征并不重要，其真正本质是不确定的特征和无差异性。[①]

在欲望摹仿中，由于双重束缚的关系，摹仿者之间所有差异消除，两个人物高度近似，形成一种极端的异化形式。不断的摹仿性冲突，复影就像一个怪物导致了集体的失序，由于要找到替罪羊为摹仿性失序负责任，人们就不得不将其妖魔化。在相同欲望的最终阶段，只有谋杀才能让对手中的一个获胜。欲望介体已经变成了一个必须消灭的畸变的复影。[②] 在宗教仪式中，畸变的复影以"牺牲危机"的形式出现，集体暴力可以将畸变的复影变成替罪羊和救世主。在一般性的欲望摹仿中，替罪羊以敌对者的面貌示人，而在神话中，则异化成怪物的形态，对此，基拉尔总结道：

> 一个经常被忽视的基本原则是，复影和怪物是同一个存在。当然，神话只强调了一个方面（通常是怪物的方面），以减少另一个方面。没有一个怪物不倾向于复制自己或与另一个怪物"结合"，没有一个复影不产生怪异的一面。[③]

那么，复影的畸变如何形成？这首先体现在复影所具有的"罪恶—神性"的双重性特质中。正如弗洛伊德在《图腾与禁忌》中指明：触犯禁忌者其本身也就变成了禁忌。他是一个具有吉利和不祥、善神和恶神、丧失和得到、和平与战争、创造和毁灭的综合体。[④] 基拉尔用了一系列兼具双重意义的词语来表述这种怪异性：柏拉图的"pharmakon"既是毒药，又是苏格拉底意义上的解药；神圣（sacré），或拉丁文"sacer"，既是"神圣的"，又有"受诅咒的"意义。因此神圣机制和暴力机制是一回事。[⑤] 再或是"scandal"（丑闻），翻译自希伯来语和

---

① Farhang Ganjedanesh, *The Sacred Law: The Philosophical Origin of René Girard's Scapegoat Mechanism and Giorgio Agamben's Homosacer*, Montreal: Faculty of Law McGill University, 2013, p.101.

② Bertrand Valiorgue, *"Violence, mimesis et processus victimaire chez René Girard"*, in: Cahier de recherche, Clermont-Ferrand: Groupe ESC Clermont, 2009, p.13.

③ René Girard, *Violence and the Sacred*, trans. by Patrick Gregory, p.160.

④ 西格蒙德·弗洛伊德：《图腾与禁忌》，赵立玮译，第 32 页。

⑤ René Girard, *Violence and the Sacred*, trans. by Patrick Gregory, p.95.

希腊语,意思为绊脚石(stumbling block)。在这点上显然基拉尔受到德里达的《柏拉图的药》和弗洛伊德《图腾与禁忌》中"塔布与矛盾情感"的启发。替罪羊是《圣经》中的撒旦——由于"单一的受害者机制"(single victim mechanism),他成了秩序和无序的化身——既是天使又是魔鬼。[①] 替罪羊是献祭行为本身的受害者,但因其牺牲,秩序得以重建,替罪羊又被看作是神圣的,人们转而崇拜它。

总而言之,在基拉尔看来,神话的特征就是"受害者的神化"和"神的受害者化"的双重过程。群体的分歧与和解投射于一,这让"复影总是怪异的,双重性总是怪物的属性"[②]。索福克勒斯笔下的俄狄浦斯作为杀死怪物者出现,是施祭者;但在之后的故事中,他自己又因乱伦行为成为引起城邦瘟疫的怪物,最终城邦要通过俄狄浦斯的替罪牺牲来完成重建。这一系列的双重性又组合成怪异的复合性——俄狄浦斯式的人物是神、怪物、主体、他者的复合角色,是各种差别的聚合体,人们对其既崇拜(veneration)又畏惧(horror)。

其次,复影的畸变也有赖于差异与相同的悖论。正如前文指出,摹仿性竞争的加剧实则会导致差异的悄然崩溃。譬如时尚,人人都在追求时尚,想成为与众不同的潮人,他们都在强调自己的独特性,彼此是差异的;而实际上,在时尚圈之外的人眼中,这些处于流行风尚之中的人由于相互摹仿,却都一般无二。随着差异的瓦解,这些人物实际上成为彼此的复影,他们明明以同样的方式行动,却还自觉特别,这种复影的关系是怪异的。

此外,除了文化和宗教外,畸变还体现在生理的、精神的差异性中。[③] 神话中充斥着瘸子、盲人的形象,就像忒瑞西阿斯,或像斯芬克斯:女头、狮身、蛇尾、鹰翅,是个真正的差异聚合体。在现实中,族群也会以生理缺陷确立替罪羊:跛脚、独眼、瞎子、外来者。甚至这种身体的怪异性有时候是制造出来的——献祭仪式中,不幸的人被石头打死,并不是因为他是怪物。他之所以成为怪物,是因为被石头砸死。在私刑中,行人愤怒地朝乞丐扔石头,以至于乞丐的尸体看起来被砸

---

① René Girard, *I See Satan Fall Like Lightning*, trans. by James G. Williams, Maryknol: Published in the United States by Orbis Books, 2001, p.12.

② René Girard, *Violence and the Sacred*, trans. by Patrick Gregory, p.162.

③ René Girard, *The Scapegoat*, trans. by Yvonne Freecero, Baltimore: The Johns Hopkins University Press, 1986, p.18.

成肉泥。[①] 在诸多初民社会中，孪生子中的身体也具有怪异性，并非因为相貌的畸形，而是相似。一胎二子的降生本就属于生育现象中的不寻常，孪生子身体的无差别更让人恐惧甚至憎恶。即便不是孪生，兄弟之间由于有同一个父亲和母亲，相同的性别，共同的职责、权利和义务，因而他们就像怪异的复影一样互为仇敌，这在神话、文学和历史中数见不鲜。[②] 但基拉尔也强调，并非所有的替罪羊都是从身体残疾或精神疾病的人群中挑选出来的，如果这场社会危机未能完全消除所有的社会差异，国王和其他王室成员往往会成为好的替罪羊，因为与普通人不同的崇高地位让他们显得独特。

至此，我们可以简要且相对完整地总结基拉尔欲望摹仿的竞争过程：A 开始渴望 B 的欲望对象，二人互为中介，并将他们的欲望重定向到该对象，是为双重中介（double mediator）阶段；A 与 B 因竞争而加强欲望，又因对方的障碍而拒绝摹仿自己，是为双重束缚（double binds）阶段；A 与 B 作为彼此竞争的对手，努力展示自己的优势，极力区分自我，却只是强化了他们无意识中运行的摹仿过程，A 与 B 最终变成了畸变的复影（the monstrous doubles）。“最终，这种情况无法通过辩证过程的调和来解决，只有暴力和谋杀方能结束冲突。”[③]

四、结语

在基拉尔欲望摹仿理论的演绎下，“认识你自己”的哲学命题首先意味着了解自己的欲望。欲望潜藏于人类行为的底层，决定人类的动机，构造人类社会的组织关系，影响政治、宗教、意识形态等方面的冲突。基拉尔在多部著作中阐述自己的欲望理论时，对柏拉图、弗洛伊德、尼采、拉康、列维-斯特劳斯等人的批判展现了惊人的战斗力。但有趣的是，通过审视其理论的内在逻辑后我们可以发现，基拉尔对这

---

① René Girard, *I See Satan Fall Like Lightning*, trans. by James G. Williams, p. 66.

② René Girard, *Violence and the Sacred*, trans. by Patrick Gregory, p.61.

③ Andreas Wilms, "Portrait of René Girard as a Post-Hegelian: Masters, Slaves, and Monstrous Doubles", in: *The Philosophical Journal of Conflict and Violence*, Vol. I, Issue 1, p.76.

些理论家的反动也无形之中处于“摹仿—竞争”的关系之下。

例如，他反复阐明摹仿欲望既不植根于主体，亦不植根于客体，而是在第三者之中。这种“欲望几何学”的三角关系实则是对弗洛伊德主体对客体直线连接的修正；弗洛伊德利用“临床发现”作为一种“意识”的证据，去证明儿童弑父或乱伦欲望是理屈的。对此，基拉尔只是否定儿童能否充分意识到欲望竞争的方面，但并不否认欲望对立本身。[①] 再比如前文考察的复影概念，某种程度上可以被理解为一种将弗洛伊德和拉康的幻觉性解读实体化的处理。此外，基拉尔称赞尼采在《论道德的谱系》中提出的主奴关系是现代人类学一个伟大的洞见，因为他看到，如果从加害者（主人）和受害者（奴隶）的立场来解释，同样的集体谋杀可以有两种迥然相异的含义，这就不可避免地使人怀疑异教徒“献祭”的正义性。在此基础上，基拉尔提出神话的迫害机制和替罪羊机制。但他又认为自己是个反尼采主义者，因为尼采站在胜利者一边，认为历史应该由胜利者重塑，反对揭示迫害的真相。在《偶像的黄昏》中，尼采美化印度种姓制度中贱民的残酷待遇，认为这是造就真正精英、真正贵族的绝对必要条件，以及尼采明确的反犹太、反基督教的立场。[②] 另外，基拉尔认为列维-斯特劳斯的结构主义神话学研究的贡献在于认识到神话中分化（differentiated）和未分化（undifferentiated）这两个基本范畴的重要性，却流于抽象，他处理的是神话的结构，而不是情节。在特定的神话中，分化和未分化的具体含义或意义才是最重要的。[③]

较之于柏拉图哲学倾向于将所有暴力痕迹消除，将摹仿视为人与世界之间的静态关系，并避免考虑人类之间的权力关系，基拉尔的欲望摹仿理论则建立起一个超个体的，主体、介体与客体三位一体的动态模式。他看见了自柏拉图以来所忽视的欲望的冲突层面，更多地诠释欲望的消极意义：欲望孕育着光明，但却让这光明为它自己的黑暗服务。在个人和集体层面上，总是陷入欲望的双重束缚，欲望主体将自己困在作为其存在理由的死胡同中。但在访谈中基拉尔也承认，欲望摹仿的历史本身还没有完全绘制出来。他虽然指出欲望大多由竞

---

① René Girard, *Violence and the Sacred*, trans. by Patrick Gregory, p.176.

② Cynthia L. Haven, *Conversations with René Girard: Prophet of Envy*, p.12.

③ Richard J. Golsan, *Rene Girard and Myth : An Introduction*, New York and London: Routledge, 2002, p.76.

争产生，但并不主张放弃欲望摹仿——欲望摹仿本身也是柏拉图意义下的 pharmakon（良药或毒药），是自我的极端开放，能够实现主体的创造力，以及主体间的最终和解。人类应该用积极的力量去渴望美好，这也是英雄主义的基础。

【本文为国家社科基金青年项目“德国早期浪漫派艺术哲学研究”（23CZX068）阶段性成果，并受扬州大学“青蓝工程”资助】

（作者单位：扬州大学文学院）

学术编辑：李素军

论格罗塔对波德莱尔的媒介考察

孙 婧

内容提要 挪威学者玛丽特·格罗塔在其《波德莱尔的媒介美学:浪荡子的凝视与19世纪媒体》一书中,基于对19世纪新媒介的探讨,重述了波德莱尔散文与诗歌创作的现实起源问题。在格罗塔看来,19世纪报纸、摄影、光学器具等新媒介的出现促成了一种新的审美体验,这种新的审美体验成为波德莱尔文学创作的基础与来源。格罗塔实际上是将媒介当作一种生产力,认为其变革会促动文学艺术的发展和变化。

关键词 格罗塔 波德莱尔 媒介 文学 艺术生产

作为"站在诗歌的十字路口……发明了不同于前人的新方式,成为所有'现代'诗歌的模板"①的文学家和美学家,波德莱尔的文学创作与美学思想历来受到国内外学界的重视。瓦尔特·本雅明、吉奥乔·阿甘本、格扎维埃·达尔科等从不同维度呈现了波德莱尔关于现代艺术、现代性、日常生活审美化等方面的思考与创建。挪威学者玛丽特·格罗塔(Marit Grøtta)在《波德莱尔的媒介美学:浪荡子的凝视与19世纪媒体》(*Baudelaire's Media Aesthetics: The Gaze of the Flaneur and 19th Century Media*)②一书中从媒介的角度重释波德莱尔,打开了一条研究波德莱尔文学创作和美学思想的新路径。

---

① 格扎维埃·达尔科:《法国文学史》,张兆龙译,中央编译出版社2019年版,第368页。

② Marit Grøtta, *Baudelaire's Media Aesthetics: The Gaze of the Flaneur and 19th Century Media*, New York: Bloomsbury Academic, 2015.

一、媒介视角再审视下的波德莱尔

玛丽特·格罗塔是挪威奥斯陆大学文学、区域研究和欧洲语言系教授。她的著作《波德莱尔的媒介美学：浪荡子的凝视与19世纪媒体》（以下简称《媒介美学》）和论文《在剧院的门口：卡夫卡的俄克拉荷马剧场和自然剧场运动》[①]等，包括目前正在撰写的一本关于现代主义文学中的肖像照片的著作，都是研究文学中的媒介现象。格罗塔从媒介的角度论述波德莱尔的诗歌和散文诗创作，为其"浪荡子"的主题重新注入了活力，以新的"凝视"方式构建波德莱尔的复杂性。

《媒介美学》一书最突出之处在于分析了引人深思的媒体组合——从报纸、照片到光学玩具和前电影设备，如万花筒、立体镜、全景图和魔术幻灯——研究波德莱尔与不同媒体的接触之间的相似性，并评估媒体如何在塑造他的现代性思想中发挥作用。其中，对于波德莱尔与19世纪新兴媒体技术关系的论证和调查，是以视觉新技术的特殊性和历史性来回顾的。一方面，随着人们对《巴黎的忧郁》兴趣的上升，格罗塔将分析集中在散文诗上，呈现全书的问题意识；另一方面，格罗塔建立了一个坚实的理论框架，本雅明和阿甘本为其提供了基本的理论工具，以建立四个主要概念：蒙太奇、运动、中介和游戏。她在书中不断强调："波德莱尔的美学在很大程度上可以被理解为一种媒介美学，而蒙太奇、运动图像和三维图像是其美学的核心特征。"[②]显然，对波德莱尔独特的洞察力，构成了她不同寻常的美学观。值得一提的是，格罗塔根据非写实镜盘所设计的封面，引人注目，很好地传达了媒体和运动的意义。

格罗塔通过对报纸（第一章）、照片（第二章）、前电影器具（第三章）和肉身（第四章）、光学玩具（第五章）材料的深挖，阐发"浪荡子"对体验世界的新方式的意识。作为对前五章具象性介绍的理论总结，格

---

① Marit Grøtta, "At the Door of the Theater: Kafka's Oklahama Theater and the Nature Theater Movement", in: *New German Critique*. Feb 2021, Vol.48, No.1, pp.103-123.

② Marit Grøtta, *Baudelaire's Media Aesthetics: The Gaze of the Flaneur and 19th Century Media*, p.1.

罗塔在第六章(媒介意象和现代性)中把作为文学家和文化研究对象的波德莱尔统一起来,挑战了对波德莱尔狭隘的本雅明式的解读[①],并且将这一总体性的观点贯穿在每一章中。例如,在第二章,她邀请读者重新审视波德莱尔与照片的关系,并进行批判性的描述。她发现波德莱尔在《比斯杜里小姐》中所提倡的摄影拜物教和暴力("捕捉观者的凝视,掠夺其欲望,使其成为图像的囚徒")[②]品质的轮廓,以及相机的凝视和取景的惯常做法——旅行者的世界主义、摄影师交易图像、艺术家的掠夺本性,以及对粗陋和未完成的知觉速度的培养,而"诗之主体离开其灵魂"则是另一种美学的元素。一方面,格罗塔认为,散文诗被作为"万花筒般的视觉"[③]的光学幻象,使诗人看到"一种取代现实的新的美学潜力"[④];另一方面,格罗塔善于将波德莱尔的散文诗创作置于捕捉声音、视觉和运动的技术实验的历史背景中。在关于肉身和玩具的章节中,她继续研究了其他形式的身体和技术设备,这些设备训练和重塑了人们的感知模式,为社会变革做好准备。令人眼花缭乱的大众传播策略和机械玩具成为波德莱尔关注的对象,因为它们具有侵入性和恋物性,弥合了高雅文化和流行文化之间的差距。格罗塔对波德莱尔的研究是以明确反对麦克卢汉(Marshall McLuhan)、弗朗索瓦丝·梅茨(Françoise Meltzer)、蒂莫西·拉瑟(Timothy Raser)等人强调的"波德莱尔对摄影技术的敌意"为支撑的。格罗塔认为,在波德莱尔的诗歌中,每一种媒体都不是孤立的,而是作为交换和响应系统的一部分。她详述了波德莱尔诗歌中的摄影图像包括相机的构图、顶格和取景方式等的影响。为了保持公允、客观的立场,以及揭示19世纪文学历史现场的复杂性,在全书的结构和布局上,格罗塔看似着眼于媒介理论和技术方面的内容的设计,实则以媒介聚焦波德莱尔与同时代的文学家相左的观念、立场、宗旨和趣味。

正是在此意义上,《媒介美学》呈现出难得的文学历史叙述的开放

---

① 本雅明对波德莱尔的解读是从现代性角度进行的。实际上,这种解读仅仅追求对19世纪工业文明以来的一切进行批判,而忽视了以光学器具等为代表的技术媒介重置现实的效果。

② Marit Grøtta, *Baudelaire's Media Aesthetics: The Gaze of the Flaneur and 19th Century Media*, p.66.

③ Ibid., p.99.

④ Ibid., p.85.

性结构，既适合熟悉波德莱尔的读者，也适合不熟悉波德莱尔的读者。通过人与人（波德莱尔与本雅明、阿甘本）、物与物（报纸、照片、光学玩具和前电影器具等）、事件与事件（文学生产与接受者感知的再生产）的撞击，彰显波莱德尔文学写作的蒙太奇思维，由此在波德莱尔写作方式的本体论意义上真正呼应“媒介美学生成”，呼应其现代性体验。

在《媒介美学》中，媒介成为波德莱尔文学创作的一种鲜明的存在。格罗塔基于媒介对波德莱尔的研究可以抽象出一种研究文学的新思路，即媒介的碎片化和短暂化的倾向以及由此生成的新媒介审美体验在文学创作的现实动力下的全面铺展。

二、波德莱尔文学创作的新媒介体验

英国学者格雷厄姆·默多克（Graham Murdock）在《以媒体为中介的现代性：传媒与当代生活》一文中谈道：“从19世纪中期起，当马克思、恩格斯和波德莱尔创作出他们的首批现代性草图时，新兴媒体——最初是通俗报业、摄影和电报，稍后是电话、留声机、电影、收音机和电视——已对其形成和发展的各种形式变体至为关键。”[①]摄影技术在1839年首次引入时引起了轰动。从那时起，文学的观念发生了转变，文学艺术面临着一个全新的局面——媒介时代。对格罗塔来说，“新媒介”塑造了波德莱尔的现代性体验，这种现代性的体验成为他文学作品的重要源泉。

新媒介是如何促成波德莱尔的现代性体验的？格罗塔认为，文学艺术与其他形式的生产一样，依赖某些生产技术——报纸、摄影等方面的技术，这些技术也是波德莱尔文学生产的一部分。19世纪以来诞生的新媒介在巴黎的社会生活和波德莱尔的生命活动中发挥着重要的生产作用。格罗塔提供了一套既发人深省又略显奇特的媒介组合——从报纸、照片到光学玩具和前电影器具，如万花筒、费纳奇镜（phenakistiscope，或诡盘）、立体镜（stereoscope）、全景图（panoramas）

---

① 格雷厄姆·默多克：《以媒体为中介的现代性：传媒与当代生活》，庞璃译，《学术月刊》2006年第3期。

和魔术幻灯(phantasmagoria)等。在此组合中,报纸和照片的媒介性毋庸置疑。除了此处提到的"文学技术"外,格罗塔论及的文学媒介还包括肉身、器物等载体媒介类型。在格罗塔看来,波德莱尔对机械玩具尤其感兴趣。那些具有科学性的人工制品反映了波德莱尔所生活时代的资本主义世界和技术的发展。可以说,光学玩具和前电影器具充斥着19世纪普通巴黎人的生活,几乎与每个人相关。它们是儿童和大众的娱乐工具,也是世俗文化、大众文化的组成部分,能在魔术表演和幻影表演等公众娱乐节目中找到,对应着世俗的世界观①——对视错觉、精确度和深度感的热情。作为马克思的同时代人,波德莱尔迷恋世俗生活的魔力,沉浸于光学玩具中,被其想象的潜力所激发,而且将观察和经验转变成美学体验。最终,他"凭借自己的视觉敏感度、对现代事物的敏锐洞察力以及对流行文化的情有独钟"②,将新的视觉可能性纳入散文诗和散文中。格罗塔在对散文诗(《窗户》《比斯杜里小姐》《慷慨的赌徒》)的分析中,详细探讨了照片的使用。她从照片和窗户的特定关联出发,审视了《窗户》中的框架视图所指向的视觉体验。在分析《比斯杜里小姐》中"捕捉观者的凝视,掠夺其欲望,使其成为图像的囚徒"的问题时,格罗塔将注意力转向"灵魂的交易",即图像的交易或流通——摄影拜物教和暴力。③ 格罗塔对《慷慨的赌徒》的分析则以19世纪代表性的摄影现象——"肖像名片"为核心,描述了"摄影师交易图像"的主题。

事实上,新媒介的出现让波德莱尔在某种意义上构建了他的现代性体验,这与他在《现代生活的画家》中提出的现代性观念很相似。诚如马歇尔·伯曼所言:"为了让他那个世纪的男人和女人认识到自己是现代人,波德莱尔比19世纪的任何人做了更多的事情。现代性、现代生活、现代艺术——这些词不断出现在波德莱尔的著作之中;他的两篇最伟大的论著,短篇《现代生活的英雄主义》和较长的一篇《现代生活的画家》,确定了整个19世纪艺术和思想的议题。"④波德莱尔用

① Marit Grøtta, *Baudelaire's Media Aesthetics: The Gaze of the Flaneur and 19th Century Media*, pp.123-124.

② Ibid., p.80.

③ Ibid., p.66.

④ 马歇尔·伯曼:《一切坚固的东西都烟消云散了:现代性体验》,徐大建辑译,商务印书馆2013年版,第251页。

“现代性”来形容同时代艺术家贡斯当丹·居伊(Constantine Guys)的艺术追求,更是对居伊充满赞美之词。尽管这位作为“普通人生活的编年史家”的“怪才”饱受争议,波德莱尔却说他是现代性观念的生动“寓言”。因为波德莱尔认为现代画家不会在过去的传统和风俗中寻找美,而是通过视觉、声音和感觉进入这个世界。格罗塔把新媒介带给波德莱尔的审美体验与他的诗歌创作以及“现代性体验”问题结合在一起。

作为“站在十字路口”的诗人,作为机械复制时代的作家、艺术评论家,波德莱尔关注新媒体技术和新的感知模式,他高度敏感于它们对审美领域的影响。波德莱尔反思了各种艺术(包括诗歌、绘画、漫画、素描、剧院雕塑、哑剧)和媒体,以及它们之间的关系。格罗塔借鉴了本雅明的论述,并在与现代性有密切关系的意义上展开。

格罗塔进一步思考的问题是:新媒介如何影响波德莱尔的文学创作?她从两个维度对这一问题进行了阐述。

第一,新媒介是波德莱尔文学创作转变的动力要素。以报纸为例,其在形式、体裁(如轶事、专栏)和美学上的创新性令许多作家着迷并从中汲取灵感。波德莱尔不仅曾从事记者工作,而且整个写作生涯都为报纸做出了贡献,因此与报纸机构(报社、出版社)的交往,成为他文学生活的核心部分。[①] 毫无疑问,报纸是波德莱尔写作的材料来源,就像巴尔扎克的《幻灭》一样。格罗塔认为,作为 19 世纪的一种主导媒介,报纸为波德莱尔解释现实(现代生活)提供了某种参照框架,从而有助于提高其作品的知名度、影响力。《巴黎的忧郁》的各篇章就先后发表在报纸、杂志(如《报界》《国家与外国杂志》《费加罗》《巴黎生活》等)上,它见证了波德莱尔与报纸形式和体裁的对话——把散文诗置于现代报纸的语境中。同时,诗人对城市生活的观察、思考是通过报纸传递的,如《1846 年的沙龙》的最后一节“论现代生活的英雄”中,断言巴黎生活充满诗意[②],这扩展了诗歌的领域,尤其是将边缘人物引入其中,宣告了平淡无奇的生活也有意义。更重要的是,波德莱尔似乎认识到报纸不止影响着它的读者目光的聚焦方式,甚至塑造、操纵和训练着观看者的眼睛,因此生活的“真相”几乎必须经过“中介”/“调

① 克罗德·皮舒瓦、让·齐格勒:《波德莱尔传》,董强译,商务印书馆 2021 年版,第 567—570 页。

② 夏尔·波德莱尔:《美学珍玩》(上),郭宏安译,商务印书馆 2018 年版,第 180—185 页。

节”(mediation)才能引起人们的注意。[①] 报纸对波德莱尔的创作影响还在于:诗歌中诸多轶事和寓言的结合创造了不同阅读模式之间的张力[②],如本雅明对《光环丢了》一诗的寓言式阅读对传统诗意的追寻,与还原该诗混合话语(海报语言、俗语)所开创的新空间。

第二,新媒介影响着波德莱尔的审美体验。通过回溯 19 世纪新媒介诞生的历史语境和特殊性,格罗塔发现了波德莱尔处置和回应它们的真实方式:“将其作为感知的工具和人与世界之间的界面”[③],从而在日常生活和美学中产生了一种新的可见性/可视性。[④] 格罗塔在论证波德莱尔的媒介美学时,提到了散文诗《港口》及其他散文作品。对波德莱尔来说,光学玩具成为新视觉可能性的源泉。[⑤] 他探索的“新的感知领域”具有电影蒙太奇和运动性的美学特征。在新的媒介推动下,波德莱尔形成了区别于过去那种精神主观投射的审美体验。格罗塔考察了散文诗《港口》中“万花筒般的视觉”的重要性,即整个港口以可移动式的景观建立了与印象派绘画相似的感觉模式。正如波德莱尔所说,“这一切都是一个棱镜”[⑥],因为如万花筒般的场景如此诱人,仿佛创造了“视觉的”艺术作品。格罗塔对《港口》加以概述:“所提及的形式(建筑)、颜色和运动、闪烁的灯光和棱镜的光学,似乎都暗指万花筒的工作原理。据说这种视觉可以‘愉悦’观者之眼,就像光学玩具那样。从万花筒的镜头看,港口不再呈现为贸易和交通之地;不再考虑其目的和商业价值。相反,它看起来像是一种美丽的运动奇观和色彩景观,‘愉悦’诗人之眼。”[⑦]在电影领域,海港一直是备受关注的视觉素材,这种素材也是波德莱尔试图通过光学玩具在散文诗中加以美化的。从这个意义上来说,波德莱尔的写作与 19 世纪的媒介史之间有

① Marit Grøtta, *Baudelaire's Media Aesthetics: The Gaze of the Flaneur and 19th Century Media*, pp. 32 – 33.

② Aimée Boutin, “Review of Baudelaire's Media Aesthetics: The Gaze of the Flaneur and 19th-Century Media”, in: *French Forum*, Vol. 41, No. 1 – 2, 2016, pp. 144 – 147.

③ Marit Grøtta, *Baudelaire's Media Aesthetics: The Gaze of the Flaneur and 19th Century Media*, p. 19.

④ Ibid., p. 33.

⑤ Ibid., pp. 95 – 96.

⑥ 夏尔·波德莱尔:《巴黎的忧郁》,郭宏安译,商务印书馆 2018 年版,第 110 页。

⑦ Marit Grøtta, *Baudelaire's Media Aesthetics: The Gaze of the Flaneur and 19th Century Media*, pp. 99 – 100.

一种辩证法——观看、写作和阅读之间的循环的辩证法。

基于以上阐述可以看出，格罗塔实际上是将 19 世纪的新媒介看作促成波德莱尔文学创作转变的动力要素和新的审美体验。这一研究拓宽了文学研究的思路，也为重新思考马克思主义艺术生产理论或者基于马克思主义艺术生产理论重新思考媒介问题提供了契机。

三、媒介与艺术生产

媒介的重要性历来为西方理论家所重视。不过，传统西方文艺理论一直将媒介看作静态的，即将其看作文艺存在的现实条件。亚里士多德的摹仿论阐述了媒介之于艺术类型划分的重要意义，他将文学、美术、音乐等划分为不同的艺术类型。[①] 这种对媒介优先性的强调并没有看到媒介之于文艺发展的动力问题。而格罗塔借助媒介对波德莱尔文学创作、美学思想的阐释突破了传统的关于媒介的静态理解，将媒介看作影响文艺创作者审美体验并进而影响着文艺发展的现实力量。

文学生产不同于一般生产，首先体现在“媒介生产工具”的使用上。如果媒介是文学的生产工具，那么，其本身就在现实技术的革新中不断发展与变革。在某种意义上，这正体现了马克思所谓的物质生产的变革影响和推动着作为上层建筑组成部分的艺术的变革。格罗塔讨论了波德莱尔文学创作中表现出的新兴媒体技术生产策略。她的解析体系与 19 世纪的媒介史之间存在着一种交互关系，利用人们熟悉的散文诗，来揭开波德莱尔文本中隐藏的媒介生产“计划”。从这个角度说，格罗塔抓住了文学发展的现实动力问题，即文学生产实际上更是媒介的生产。格罗塔对文学再生产的讨论，对应的是马克思主义的艺术生产观念，即文学生产或作为生产力的媒介对文学与感知的生产，这就从起源论的意义上讨论了波德莱尔通过媒介意象进行文学创作，生产出独特的现代性体验。事实上，无论是文学的生产还是其他门类的一些新的发展形态，其与现代媒介发生关系比我们想象的要早。格罗塔关于报纸所产生的艺术体验，本身就强调了报纸的媒介生

---

① 亚里士多德：《诗学》，陈中梅译注，商务印书馆 2018 年版，第 27—28 页。

产特性。新技术作为生产力必然会成为新的艺术创作形式乃至艺术类型出现的动力,新的艺术创作形式和类型也必然会改变人们的审美体验。

格罗塔的研究明显受惠于本雅明的艺术生产理论。[①] 不过,相较于本雅明等马克思主义者,格罗塔更多地是从审美和艺术起源的角度讨论媒介的效力,而没有进一步讨论媒介在影响新的审美体验、文学艺术时,又是如何作用于现实的。本雅明对机械复制时代的艺术分析在某种程度上正是将媒介当作一种生产力的体现。在本雅明看来:"对作为生产者的作家来说,技术进步是其政治进步的基础。"[②]新的技术的出现意味着艺术家能够生产出不同于之前的新艺术,正如机械复制技术的出现促成了电影等新艺术类型的产生。这种新的艺术类型进而又改变了人们的感知体验。在机械复制时代,新艺术相较于旧艺术不再具有即时即地性、独一无二性等构成的灵韵,人们对其也不会在静穆中膜拜,而是在喧嚣中浏览。本雅明赞赏机械复制技术在艺术领域运用的革命力量,在他看来,"艺术的机械复制改变了大众对艺术的反应。"[③]格罗塔对波德莱尔的分析借鉴了本雅明的思路。实际上,格罗塔也是将媒介当作一种生产力,而作为生产力的媒介不仅生产着波德莱尔的美学体验,还进一步改变着接受者的感知和体验方式。

对格罗塔来说,"媒介意象"塑造了波德莱尔的现代性体验,这种现代性的体验成为他作品的重要源泉。波德莱尔既是诗人,也是他笔下的无数漫游者之一。某种程度上,他就是那些执着于现代性凝视的"浪荡子"的代表。当许多流派将其引为先驱或同路人时,他宁愿做一个"准无政府主义者"。波德莱尔的身上凝聚着现代性的典型特征——迷恋变化/变形、不确定性、孤独,就像他在散文诗《人群》所呈现的那样:"随心所欲地成为自己和他人。"[④]不过,事情的另一面是,他

---

① Helen Abbott, "Review of Baudelaire's Media Aesthetics: The Gaze of the Flaneur and 19th-Century Media", pp. 609 – 610.

② Walter Benjamin, *Reflections: Essays, Aphorisms, Autobiographical Writings*, Peter Demetz(ed.), New York: Harcourt Jovanovich, 1986. p. 230.

③ 瓦尔特·本雅明:《机械复制时代的艺术作品》,收入汉娜·阿伦特编:《启迪:本雅明文选》,张旭东、王斑译,生活·读书·新知三联书店 2014 年版,第 254 页。

④ 夏尔·波德莱尔:《巴黎的忧郁》,郭宏安译,商务印书馆 2018 年版,第 29 页。

一生都执着于写作，始终不愿意受制于资产阶级的规则和生活。报纸、摄影、光学玩具等新媒介带给波德莱尔的体验是碎片化、短暂、偶然，这也成为波德莱尔描述现代性的核心语汇。波德莱尔对“现代性”的定义影响至深，它显现在半个世纪之后的文学实践和思想著述中。在文学领域，波德莱尔的影响开辟了一个新的世界，魏尔伦、马拉美、兰波等几位伟大的诗人都受到他的影响，倘若这些诗人没有在恰当的时刻读过《恶之花》，从而改变了认识事物与世界的方式，也许不会成为象征派诗人的“三驾马车”。魏尔伦的内心感觉，兰波的动荡不安、惶恐，甚至焦灼，无疑都在感觉方面发展了波德莱尔。而马拉美诗篇的严密和齐整，则是在诗的完美和纯粹性方面继承、发展了波德莱尔。“尽管那些作品或观点与我们可能存在时间或空间上的距离[……]尽管并非为我们而造，它们似乎却在走向我们，对我们说话。”[①]在思想领域，哲学家们也相似地经历了由美学进入非审美领域的过程。德国社会学家、哲学家齐美尔关于现代性的讨论与波德莱尔一样，强调即时性与虚幻性。齐美尔认为，透过建筑、广告、商店陈列、都市时尚等商品的审美特征可以体验日常生活，并试图为日常生活世界的审美提供现实基础。这是通往波德莱尔式的现代性的重要的审美路径。美国学者马泰·卡林内斯库(Matei Calinescu)沿着波德莱尔的审美维度，继续展开现代性分析，其著作《现代性的五副面孔》区分了美学概念的现代性和资产阶级的现代性，即将审美现代性同传统对立起来的观念。所有这些研究都与波德莱尔相关，他们以理解波德莱尔的方式迈向现代主义。

文学艺术来源于现实的同时，也影响、重塑着人们对现实的体验。媒介作为一种现实力量，其不仅如格罗塔所说的能够重塑新的审美体验和促发新的文艺创作方式，也能改变人们面向现实的方式以及最终的生活方式。与其说波德莱尔创造了新的文艺创作方式和现代性观念，不如说社会的改变、新媒介的出现借助波德莱尔呈现乃至创造了自身。

---

① 沃尔夫冈·韦尔施：《在全球化时代重新思考身份认同问题——跨文化视角》，阿莱斯·艾尔雅维茨主编：《全球化的美学与艺术》，刘悦笛、许中云译，四川人民出版社 2009 年版，第 181 页。

结语

格罗塔对波德莱尔的研究确证了媒介在文学发展中的作用。“媒介作为一种文化的技术逻辑和力量，无情地塑造着大众的文化习性，在不断加剧的媒体化过程中，我们似乎看到了一些征兆：不是媒介来适应主体，而是相反，是主体不断地适应媒体。”[①]新技术在改变人们审美体验的同时促发着新的文艺创作图景。格罗塔的研究重新定位波德莱尔，丰富了对波德莱尔文学世界的认识，补充了阅读其作品的视角，在当下技术不断革新的时代，为研究文学提供了新视角。

【本文为成都理工大学“双一流”建设哲学社会科学重点建设项目“川剧脸谱艺术的数字化传播研究”(ZDJS202215)和成都理工大学哲学社会科学研究一般项目“数字时代新媒介文艺理论话语建构研究”(YJ2022 - YB013)阶段性成果】

（作者单位：成都理工大学传播科学与艺术学院）

学术编辑：赵彦芳

① 周宪：《中国当代审美文化研究》，北京大学出版社 1997 年版，第 265 页。